ENCYCLOPÉDIE AGRICOLE
Publiée sous la direction de G. WERY

Paul Diffloth

AGRICULTURE GÉNÉRALE

* * *

LES SEMAILLES ET L'ENTRETIEN DES CULTURES

ENCYCLOPÉDIE AGRICOLE

ENCYCLOPÉDIE AGRICOLE
Publiée par une réunion d'Ingénieurs agronomes
SOUS LA DIRECTION DE G. WERY

AGRICULTURE GÉNÉRALE

* * *

LES SEMAILLES ET L'ENTRETIEN DES CULTURES

PAR

Paul DIFFLOTH

INGÉNIEUR AGRONOME
PROFESSEUR SPÉCIAL D'AGRICULTURE

6e édition, revue et augmentée

Avec 204 figures intercalées dans le texte

PARIS

LIBRAIRIE J.-B. BAILLIÈRE ET FILS

19, rue Hautefeuille, près du boulevard Saint-Germain

1929

AGRICULTURE GÉNÉRALE

LES SEMAILLES ET L'ENTRETIEN DES CULTURES

PREMIÈRE PARTIE

LES SEMENCES

CHAPITRE PREMIER

LA GRAINE

Généralités. — La préparation du sol achevée, les engrais épandus, il faut confier à la terre la semence qui doit donner naissance à la plante cultivée.

La semence, considérée dans son acception la plus large, est un organe végétatif qui renferme le germe d'un individu semblable à celui dont elle provient. On peut distinguer deux catégories de semences agricoles:

1º les graines proprement dites, fruits simples ou composés, provenant de l'action de deux individus, mâle et femelle, et présentant, indépendamment des propriétés des ascendants, des caractères spéciaux qui constituent leur individualité et les différencient ;

2º les tubercules, boutures, bulbes, qui reproduisent le type dans toute son intégrité.

Une variété de pomme de terre, un cépage de vigne particulier, une tulipe de coloration spéciale, sont fixés lorsqu'on multiplie au moyen de tubercules (fig. 1), de boutures, de bulbes. La reproduction par semis expose au contraire à dévier du type original dont la graine provient. Ces déviations se présentent d'ailleurs avec une fréquence variable selon les espèces. Les blés, les avoines, les céréales en général sont à peu près complètement fixés. Des graines provenant d'un même plant de pommes de terre peuvent fournir

Fig. 1. — Tubercules de pommes de terre.

par contre, jusqu'à quatre sortes de tubercules se différenciant par des caractères de coloration, de forme, de précocité, etc., et donnant naissance à quatre variétés distinctes.

On utilise d'ailleurs cette variabilité pour l'amélioration, des espèces cultivées ou la création de variétés particulières. On peut définir les graines proprement dites des *semences sèches*; les tubercules (pommes de terre), les bulbes (safran, oignon), les boutures (houblon) constituent des *semences aqueuses* qui, renfermant une certaine quantité d'eau, pourront être enfouies durant les saisons relativement sèches.

I. — LA GRAINE

En agriculture, on distingue en général sous le nom de « graines » toutes les semences sèches comprenant :

1º les graines proprement dites (colza, pois, etc.) ;

2º les fruits simples : blé (fig. 2), sainfoin, etc. ;

3º les fruits composés (betterave, pimprenelle) provenant de la réunion de plusieurs fruits (1).

(1) Voy. Schribaux et Nanot, *Botanique agricole*, et Garola, *Céréales* (Encyclopédie agricole).

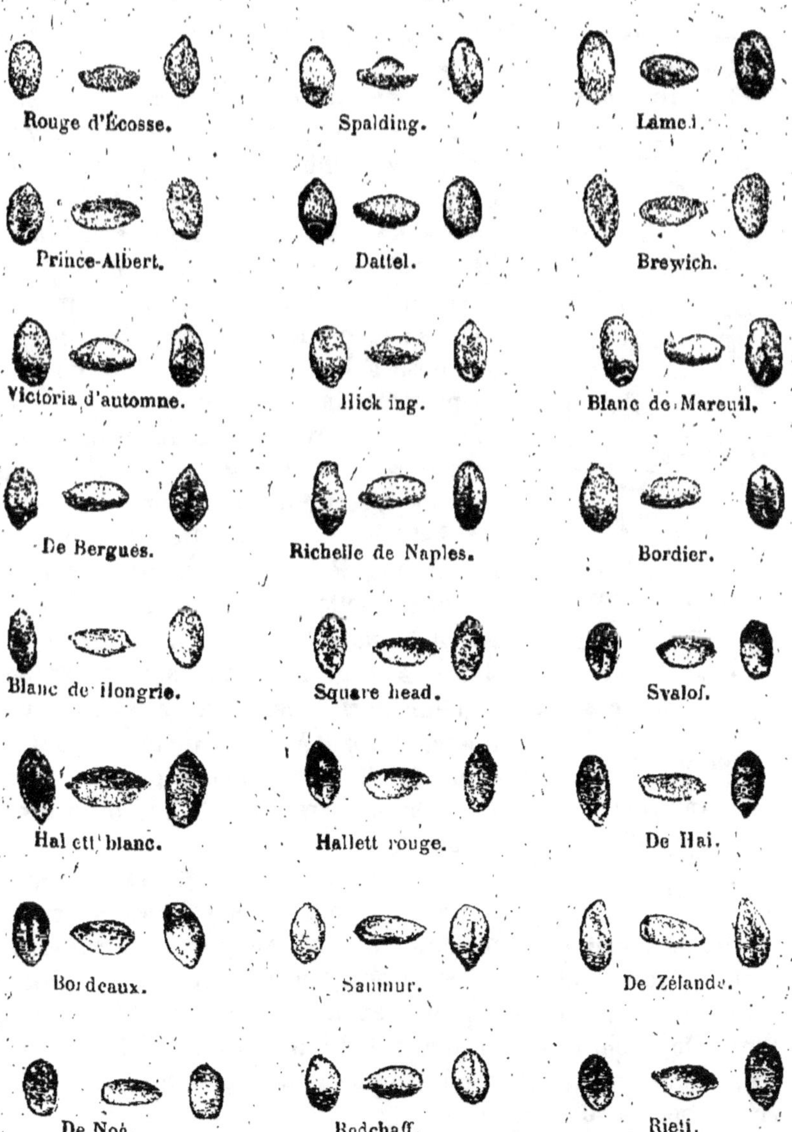

Fig. 2. — Graines de diverses variétés de blé vues de trois côtés, grandeur naturelle d'après Garola).

Les graines se composent, en principe, d'une *enveloppe* ou tégument et d'une *amande*.

I. L'enveloppe. — L'enveloppe est le tégument extérieur qui joue un rôle de protection contre les chocs, l'humidité, les microbes, les champignons, les insectes, etc. (1). Des graines de haricot décortiquées et conservées quelque temps germent mal.

On distingue dans le tégument trois assises : la première, la *zone mécanique*, s'oppose à la facile pénétration de l'eau et permet ainsi la conservation des semences, en évitant la déperdition des principes solubles (fig. 4). Dans certains cas, l'épaisseur de cette zone peut être un obstacle à la germination, comme dans les graines *dures* : moutarde blanche, cuscute, nielle, etc. La deuxième assise est la *zone colorée* ou *chromatique*, qui donne aux graines leur aspect et leur couleur particuliers. La troisième enveloppe, la *zone hygroscopique*, se gonflera sous la lente pénétration de l'eau. C'est la plus importante des zones d'enveloppe.

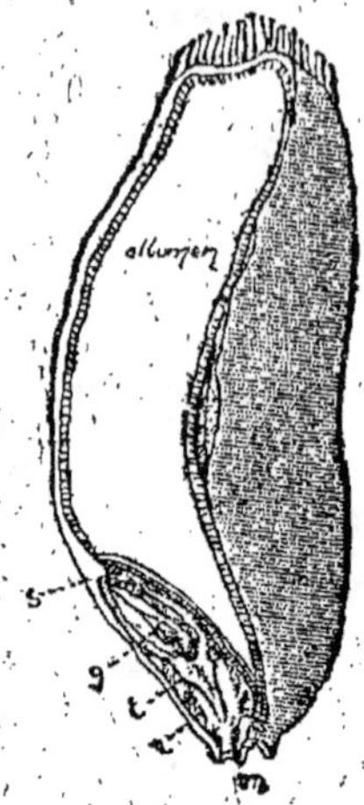

Fig. 3. — Grain de blé fortement grossi, coupe longitudinale passant par la fente du grain et par l'axe de l'embryon.

r, radicule ; *t*, tigelle ; *g*, gemmule ; *s*, scutellum ; *m*, micropyle.

1° Zone mécanique. — La première assise comprend des cellules scléreuses fortement soudées, formant une enveloppe ininterrompue, sauf au niveau du hile. Pour accentuer encore ce rôle protecteur, à la surface extérieure existe une assise d'une matière spéciale, la *cuticule*, qui augmente l'imperméabilité de la graine. Si, intentionnellement, on écorche la cuticule, la graine de haricot germe plus vite.

Graines dures. — Par contre, certaines semences ont des enveloppes qui offrent à la pénétration de l'eau une résistance

(1) L'enveloppe peut parfois être constituée par un fragment de gousse (sulla, serradelle).

anormale. Certaines graines plongées dans l'eau une année augmentent à peine de volume; ce sont les *graines dures*.

Le tégument des haricots, pois, fèves, et, en général, celui des grosses semences de légumineuses, se laisse facilement traverser par l'eau, qui assure ainsi une rapide germination. Par contre, les petites semences de la famille des légumineuses :

Fig. 4. — Zone mécanique des semences.

A, cuticule; — B, cellules scléreuses.

luzerne, trèfle, lotier, lupuline, etc., présentent une couche corticale d'une imperméabilité réelle qui les fait qualifier de semences dures et retarderait la germination si les machines à battre ne blessaient le tégument par friction, chocs répétés, et n'aidaient ainsi à la pénétration de l'eau (1). Les lotiers, qui s'égrènent par légère friction, contiennent beaucoup de semences dures.

Ces graines dures, incapables de germer normalement, servent à frauder les lots de semence. Restant inactives, ces mauvaises semences ne décèlent pas leur présence. C'est ainsi que les luzernes d'Amérique étaient fraudées avec des semences dures de luzerne denticulée dont les fruits épineux s'attachent en Argentine aux toisons des moutons. Les négociants battaient ces déchets et constituaient ainsi des wagons entiers de mauvaises semences mélangées aux lots ordinaires.

(1) On a pu considérer des graines de certains trèfles qui, immergées dans l'eau pendant 14 ans, laissaient encore après ce délai des graines incapables de germer.

Dans les pays chauds, les graines dures se rencontrent fréquemment (sulla d'Algérie, caoutchouc, légumineuses sauvages d'Amérique, etc.).

Parmi les semences dures, il convient de citer, outre les petites légumineuses, un certain nombre de graines d'espèces nuisibles : cuscute, liseron, mouron, nielle, etc., qui se conservent ainsi facilement dans les terres qu'elles infestent, ou sont charriées, avec toute leur vitalité persistante, par les fumiers, les composts, les eaux d'irrigation, etc.

Il est curieux de constater que, dans les régions tempérées, beaucoup de mauvaises herbes (cuscute, mercuriale, chénopode, etc.), possèdent des semences dures ; c'est pourquoi le fumier de ferme, réceptacle des issues et balayures de grenier, infeste si souvent les terres.

Les graines dures présentent ce double caractère : 1° elles ne changent pas d'aspect après un séjour de plusieurs semaines dans l'eau ; 2° lorsque l'on pique le tégument, l'eau pénètre, le gonfle rapidement et assure une germination rapide.

La dureté des semences peut parfois être un obstacle à la levée des plantes. Si l'on compare les semences de luzerne commune décortiquées à la main ou à la batteuse, on constate que les secondes germent mieux. Les semences de la luzerne commune et de plusieurs espèces de trèfle seraient inutilisables si on ne leur faisait subir un battage vigoureux. Dans nos régions, les graines dures de robinier, de cytise, d'ajonc germent difficilement. On y remédie par l'usure partielle du tégument, grâce à des moulins à battre spéciaux, par le mélange à du sable fin à arêtes vives battu avec ces graines, ou encore, dans certains cas particuliers, comme celui du sulla ou sainfoin d'Algérie, par l'ébouillantage (1).

On a étudié en particulier la germination des graines de cuscute. Sur 100 graines, 12 seulement germent la première année. Sept ans après, ces semences germaient encore dans la proportion de 14 p. 100. Il en restait 70 p. 100 dans le germoir, 16 graines étaient pourries.

---

(1) Sur 100 graines de sulla ébouillantées une heure et demie, deux seulement se montreront incapables de germer. En les piquant légèrement, elles germeront rapidement.

Pour se débarrasser des plantes adventices, il faut donc favoriser leur levée par des façons aratoires judicieuses et les détruire grâce à des façons nombreuses. Un cultivateur négligent peut payer sa faute par vingt années de travaux supplémentaires (Schribaux). Ceci explique pourquoi on voit soudain apparaître dans les cultures toute une floraison insoupçonnée de mauvaises herbes, sans raison apparente, comme les vesces sauvages qui, en 1904, infestèrent les champs de blé dans la Somme. Ces plantes s'étaient développées de longues années avant et leurs graines avaient mûri lentement pour germer soudain.

Pour des motifs du même ordre, les parcelles fumées aux engrais chimiques sont moins envahies de plantes adventices que les emblavures recevant du fumier de ferme. Dans les régions à culture betteravière, le fumier n'infeste pas trop les champs ; il n'en est pas de même dans le cas des cultures variées où la paille, le foin, le son, les tourteaux enrichissent le fumier de semences nuisibles. On distribue à tort aux moutons les déchets de luzerne ravagée de cuscute, dont les semences se retrouvent dans le fumier avec les criblures jetées aux poules. Il faut au contraire brûler ces déchets ou les enfouir dans des tranchées profondes.

2° **Zone chromatique.** — La matière colorante du tégument, soluble dans l'eau, s'oxyde facilement et prend une coloration rougeâtre particulière sous l'influence de la lumière et de l'humidité. L'aspect extérieur des semences peut donc renseigner sur leur âge, leur état de conservation, les circonstances présidant à leur récolte, etc. Cette matière colorante, jaune chez la luzerne, brunit par oxydation. Cependant des semences de mauvaise apparence peuvent être de bonne qualité, lorsque le tégument seul a été altéré ; un essai de germination donnera des renseignements précis à cet égard.

La couleur des semences est utile à considérer. Si, dans certains échantillons, on observe des semences n'ayant pas changé de couleur sous l'influence de la lumière, cela indique que ces semences sont des graines dures. Les semences du sulla décortiqué sont rougeâtres, les graines naturelles sont jaunes. On doit conserver les semences dans un endroit obscur en les couvrant d'un sac, d'un voile noir.

Toute nuance anormale est une cause de suspicion et révèle un maquillage des semences. C'est ainsi que certains négociants peu scrupuleux teintent les graines de trèfle avec du violet d'aniline. Mais cette matière colorante imprègne aussi les impuretés (terre, sable, etc.) et se révèle facilement par le trempage des semences dans l'eau, l'alcool ou l'éther.

Les vieilles graines de luzerne, traitées à l'acide picrique et macérées dans l'eau additionnée ensuite de sulfhydrate d'ammoniaque, donnent une coloration rouge.

Pour décolorer les semences oxydées, on fait agir l'acide sulfureux. Humectées d'eau, les graines sont placées dans une chambre où l'on brûle du soufre. L'acide sulfureux se transformant en acide sulfurique désoxyde l'enveloppe Pour reconnaître cette manœuvre frauduleuse, on lave les semences. L'eau dissout l'acide sulfurique, on filtre, on ajoute quelques gouttes d'acide chlorhydrique, puis du chlorure de baryum, il se forme un précipité blanc. Enfin, si l'on a le moindre doute, des essais de germination doivent têre effectués.

La graine de sainfoin est protégée par une enveloppe extérieure ; sa couleur ne varie pas. On décortique ces semences ; si la graine est noire, l'échantillon est de mauvaise qualité, la semence lisse et claire peut être bonne ; on s'en rend compte par un essai germinatif (fig. 5).

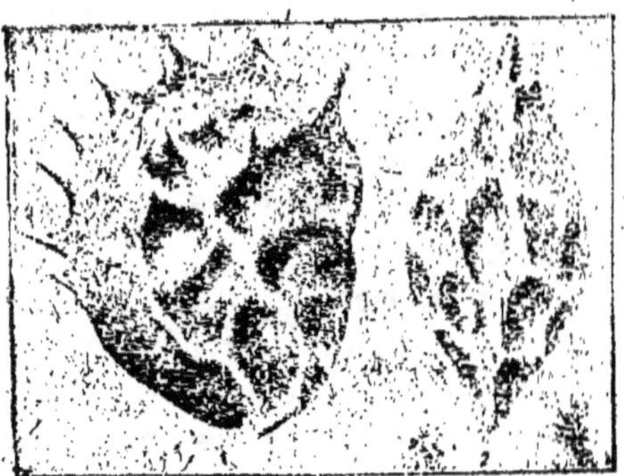

Fig. 5. — Graines de sainfoin (très grossies).

3º **Zone hygroscopique.** — Cette assise parenchymateuse se trouve à l'intérieur du tégument. En se gonflant sous l'influence de l'eau, elle fait éclater l'assise mécanique.

Pour le lin, le plantain exceptionnellement, la zone hygroscopique est à l'extérieur, c'est ce qui donne à ces semences mouillées leur aspect de mucilage et leurs propriétés émollientes. La graine de plantain forme une sorte de mucilage ; cette mauvaise herbe, très envahissante, infecte souvent les semences de trèfle, de luzerne. On voit alors, le lot de semences une fois mouillé, les pousses de trèfle, de luzerne agglutinées par un mucilage de graines de plantain.

Téguments particuliers. — Certaines semences sont garnies d'aigrettes, de plumules (chardon, pissenlit) qui aident à leur dissémination ; d'autres présentent des crochets qui s'agrippent aux corps voisins.

Quelques grains possèdent des crochets qui peuvent blesser les muqueuses des animaux qui les consomment. Les semences du *Stipa pennata*, longues d'un centimètre et demi, se terminent par un éperon pointu garni de barbules, qui pénètre dans la peau des animaux dépouillés.

En France, il faudrait lutter contre le chardon, dont les semences se propagent trop facilement.

II. L'amande. — L'amande comprend toujours un *embryon* et une *réserve alimentaire.* Dans l'embryon, on distingue déjà une tige embryonnaire, la *tigelle* ; une racine, la *radicule* ; un bourgeon terminal, la *gemmule.*

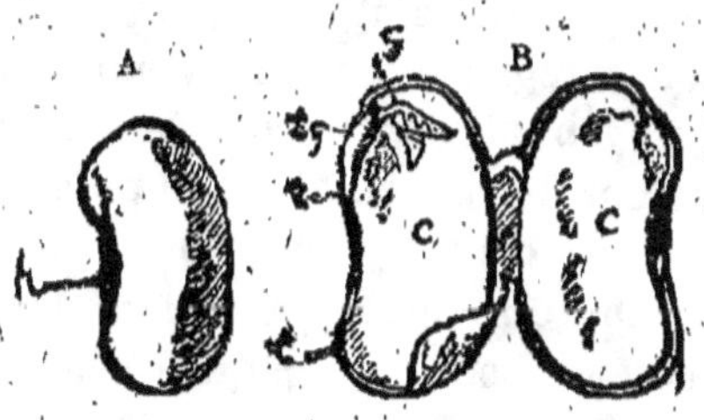

Fig. 6. — Graine de haricot.

A, haricot grandeur naturelle ; *h*, hile. — B, le même fendu longitudinalement, montrant le tégument, l'amande avec les deux cotylédons *c, c* ; la plantule, dans laquelle on distingue la radicule *r*, la tigelle *t* et la gemmule *g*.

L'embryon se nourrit des éléments de la réserve avant de puiser ses aliments dans le sol et dans l'air.

Chez certaines plantes, le haricot, par exemple (fig. 6), la réserve alimentaire est représentée par deux feuilles de nature spéciale, les *cotylédons,* gorgées d'amidon et d'aleurone. Parmi d'autres végétaux, le blé notamment, la réserve composée d'amidon et de gluten porte le nom d'*albumen* ; l'embryon repose sur le *scutellum,* que l'on considère comme un cotylédon modifié. Les plantes dont les semences sont à deux cotylédons sont des *dicotylédones* ; les autres, analogues au blé, sont des *monocotylédones.*

Ordinairement, les plus grosses semences renferment les embryons les plus volumineux et donnent ainsi naissance à des plantes plus vigoureuses, plus productives, plus résistantes, et ceci justifie les pratiques de sélection que nous étudierons plus loin.

Connaissant la nature des semences, nous allons étudier maintenant leurs principales propriétés.

Hygroscopicité. — Il importe de connaître l'hygroscopicité des semences. Toutes les graines absorbent ou rejettent de la vapeur d'eau.

Les semences constituent même un excellent hygromètre. Si, plaçant sur le plateau d'une balance un lot de graines, on enregistre sur un cylindre rotatif les oscillations de poids provenant de l'absorption de vapeur d'eau, on constate que la courbe d'oscillation de poids peut se superposer exactement à celle d'un hygromètre enregistreur.

On distinguait autrefois l'*eau de constitution*, celle que l'on ne peut faire perdre à la graine sans la tuer, et l'*eau d'absorption*, appelée encore eau d'hydratation, qui pouvait être extraite sans diminuer la vitalité de la semence.

Cette erreur a été combattue par M. Maquenne. Des semences de panais qui perdent facilement leur eau ont pu être desséchées dans le vide et germer parfaitement ensuite. Du blé dosant 12,6 p. 100 d'eau a pu être desséché à 80° C., perdre 12 p. 100 d'eau et germer néanmoins. On peut même dessécher des semences à 100° C., et cela d'autant mieux qu'elles sont plus humides. Ces questions de déshydratation des graines intéressent spécialement leur conservation et leur transport.

La proportion d'humidité contenue varie suivant les conditions de récolte de la graine, sa nature et son origine.

Les semences des pays septentrionaux, à climat humide, renferment 11 à 18 p. 100 d'eau, tandis que les graines des contrées méridionales n'en décèlent que 10 à 12 p. 100. Les semences vêtues sont très hygroscopiques, et la nature même de la graine exerce une certaine influence ; les semences riches en amidon (maïs, sarrasin...) contiennent une quantité d'eau supérieure.

L'absorption de l'eau par les graines est réglée par les principes de la physique expérimentale. Si la tension de vapeur d'eau émise par la graine est inférieure à la tension de vapeur d'eau dans l'atmosphère, la graine absorbe de l'eau ; dans le cas contraire, il y a perte d'eau. Du blé dosant 12,75 p. 100 d'eau à la récolte peut contenir 15,65 p. 100 d'eau en octobre ; sa conservation est alors très difficile.

Cette absorption d'eau peut se produire très rapidement. Le même blé dosant 12,75 p. 100 d'eau, placé sous une cloche avec un récipient plein d'eau, absorbera 4,85 p. 100 d'eau en sept jours et dosera 17,60 p. 100 d'eau ; ce blé moisit alors avec une rapidité extrême. L'agriculteur doit donc surveiller attentivement ses graines et examiner les thermomètres et les hygromètres placés à l'intérieur des locaux et à l'extérieur.

En second lieu, la teneur en eau des graines dépend des conditions climatériques dans lesquelles les graines se sont développées. Il faut tenir compte, en outre, de la surface d'absorption, par unité de poids de matière sèche. Les semences présentant, sous le même poids, une surface d'absorption plus grande s'hydrateront plus aisément et se conserveront plus difficilement ; les fèves, par exemple, se conservent plus facilement que le trèfle incarnat. Les semences vêtues, présentant des facilités d'hydratation plus grandes que les semences nues, se conserveront moins bien.

La perméabilité des enveloppes intéresse évidemment leur hydratation. Les graines dures modifient peu leur poids ; les semences blessées, altérées, au contraire, s'hydratent vite et se conservent mal. Les blés tendres, à section farineuse, se conservent moins bien que les blés durs à section d'apparence cornée.

Les semences conservées ne peuvent absorber une quantité d'eau suffisante pour entrer en germination sous la seule influence de l'hygroscopicité ; il faut que la condensation intervienne. A la partie supérieure des silos de blé, des grains germés forment un feutrage épais ; c'est que, les grains s'échauffant, l'humidité se dégage, vient se condenser sur le plafond du silo froid et les gouttelettes retombant sur les couches supérieures du blé le font germer. Il faut placer à la partie supérieure une matière absorbante.

Il existe deux périodes critiques pour le grain conservé : le printemps et l'automne. Au printemps, le grain est froid, on ouvre les fenêtres, l'air est chaud, sa vapeur d'eau se condense sur le tas de semences et le fait germer. En automne, un phénomène d'ordre inverse se manifeste : le grain est chaud, l'air est plus froid, la vapeur d'eau vient de l'intérieur, mais la condensation se produit néanmoins.

Dans les cales des bateaux, le maïs importé d'Amérique moisit à la partie inférieure et à la partie supérieure. On ne doit exporter que des graines sèches placées dans des récipients imperméables à l'air extérieur. Dans nos pays, le blé, en année normale, contient de 15 à 16 p. 100 d'eau ; il est alors suffisamment sec et donne à la main plongée dans le sac une sensation de fraîcheur. A 16 p. 100 d'eau et au-dessus, l'altération est très rapide. Par contre, les blés d'Algérie, très secs, dosent 12 p. 100 d'eau en moyenne.

◊ **Phénomènes chimiques et physiologiques.** — Les graines respirent et transpirent. Le poids des semences diminue donc graduellement si l'absorption de l'eau extérieure ne vient pas combler la perte de poids par respiration et transpiration.

Si l'on tue des grains en les chauffant ou en les plaçant dans des gaz toxiques, la quantité de matière sèche contenue diminue néanmoins, par suite de phénomènes d'oxydation.

Plaçons des semences dans un ballon de verre fermé par un bouchon, traversé par un thermomètre enveloppé d'ouate, nous constatons que la température monte, par suite de la respiration de la graine et de la production d'acide carbonique.

L'activité de la respiration des graines est sous la dépendance de l'état d'humidité, de la température, de la lumière, de l'oxygène, etc.

La perte de poids croît avec la température. On conservera donc les grains à une température uniforme et basse. La perte de poids croît également avec l'aération ; en renouvelant fréquemment l'air, on peut faire varier la perte de poids du simple au sextuple.

Moins il y a d'oxygène, plus les pertes sont faibles, mais il ne faudrait pas conserver les grains dans une atmosphère d'acide carbonique, sauf le cas où les semences sont parfaitement sèches.

Bien que les grains soient ensilés secs, on sent toujours dans les silos une odeur d'alcool et il y règne une atmosphère d'acide carbonique qui peut provoquer des accidents. On doit toujours compter avec des fermentations intra-cellulaires très actives. Si l'on conserve des semences en milieu confiné, il est indispensable de les dessécher complètement. Les microbes et les champignons qui souillent l'enveloppe extérieure ou les spores amenées par l'air se développeront sous l'influence de l'humidité, de la chaleur. On sentira une odeur de moisi ; peu à peu l'enveloppe peut être attaquée, l'amande sera détruite progressivement.

L'éclairement intervient également, il faut conserver les grains dans l'obscurité.

II. — GERMINATION

Généralités. — La germination est la période d'incubation et d'éclosion du végétal. Elle s'étend du moment où la semence sort de sa torpeur jusqu'à celui où la jeune plante peut se nourrir elle-même.

La germination doit être rapide, uniforme. Les plantes qui germent rapidement sont assurées d'une vitalité supérieure ; la machine végétative donne, en effet, une quantité de produits proportionnelle à la durée du travail actif. Plus la plante a de temps à vivre, meilleure sera la récolte.

Uniformité de la germination. — Toutes les semences doivent germer ensemble, car les premiers plants sortis tendent à nuire aux plants tardifs ; on obtiendrait une récolte inégale, une qualité variable. Lorsqu'on « éclaircit » les betteraves, on laisse en place les plants les plus développés.

Les plantules doivent être vigoureuses et il faut rechercher les semences aussi parfaites que possible.

Conditions intrinsèques favorables à la germination.

— La semence, pour être capable de germer, doit remplir un certain nombre de conditions :

1° Être bien conformée et non mutilée ; 2° posséder un tégument perméable à l'eau ; 3° être mûre intérieurement, c'est-à-dire posséder les *diastases* nécessaires à la dissolution des réserves mises à la portée de l'embryon, car l'emploi d'une graine non parvenue à sa maturité entraîne la dégénérescence ; 4° avoir été conservée dans des conditions satisfaisantes et posséder une entière vitalité. Enfin, conditions extrinsèques, la graine doit trouver autour d'elle le milieu favorable à la germination, c'est-à-dire de l'*oxygène*, de l'*humidité* et de la *chaleur* (1).

Conformation. — La semence doit être bien conformée, c'est-à-dire être développée normalement, présenter un tégument sans blessure, un embryon intact, une réserve suffisante. Toute semence n'offrant pas ces conditions peut être parfaite au point de vue botanique ; au point de vue agricole elle ne donnera qu'une plante chétive. C'est pourquoi, par le criblage, on doit éliminer du blé les petits grains. On vanne les semences vêtues pour retenir les plus lourdes, on sépare, par immersion dans l'eau, les grains d'avoine pesants, etc. Nous retrouverons plus loin ces pratiques opératoires, au chapitre de la *Sélection*.

Une semence dépourvue d'embryon ne pourrait pas germer. La destruction partielle et même à peu près totale de la réserve et du tégument par le battage, les insectes, etc., n'entraîne pas nécessairement l'incapacité germinative ; mais les végétaux ainsi constitués sont d'un développement précaire et d'une faible vitalité, qui indiquent la nécessité de rejeter des semailles ces graines défectueuses.

Tégument perméable. — Cette condition est indispensable pour la pénétration de l'eau. On est parfois obligé d'assurer la perméabilité du tégument en usant ou en piquant l'enveloppe extérieure. Il faut parfois agiter les graines avec du sable à arête vive (trèfle, semences d'Algérie), les frapper énergique-

(1) Voy. ANDRÉ, *Chimie végétale* (ENCYCLOPÉDIE AGRICOLE).

ment (graines d'acacia, de cytise), les battre dans les batteuses un peu brutalement, les laisser tremper dans l'eau et éliminer à l'aide du crible les semences qui ne sont pas gonflées

Les graines de sulla, nous l'avons vu, doivent même être ébouillantés pendant un laps de temps mesuré par une expérience préalable. Il existe même des « décortiqueurs » spéciaux, composés de deux troncs de cônes emboîtés l'un dans l'autre. L'intérieur, animé d'un mouvement de rotation, peut être élevé ou abaissé et exerce ainsi une friction plus ou moins vigoureuse sur les graines. On règle l'appareil par plusieurs essais; les semences sont soumises ensuite à un vannage. D'autres appareils comprennent un disque rotatif qui projette, par force centrifuge, les semences sur les parois d'un récipient garnies de pointes.

Maturité. — On admet généralement qu'une semence est mûre lorsqu'elle s'est détachée normalement et sans difficulté de la plante-mère. Cet état, dénommé *maturité externe* ou *morphologique*, ne doit pas être confondu avec la *maturité interne* ou *physiologique* (Schribaux).

La semence est mûre intérieurement lorsqu'elle renferme les *diastases* susceptibles d'en dissoudre les réserves, rendues ainsi assimilables pour l'embryon. Cette évolution ne coïncide pas fatalement avec la maturité externe.

Parmi les graminées, la maturité interne précède la maturité externe ; du blé, du seigle, du ray-grass, récoltés lorsque l'amande est à peine formée, germeront aussi rapidement que des semences normales.

On a récolté du blé lorsque le grain était vert, l'intérieur laiteux. Des semences, prises ainsi à un degré de maturité différent et progressif, ont donné comme poids :

Échantillon n° 1, — 1 000 graines pèsent....   7^{gr},90
—   n° 2, —   —   ... 24^{gr},70
—   n° 3, —   —   ... 34^{gr},15

Or, la germination totale a été de 97 p. 100 dans le premier lot, 100 p. 100 dans les deuxième et troisième lot : sa maturité interne était assurée avant la maturité externe.

Par contre, des pommes de terre semées sur place, parfaitement saines, ne germeront pas avant plusieurs mois. Il faut que les tubercules mûrissent physiologiquement.

En Algérie, pour les primeurs, on a besoin de tubercules de pommes de terre dès septembre ; les cultivateurs algériens les achetaient dans le nord de la France. Aujourd'hui, ils préfèrent les importer des environs d'Avignon, les résultats obtenus sont meilleurs. Les variétés du Nord sont en effet récoltées plus tard que dans le Midi et les tubercules ont moins de temps pour assurer leur maturité interne. Il y aurait même un réel avantage à planter des pommes de terre de l'année précédente conservées dans des glacières.

En malterie, pour faire germer l'orge, on attend l'hiver ; on ne malte comme orges nouvelles que les orges d'Algérie mûries physiologiquement et toujours très sèches. A Paris, on obtient de mauvaises germinations durant les années humides. Pour que l'opération marche bien, il faut que l'orge « ait sué », qu'on ait vu de petites gouttelettes à sa surface.

Des semences fraîchement récoltées de ravenelle, de moutarde des champs, germeront à peine dans la proportion de 2 à 3 p. 100. Elles doivent attendre durant des années leur maturité physiologique. Il faut voir là une loi naturelle facilitant l'existence de ces espèces spontanées, dans les circonstances défavorables ; ces semences mûrissent à des époques différentes, et sont ainsi assurées de triompher, dans la lutte pour la vie, des conditions néfastes. Ceci explique la persistance avec laquelle certaines plantes adventices : coquelicot, nielle, bourse-à-pasteur, reparaissent parmi les cultures, malgré les soins apportés à leur destruction. Chaque année, de nouvelles graines, ramenées à la surface par les labours, se trouvent mûres intérieurement et germent à nouveau ; lorsqu'elles ne sont pas *dures*, la plupart des semences de plantes sauvages se comportent ainsi.

Le cerfeuil bulbeux, la clématite, le lilas, l'aubépine, le pêcher et la plupart des semences de fruits à noyau ne peuvent germer que la seconde année qui suit la récolte.

Des phénomènes d'oxydation lente, du même ordre, peuvent faire perdre aux semences leur maturité interne ; la *longévité* des semences est donc importante à examiner.

Longévité. — Cette longévité est très variable suivant les espèces ; les semences à tégument imperméable ou à maturation interne lente pourront germer très longtemps après leur récolte : des sanves ont pu germer après trois siècles. La majorité des semences de nos plantes cultivées peuvent conserver leur vitalité pendant plusieurs années, lorsqu'elles sont *bien sèches*, soit naturellement, soit après dessiccation artificielle. Par contre, les semences forestières, exception faite pour les conifères, perdent très rapidement leur faculté germinative.

Cette maturité interne acquise doit subsister. Les semences de peuplier possèdent une maturité physiologique qui disparaît en très peu de temps, à moins qu'on ne les sèche dans le vide à basse température. Le même phénomène se manifeste chez les glands, les fèves.

Toutes les semences à germination difficile ou délicate ne doivent pas être conservées en grenier. On les stratifie avec de la terre sèche, mieux avec de la terre humide, en observant les premières semences qui germent.

Conditions extrinsèques favorables à la germination. — Le milieu extérieur, pour être favorable à la germination, doit donc être *aéré, humide* et *suffisamment chaud.*

L'oxygène est indispensable à la germination ; des graines plongées dans de l'eau non renouvelée s'asphyxient et tombent bientôt en décomposition.

L'humidité amollit le tégument pour le passage de la jeune plantule et sature la zone hygroscopique. Les cellules de l'amande se gonflent, déchirent le tégument sous l'action de l'eau qui dissout les réserves alimentaires dont a besoin l'embryon. Ce n'est pas l'excès d'humidité, mais le défaut d'aération qui nuit en général à la germination.

Une certaine température est, également, nécessaire à la germination, et on peut même distinguer : une *température minima* au-dessous de laquelle toute germination est impossible ; une *température maxima*, qui indique la limite supérieure au-dessus de laquelle le développement de l'embryon ne pourra avoir lieu, et une *température optima*, qui réalise, pour la graine, les conditions les plus favorables. Cette dernière température optima, se trouve, pour toutes les semences, ordinairement comprise entre 20° et 35° C., la plupart du temps *elle oscille autour de 25° C.* A partir de 36° à 46° C., la germination devient impossible. Observons que ce sont les températures minima qui varient le plus.

Un certain nombre de plantes, le blé, l'avoine, l'orge, la carotte, la betterave, etc., germent rapidement entre 4° et 6° C.; c'est pourquoi on peut semer le blé très tard en automne, ou très tôt au printemps.

Les végétaux à minima élevés sont tous originaires des pays chauds : maïs (9°,5), tabac (14°), ricin (14°), melon (17°), riz (11°).

En principe, il faut rester près d'une température plus basse, plutôt qu'à une température élevée.

Température de germination des principales espèces cultivées.

	DEGRÉS CENTIGRADES.				DEGRÉS CENTIGRADES.		
	Minim.	Maxim.	Optim.		Minim.	Maxim.	Optim
Blé	0 à 6	42-5	28,7	Lin	2-3	28	21
Orge	4 à 5	37-7	28,7	Chanvre	3-5	45	35
Avoine	0-5	31-38	25	Luzerne	1	37	30
Pois	1-2	35	30	Trèfle des prés	1	37	30
Seigle	1-2	30	25	Carotte	4-5	30	25
Betterave	4-5	28-30	25	Ray-gras anglais	3-4	32	28
Riz	10-12	36-38	30-32	Fromental	3	32	23
Maïs	9,5	46,2	33,7	Pavot	3-4	32	26
Millet	8-10	40	32-35	Tabac	14-4	35	28
Minette	2-3	32-35	28	Melon	17	45	35
Lupin	4-5	37-38	28	Haricot	9	46	35
Lentille	4-5	36	30	Ricin	14-15	35-36	31
Fève	3-4	30	25	Soleil	8-9	35	28
Colza	2-3	»	»	Moutarde blanche	0	37,2	27,4

Certaines semences de faible volume, les graminées fourragères notamment, sont à peine enterrées et subissent par conséquent les variations de la température. Adaptées à ces conditions spéciales, plusieurs de ces graines ne germent complètement dans le laboratoire que lorsque ces variations de température sont établies. Dans une exploitation agricole les essais de germination doivent être tentés dans un local à une température de 20 à 25° C. environ.

La graine qui germe absorbe de l'eau et se gonfle ; cette pénétration a lieu par le *hile*, point d'attache de la semence avec la plante mère. Une humidité constante n'est pas à rechercher : il faut que la semence s'imprègne d'abord d'humidité, puis se maintienne dans un milieu frais.

Le gonflement des graines par l'eau exerce une pression considérable (6 à 10 atmosphères chez les légumineuses après dix jours de germination, 15 atmosphères pour le lupin), pression capable de briser les parois du flacon de verre qui les contient.

Le poids d'eau ainsi absorbé est variable ; la quantité absorbée par 100 grammes de graines sèches, le *pouvoir absorbant*, est plus élevée chez les graines riches en grains d'aleurone que parmi les semences riches en amidon (125 pour le lupin, 47 pour le blé, 108 pour le haricot, 8 pour la graine de *Canna*, etc.).

Pour germer, la graine n'a pas besoin d'être saturée d'eau ; la proportion d'humidité doit simplement rester au-dessus d'une certaine limite : 62 p. 100 du pouvoir absorbant, par exemple, pour la fève (1).

Une graine gonflée d'eau est d'une vitalité diminuée ; elle résiste moins bien aux températures extrêmes. Une semence sèche peut supporter 100° C. pendant quelques instants ; une graine saturée d'eau sera tuée à 0° C. ou à 70° C. C'est ce qui explique comment on peut ébouillanter certaines graines dures sans nuire à la faculté germinative.

Phénomènes morphologiques et physiologiques de la germination. — Lorsque la semence germe, c'est d'abord la radicule qui se fait jour au dehors, sous forme d'un filament blanc d'ivoire. Bientôt apparaissent la tigelle et la gemmule. Chez une graine saine et vigoureuse, la radicule et la tigelle se dégageront immédiatement du tégument. Lorsque la semence est affaiblie par des circonstances défavorables de maturité ou de conservation, la tigelle rampe pendant quelque

(1) Voy. G. ANDRÉ, *Chimie agricole.*

temps entre l'amande et le tégument avant de déchirer l'enveloppe pour saillir au dehors. Des radicules translucides, contournées, dénotent également la mauvaise qualité des semences (fig. 7).

Le scutellum du grain de blé sécrète des diastases qui dissolvent l'amidon, les matières grasses, les matières azotées des

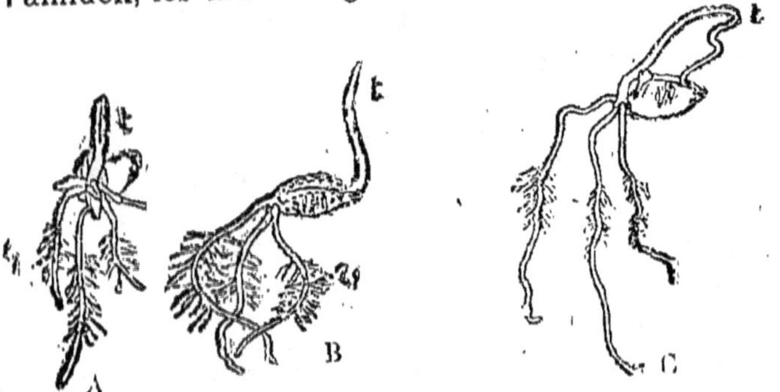

Fig. 7. — Blé en germination.

A, germination d'un grain sain ; B et C, germination de grains malades ; *r*, radicelles ; *t*, tigelles.

réserves, employées à la nutrition de l'embryon ou brûlées par la respiration de la graine. Les matières grasses des réserves s'oxydent, disparaissent par combustion ou donnent des matières hydrocarbonées. Les hydrocarbones des réserves se transforment en sucres réducteurs qui fourniront ultérieurement la cellulose. Les matières azotées des réserves donnent, par hydratation et oxydation, des amides qui, au contact des hydrates de carbone fournis par la fonction chlorophyllienne, produiront des albuminoïdes.

Les aliments organiques sont seuls utilisés : les substances minérales dont le jeune végétal fera plus tard sa nourriture exclusive lui sont alors inutiles ou défavorables. C'est donc une pratique peu justifiée que de tremper les graines, avant leur germination, dans du purin ou des solutions diverses.

Si l'on veut accélérer la végétation, on laissera simplement les semences dans l'eau pure pendant douze à vingt-quatre heures. Placées ensuite en tas dans un local à la température de 15 à 25° C, elles seront remuées matin et soir pour que les graines respirent, en arrosant de temps en temps la masse. On exécute les semailles deux ou trois jours *avant* l'apparition de la radicule.

La germination peut être contrariée par la présence de certaines substances toxiques. Le sulfate de cuivre, employé, comme nous le verrons plus loin, contre la carie, tue les graines mutilées ou blessées par la machine à battre. La kaïnite, le crud ammoniaque qui renferme des sulfocyanures, doivent être épandus un certain temps avant les semailles pour ne pas nuire à la germination. L'acide phénique, le sulfate de zinc, qui accompagnent parfois l'engrais humain employé comme fumure, peuvent exercer également une influence néfaste. Le sulfure de carbone, utilisé pour détruire les insectes et les larves qui attaquent les semences, est, par contre, sans action défavorable; il est évaporé au bout de vingt-quatre heures dans les conditions ordinaires.

Bulbes et tubercules. — L'évolution de ces semences est du même ordre que la germination des graines. Contenant une proportion d'eau toujours élevée, elles peuvent se développer spontanément sous la seule influence de la température. Les réserves contenues se solubilisent sous l'action des enzymes, des diastases.

CHAPITRE II

LES SEMENCES

I. — ACHAT DES SEMENCES

Généralités. — Une semence de bonne qualité doit être constituée de grains ne collant pas, donnant à la main une impression de sécheresse, sans odeur de moisi, d'une couleur satisfaisante, et privée d'impuretés.

Ces conditions générales sont nécessaires mais non suffisantes. Le cultivateur devra porter toute son attention sur l'achat des semences qu'il doit confier au sol, et son examen devra considérer les points suivants :

1° L'identité botanique ; 2° la provenance ; 3° le degré de pureté ; 4° le poids individuel ; 5° la teneur en eau ; 6° la faculté germinative ; 7° l'énergie germinative.

Il faut tout d'abord que le praticien sache prendre un échantillon de semences pour les analyses. Cette prise d'échantillon en vue de contestations possibles ne doit pas donner matière à discussion.

Prise des échantillons. — L'expédition aura lieu en

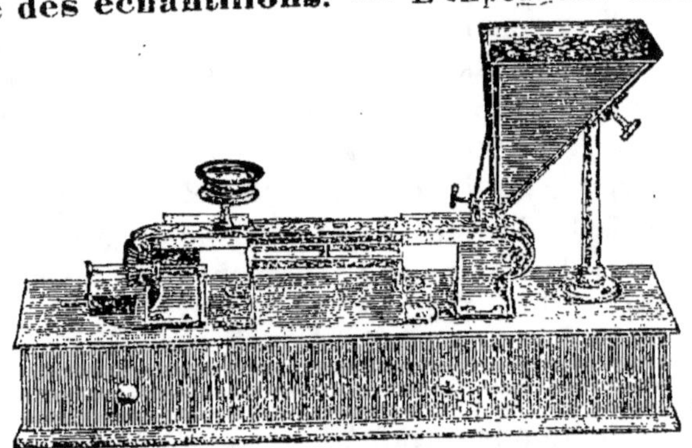

Fig. 8. — Machine à examiner les graines.

sacs plombés. A la ferme, dès la livraison, on effectuera un prélèvement en présence de deux témoins impartiaux. Si les grains sont en tas, on prend une poignée à la surface en différents points, puis en profondeur, après tassage de la masse.

On prélève ainsi trois échantillons de 200 à 300 grammes chacun pour le blé, le trèfle, la luzerne, le sainfoin, etc. ; pour les graines légères et la betterave, 100 à 150 grammes suffiront.

Chaque échantillon est placé dans un flacon cacheté à la cire avec le cachet d'un des témoins. Un échantillon sera envoyé au laboratoire, les deux autres gardés. On dresse un procès-verbal de l'opération en quelques mots.

Si la marchandise est reçue en sac, on se sert de sonde spéciales, sortes de cônes creux, munis de dispositifs permettant de les clore une fois remplis. On prélève à la base des sacs car la partie supérieure est souvent constituée par des lots le choix, afin de séduire l'acheteur. Pour le blé, on utilise la sonde Gallmann, cône creux fermé par un disque demi-circulaire que l'on déplace au moyen d'une tige et d'une poignée. On enfonce la sonde, le disque fermé, à mi-hauteur du sac, on ouvre, on agite et on remonte la sonde pleine.

Ces échantillons serviront aux déterminations utiles que nous allons examiner attentivement.

Identité botanique. — Les graines des végétaux possèdent, en général, des caractères particuliers qui les distin-

Fig. 9. — L'analyse des graines au laboratoire.

guent nettement. La détermination de l'identité botanique de l'*espèce* ne présente donc pas de difficulté, sauf pour les semences très semblables des plantes du groupe *Brassica* (choux, colza, navette, etc.), pour lesquelles il est nécessaire de faire une coupe et d'examiner le tégument au microscope.

Pour déterminer les *variétés*, une expérience culturale s'impose; les variétés se différencient par certains caractères extérieurs, par la précocité, etc.

Origine. — L'adaptation parfaite des plantes au milieu où elles végètent imprime aux semences des caractères particuliers, qui renseignent sur leur provenance. Parfois l'examen extérieur donne peu d'indications, et il est alors nécessaire de rechercher les impuretés qui accompagnent souvent les graines.

La provenance des semences présente une importance pratique indiscutable. Les blés d'Algérie semés aux environs de Paris donneraient de mauvais résultats et seraient attaqués par les champignons; les semences de pois du Canada sont estimées parce qu'ils sont indemnes de tout charançon, etc.

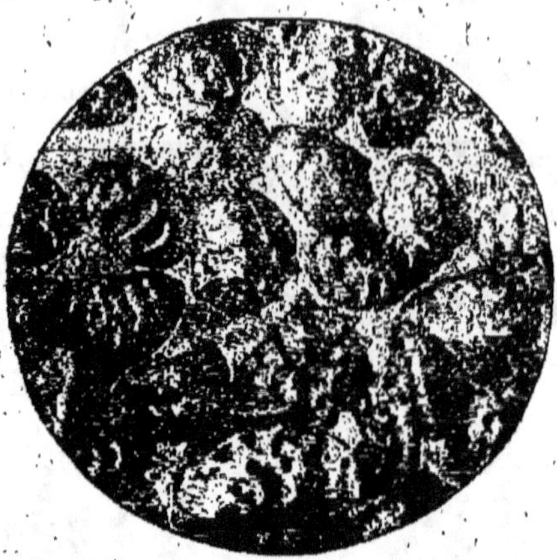
Fig. 10. — Graines pures de sainfoin.

La plupart des semences de graminées et de légumineuses fourragères viennent de l'étranger; certaines luzernes sont importées du Turkestan, d'Amérique. Ces semences d'un prix peu élevé servent à frauder nos graines indigènes. Il y a grande utilité à être renseigné à cet égard pour éviter ces fraudes : la luzerne du Turkestan ne donne pas des coupes nombreuses comme notre luzerne de Provence ; les trèfles d'Amérique ont un système pileux très développé, ils sont facilement attaqués par les maladies cryptogamiques et sont infestés par une cuscute spéciale à gros grains qu'il est difficile d'extraire par les cribleurs les plus perfectionnés.

Tout ceci montre l'importance de la détermination de l'origine des semences. Or, c'est un problème difficile : la graine est, de tous les organes végétatifs, celui qui se modifie le dernier; des semences de trèfle d'Amérique ou de Bretagne différeront peu. Pour les distinguer, on examine les impuretés qui les souillent. Les luzernes de Provence renferment les débris de coques de petits escargots logés sous leurs enveloppes à la maturité. Les luzernes et trèfles d'Amérique contiennent les semences d'une cuscute spéciale à gros grains et d'un plantain particulier, noir et tronqué, tandis que le plantain européen est brun et lancéolé. Les lins de l'Inde se reconnaissent aux grains de maïs, millet, sorgho, riz, qui y sont mêlangés ; ceux de Russie sont souvent souillés par la graine de la grande cameline, etc.

Les grains ont parfois été épurés à la main. On emploie alors, pour déceler l'origine, d'autres caractères, le *poids moyen*, par exemple : les semences anglaises, danoises sont grosses, lourdes, rebondies ; dans le Midi, le poids moyen diminue.

On examine la teneur en eau : les semences méridionales

Grains de trèfle violet.

Grains de plantain.

Débris de graviers

Fig. 11. — Impuretés trouvées dans un échantillon de luzerne

sont très sèches et résistantes (pois du Canada). Mais parfois les semences sont séchées artificiellement.

Impuretés. — On appelle impureté toute matière étrangère contenue dans les graines, autre que celles indiquées par l'étiquette. Certaines sont des substances inertes (terre, sable, balles, semences stériles) ; d'autres sont des graines étrangères, des graines mutilées, des fruits vides, etc., des spores de champignons, des semences de parasites, etc. ; ces dernières constituent un danger sérieux pour les cultures (fig. 11).

On peut séparer les impuretés en se basant sur la différence de poids (graines dures et lourdes), mais les semences vêtues, l'avoine jaunâtre, par exemple, pèsent à peu près le même poids pleines ou vides ; il y a là une difficulté nouvelle.

L'examen de la pureté des semences nécessite des connaissances et une technique spéciales. Il existe des *Stations d'essais de semences* destinées à cet usage, notamment celle de l'Institut agronomique (1). L'échantillon de graines est étudié avec soin. Il faut prendre 2 000 à 3 000 graines ; le poids de ces

(1) 4, rue Cervantès prolongée, Paris.

échantillons variera donc. Les semences, vannées, criblées sont étudiées avec soin par des procédés spéciaux et séparées d'après leur espèce botanique (fig. 8 et 9).

Ces impuretés sont nombreuses, comme l'indique le tableau suivant :

Liste des impuretés les plus dangereuses contenues dans les semences agricoles.

Graminées......	Ivraie enivrante.............	*Lolium temulentum.*
	Brome stérile...............	*Bromus sterilis.*
	Folle avoine...............	*Avena fatua.*
Polygonées.....	Renouée à feuilles de patience.	*Polygonum lapathifolium.*
Chénopodées....	Ansérine blanche...........	*Chenopodium album.*
Plantaginées....	Plantain lancéolé...........	*Plantago lanceolata.*
Rhinanthacées..	Mélampyre des champs.......	*Melampyrum arvense.*
	Rhinanthe crête-de-coq.......	*Rhinanthus cristatus.*
Borraginées....	Gremil des champs...........	*Lithospermum arvensis*
Convolvulacées .	Liseron des champs.........	*Convolvulus arvensis*
	Cuscute du lin..............	*Cuscuta epilinum.*
	Cuscute du trèfle...........	*Cuscuta epithymum.*
Composées	Bluet.....................	*Centaurea cyanus.*
	Chardon...................	*Cirsium arvense.*
Rubiacées......	Gaillet gratteron...........	*Galium aparine.*
Ombellifères....	Caucalide à feuilles de carotte.	*Caucalis daucoides.*
Silénées........	Nielle des prés.............	*Agrostemma Githago.*
Crucifères......	Moutarde des champs.......	*Sinapis arvensis.*
	Ravenelle.................	*Raphanus raphanistrum*
Renonculacées..	Renoncule des champs.......	*Ranunculus arvensis.*
Champignons...	Grains ergotés, cariés.	
Parasites animaux........	Anguillule dévastatrice.......	*Anguillula devastatrix.*

Lorsque, sur un poids P de semences, on trouve un poids p d'impuretés, le poids exact des semences pures est $P - p$; on exprime le résultat en énonçant le *coefficient de pureté*, défini par le rapport $\dfrac{P - p}{P}$.

Poids individuel. — Teneur en eau. — Le poids individuel des semences est utile à connaître et renseigne sur le volume de l'embryon et la valeur des réserves mises à sa disposition ; les graines plus lourdes produisent des végétaux plus vigoureux et plus hâtifs. Wollny contrôla ces résultats en pesant les embryons de 15 semences lourdes, 15 semences légères et 15 semences moyennes. L'importance des récoltes fut proportionnelle aux poids des graines.

Le cultivateur examine souvent le poids de l'hectolitre, mais la façon dont les graines se tassent, la proportion des vides dans un volume donné interviennent et peuvent fausser les appréciations.

La teneur en eau donne au cultivateur des indications sur la facilité de conservation des semences ; la teneur moyenne est environ de 14 p. 100, mais elle peut aller jusqu'à 16 p. 100.

Faculté germinative. — La faculté germinative doit être connue avec exactitude ; elle révèle la valeur des semences confiées au sol ; on la détermine au moyen d'essais de germination.

Sur un échantillon de la semence considérée, on choisit 100 graines, par exemple, qui sont placées dans les conditions les plus favorables à la germination. Au bout d'un certain temps, on compte les semences qui ont

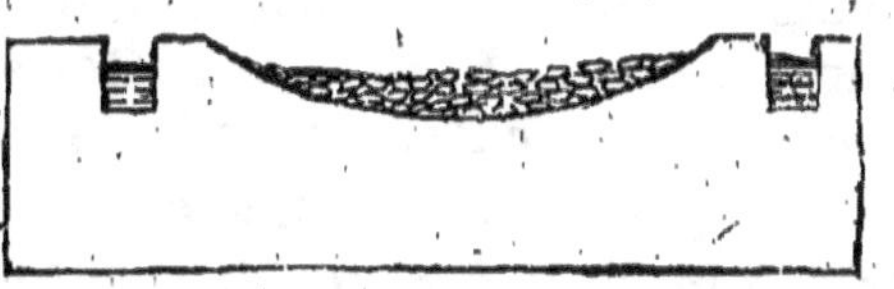

Fig. 12. — Germoir de Nobbe.

formé une radicule ; s'il en existe 90, la faculté germinative s'exprimera par 90 p. 100. Une faculté germinative de 60 p. 100, 85 p. 100, indique donc que, sur 100 graines de la variété considérée, 60 ou 85 seront susceptibles de germer.

Essai de germination. — Il existe plusieurs types de germoirs. Le germoir de Nobbe est un récipient en terre poreuse, dont la partie inférieure est vernissée. Une cuvette creusée au centre reçoit les semences ; tout autour une rigole circulaire est remplie d'eau qui doit imprégner les graines par imbibition (fig. 12).

Les grosses semences, avec ce dispositif, ne sont pas assez humectées ; il faut les mouiller directement. De plus, les poussières, les germes de microbes, les moisissures infectent peu à peu la surface du germoir qu'il faut désinfecter à l'eau bouillante.

Le germoir orléanais se compose d'une plaque de plâtre creusée de cuvettes plus ou moins profondes où l'on place les graines ; ce germoir est plongé dans une petite cuvette remplie d'eau qui pénètre par capillarité jusqu'aux semences. Cet appareil se casse facilement et ne peut être stérilisé à l'eau bouillante.

Quand les semences suspectes manquent de vigueur, elles donnent parfois des résultats peu sûrs. On recourt alors au sable humide, à la terre humectée. Une plaque de verre assurera le contact de la graine avec le sable ; les germoirs sont placés dans des étuves ou des locaux à la température convenable.

Mais, dans la généralité des cas, le meilleur germoir, et sans contredit le plus pratique, consiste dans une simple feuille de papier buvard repliée ; les semences étant placées à l'intérieur, on humecte d'eau le papier buvard, maintenu ensuite dans un continuel état d'humidité (Schribaux). L'assiette qui sert de support est placée dans une pièce à température moyenne en été, ou sur la cheminée en hiver (20° à 25° C).

Ce dispositif, très simple et peu coûteux, permet la germination régulière des graines ; pour les laboratoires et les essais en grand, on se sert d'étuves spéciales.

Il existe une relation entre la pureté et la faculté germinative. Les semences pures germent le mieux. Le sainfoin, ordinairement pur (coefficient de pureté : 98 p. 100), possède une faculté germinative de 85 p. 100. L'avoine jaunâtre de pureté moyenne (60 p. 100) a une faculté germinative de 40 p. 100.

L'essai doit durer au moins 10 jours pour les céréales, les crucifères, les légumineuses, le chanvre, le lin ; 14 jours pour la betterave, la fétuque, l'agrostis, la houque, le ray-grass ; 21 jours pour les graminées des prairies en général et la carotte.

On appelle *valeur culturale* le produit du coefficient de pureté par la faculté germinative divisé par 100 :

$$V = \frac{P \times G}{100}.$$

Ce chiffre représente la proportion de semences capables de germer pour 100. Il donne une idée exacte de la qualité du lot ; la valeur culturale, en effet, n'est pas proportionnelle à la pureté : une très faible quantité de matières impures vivantes peut se montrer extrêmement nuisible.

Énergie germinative. — On examinera utilement la rapidité et la régularité de la germination : les semences de bonne qualité germent vite et presque toutes en même temps (fig. 13).

La connaissance de la durée de germination n'est pas indifférente ; une semence germe bien quand les deux tiers des graines émettent une radicule pendant le tiers du temps nécessaire à la germination totale de l'échantillon.

Le chanvre, par exemple, germe à 85 p. 100 ; les deux tiers des 85 semences, soit 56, doivent avoir germé dans le tiers du temps total, soit 3 jours.

Pour le trèfle de prés qui germe à 90 p. 100, 60 p. 100 des semences

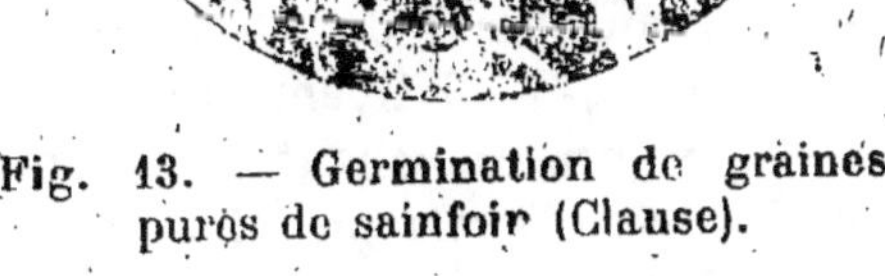

Fig. 13. — Germination de graines pures de sainfoin (Clause).

doivent avoir germé en trois jours ; pour les betteraves qui germent à 80 p. 100, les deux tiers des semences, soit 53 graines, doivent germer dans le tiers de 14 jours, soit 5 jours environ.

M. Schribaux a démontré que, pour la plupart des semences, la réduction du taux d'humidité à 12 p. 100 environ développe la faculté germinative et surtout l'énergie germinative. La dessiccation artificielle des semences est donc un procédé recommandable que les producteurs de semences et les négociants devraient utiliser.

II. — FRAUDES

Ces considérations n'ont pas seulement un intérêt théorique, elles servent au cultivateur à se mettre en garde contre les fraudes nombreuses auxquelles sont soumises les graines. C'est surtout sur les semences des plantes fourragères, des graminées fourragères de très petit volume et d'identité difficile à établir, que se pratiquent ces falsifications. Le cultivateur ignore souvent la forme de ces semences et il achète des mélanges qui favorisent les fraudes. Les tromperies peuvent, en effet, s'exercer :

1° Sur l'origine ;

2° Sur la nature ;

3° Sur la quantité ;

4° Sur la qualité.

Origine. — Suivant leur origine, les graines ont des valeurs bien différentes au point de vue agricole. Les semences de légumineuses du Turkestan, d'Amérique, par exemple, d'un prix plus faible (110 fr. le quintal au lieu de 180 fr. pour la luzerne), vendues comme graines françaises, donnent naissance à des végétaux moins productifs et attaqués facilement par les maladies cryptogamiques. Les vesces du Midi ne sont pas acclimatées au climat du Nord, etc.

Nature. — Relativement à l'identité botanique des semences, deux graines provenant de végétaux différents peuvent avoir des aspects extérieurs identiques et posséder des valeurs agricoles et commerciales très éloignées.

On introduit parfois frauduleusement les semences les moins chères dans le lot des graines d'un prix élevé. C'est ainsi que les semences de choux (1 500 fr. les 100 kilogr.) sont fraudées avec des graines de colza torréfié (19 fr. les 100 kilogr.). On mélange au vulpin des prés (180 fr. les 100 kilogr.) de la houque laineuse (60 fr. les 100 kilogr.). La flouve odorante (390 fr. les 100 kilogr.) contient des graines de flouve de Puel (75 fr. les 100 kilogr.). La luzerne (160 à 180 fr. les 100 kilogr.) est mélangée de minette (60 fr. les 100 kilogr.), de mélilot, de luzerne d'Amérique, etc.

La minette teinte est mélangée au lotier corniculé ou à l'anthyllode vulnéraire. La fausse-minette provenant des criblages du blé est introduite dans des lots de minette (1), etc.

(1) Des fragments de blé permettent parfois de reconnaître cette fraude.

Certains trèfles sont mélangés de 20 p. 100 de minerai de fer oolithique.

L'introduction de semences étrangères torréfiées est une fraude habile ; ces graines ne germant pas ne peuvent déceler la tromperie ; on trouve ainsi des semences de betteraves fourragères torréfiées ajoutées aux semences de betteraves à sucre. Les lots de choux, navets, sont fraudés des graines de colza torréfié, etc.

Quantité. — Les tromperies sur la quantité consistent soit à se servir de faux poids, soit à donner aux semences un poids factice, en les saturant d'humidité, en y introduisant des matières inertes (sables colorés, balles de graminées, fer oolithique).

Il y a trente ans, les graines fourragères étaient récoltées non par des cultures rationnelles, mais dans les clairières des bois (Alsace, Forêt-Noire, Dauphiné). Les ramasseurs cherchaient à arriver les premiers et fauchaient les herbes avec les graines non mûres ; il fallait étendre ce foin au soleil et l'arroser avant le battage. Des intermédiaires peu scrupuleux fraudaient largement avant de vendre ces semences aux négociants qui écoulaient ces lots sans les analyser. A cette époque, la graine commerciale de fétuque contenait 66 p. 100 de ray-grass ; le vulpin, qui coûtait 300 fr. les 100 kilogr., germait à 3 p. 100, etc. Il était impossible de créer logiquement des prairies permanentes, et ceci explique la défaveur dont jouissait à cette époque la production fourragère.

Aujourd'hui, on produit scientifiquement les semences fourragères, en France, en Angleterre, en Amérique et en Finlande (vulpin). Les négociants étudient les lots de semences, déterminent la pureté, la faculté germinative ; parallèlement les prix baissaient nettement et les prés retrouvaient une faveur justifiée.

Qualité. — Les fraudes sur la qualité consistent en une série de manipulations destinées à masquer les altérations des semences, leur état de vieillissement ou leur faible valeur.

L'oxydation du tégument donne aux vieilles semences une coloration foncée ou cuivrée (trèfle, luzerne) : les négociants peu scrupuleux font disparaître cette nuance en faisant agir l'acide sulfureux ou l'acide picrique.

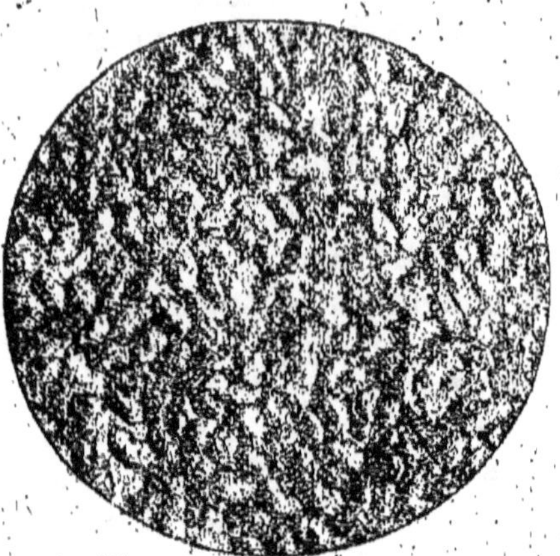

Fig. 14. — Graines pures de trèfle violet.

Comme nous l'avons vu, si le soufre a été employé, on reconnaît son action par la teinte rouge que prend le papier de tournesol bleu lorsqu'on y place la semence humide. Dans le cas d'une faible attaque, on lave à l'eau distillée, et l'on fait agir le chlorure de baryum qui donne un précipité blanc. L'acide picrique se reconnaît à la coloration rouge qu'il donne avec le sulfhydrate d'ammoniaque ou le cyanure de potassium, etc.

Pour permettre l'écoulement des vieilles semences, on a recours à l'action de l'huile. L'huilage tue les graines faibles ou malades et retarde la germination des bonnes semences. On décèle cette fraude en plaçant les graines suspectes dans l'alcool chauffé légèrement : après refroidissement, l'alcool se trouble.

Certains lots de graines sont, de plus, *écrémés*, c'est-à-dire que les plus belles graines, de luzerne,

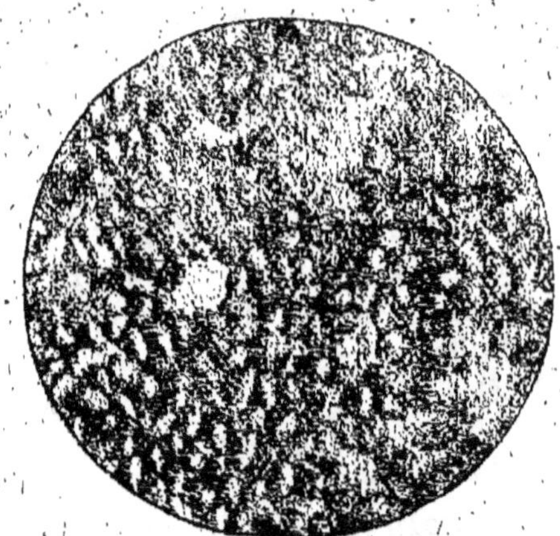

Fig. 15. — Graines pures de luzerne,

de trèfle (fig. 14), sont extraites par criblage et vendues en Angleterre et en Allemagne, où elles se paient très cher. Le cow-grass, appelé sur le marché anglais *trèfle vivace*, provient en grande partie des trèfles de Bretagne criblés à outrance (Schribaux). L'agriculteur achetant ses semences doit demander la notification, sur la facture, du nom exact et de l'origine de la marchandise, de la pureté pour 100, de l'absence d'impuretés nuisibles (absence de *cuscute* dans les légumineuses fourragères, de *pimprenelle* dans le sainfoin double), ainsi que la faculté et l'énergie germinatives et le poids de mille graines est toujours avantageux d'opérer ces achats par l'intermédiaire des syndicats agricoles.

Qualités d'une bonne semence. — Une bonne graine marchande doit réaliser un certain nombre de conditions indispensables (fig. 14 et 15). Elle doit tout d'abord correspondre au nom botanique qu'elle porte, et la garantie d'origine doit être fournie par le marchand, ainsi que le taux des impuretés.

Le poids individuel est intéressant à connaître, les semences les plus lourdes étant toujours préférables. Mais le poids à l'hectolitre servirait difficilement de base aux marchés, les plus petites semences offrant, grâce à leur facile tassement, le plus fort poids à l'hectolitre, avec le plus faible poids individuel.

Le poids individuel peut donner des indications sur l'origine. Les différences observées peuvent être assez sensibles, comme le prouvent les chiffres suivants correspondant au trèfle :

	Poids de 1 000 grains.
Trèfle de Norvège...............................	2gr,350
— de Bretagne..............................	2gr,475
— de Suède.................................	2gr,510
— des Ardennes.............................	2gr,250
— de Provence..............................	2gr,140
— d'Amérique..............................	2gr,890

Pour une même variété, les grains diminuent de poids en allant du nord au sud et de l'est à l'ouest.

Le degré de pureté varie avec les espèces et les moyens d'épuration dont on dispose ; la facture du négociant devra renseigner à cet égard et contenir en plus, pour les trèfles, luzernes, fléole, lin, la garantie d'absence de cuscute, et, pour les sainfoins, l'absence de pimprenelle.

La faculté germinative doit être soigneusement établie,

et il est enfin un certain nombre de qualités particulières qui peuvent également être prises en considération. Pour les céréales, la bonne graine doit être *coulante*, donner au toucher une impression de sécheresse, présenter une couleur normale et une odeur franche.

Betterave. — Pour les graines de betteraves, l'agriculteur examinera si les semences répondent aux conditions suivantes :

Fig. 16. — Récolte des graines de betteraves.

1° renfermer au plus 3 p. 100 d'impuretés (terre, débris de tiges, etc.) ;

2° doser au plus 15 p. 100 d'eau ;

3° sur 100 glomérules, 60 au moins doivent germer après cinq jours et 80 après quatorze jours ;

4° fournir au moins 150 germes sains par 100 glomérules et 70 000 germes par kilogramme de semences brutes. Ces conditions sont, en grande partie, sous la dépendance des procédés de production et de récolte des graines de betteraves.

Les tolérances admises sont les suivantes :

Impuretés.............................. 1 p. 100
Humidité.............................. 2 —
Faculté germinative...................... 5 —

Dans le nombre des glomérules germés, une différence de

1 200 germes par kilogr. entre le chiffre trouvé à l'analyse et la norme réglementaire est également tolérée.

Le cultivateur doit moins se préoccuper, dans le cas des graines de betteraves, de la faculté germinative totale que de l'énergie germinative, c'est-à-dire de la rapidité de la germination qui fournit le meilleur indice sur la vigueur des germes

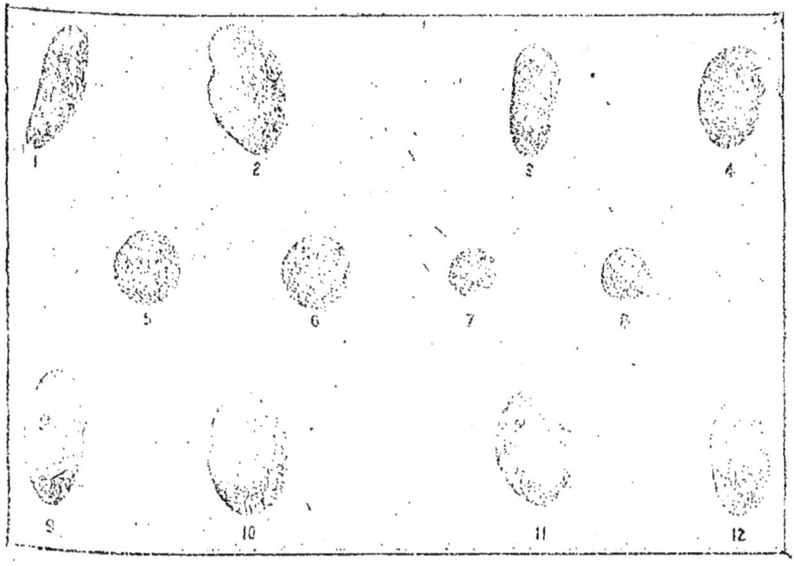

Fig. 17. — Graines de légumineuses et de cuscute (grossies).

1 et 2, graines de luzerne ; 3 et 4, graines de minette; 5 et 6, graines de grosse cuscute ; 7 et 8, graines de petite cuscute ; 9 et 10, anthyllide vulnéraire ; 11 et 12, trèfle violet (Victor Borel).

les premiers sortis constitueront les meilleures plantes, les seules à conserver au démariage. La réduction du taux d'humidité des semences de betteraves accroît notablement la faculté et l'énergie germinative.

Toutes ces conditions doivent guider le cultivateur dans l'achat de ses semences, car la législation actuelle ne protège pas suffisamment l'agriculteur. Il serait à souhaiter que des dispositions législatives obligent le négociant à indiquer sur la facture la composition exacte des semences vendues: *nom*

— origine — pureté — faculté germinative — poids de 100 grains — absence d'impuretés nuisibles et de cuscute pour les trèfles et luzernes (Schribaux).

Une meilleure application de la loi du 24 décembre 1888, qui donne aux préfets l'autorisation de décréter obligatoirement la destruction des plantes nuisibles, permettrait également de diminuer la proportion des mauvaises semences vendues dans les lots ordinaires. Des concours d'instruments

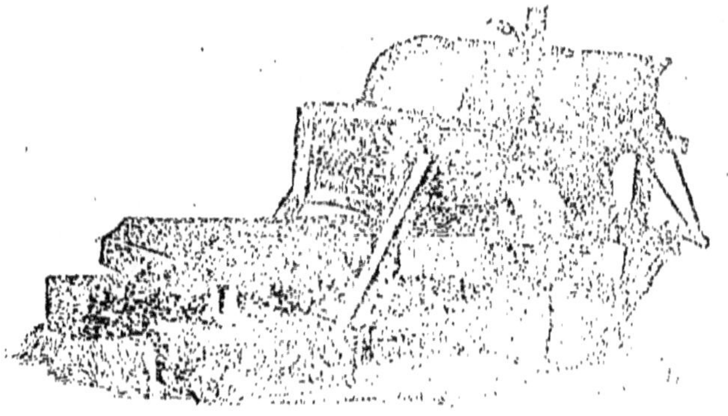

Fig. 48. — Décuscuteuse.

utilisés à l'épuration des semences seraient d'un utile effet.

En attendant ces nouvelles applications législatives, les cultivateurs devront réaliser leurs achats de semences avec circonspection, ne jamais acheter de mélanges qui facilitent la fraude, et faire vérifier leurs graines par les Stations d'essais de semences, qui, moyennant une faible rétribution, donnent la teneur exacte et la valeur de l'échantillon. Un certain nombre de maisons sérieuses se sont placées d'elles-mêmes sous le contrôle de la *Station d'essais de semences de l'Institut agronomique.* Elles paient les frais d'analyse lorsque les livraisons sont assez importantes et indemnisent l'acheteur s'il existe, entre les garanties données et le résultat de l'analyse (Voy. le Bulletin d'analyse, p. 52), une différence supérieure à 2 p. 100 pour la pureté et à 4 p. 100 pour la valeur culturale (produit du coefficient de pureté par la faculté germinative).

Les groupements de cultivateurs : Syndicats agricoles ou Associations pour la vente ou l'achat des produits, pourraient rendre, dans cet ordre d'idées, de grands services.

Cuscute. — La cuscute est un des parasites les plus redoutables. Il est souvent difficile d'éliminer la cuscute et le plantain des graines fourragères.

On trouvait relativement peu de cuscute il y a une ving-

Fig. 19. — Trieur-décuscuteur démontable.

taine d'années, parce que l'ébourrage des trèfles et des luzernes se faisait à la main ou avec une petite machine spéciale. On criblait ensuite les bourres avant de les ébosser ; il en était de même pour la cosse de minette (fig. 18).

Actuellement l'égrenage des graines fourragères s'effectue en deux stades : on *ébourre* d'abord la plante à la main ou au batteur-ébourreur en séparant des tiges les grappes ou capitules, puis la bourre est passée à l'*ébosseur*, chargé de fournir le produit marchand.

Les mauvaises graines, et en particulier la cuscute et le plantain, sont peu adhérentes à leurs capsules. Elles se trouvent battues ou ébossées dès leur passage au batteur-ébour-reur. Dans la première phase de l'égrenage des graines four-ragères, on obtient donc des graines de mauvaises plantes et de la bourre de bonnes plantes, dont la séparation peut s'ob-tenir complètement et facilement à l'aide d'un cribleur appro-prié. Les produits sortant du nettoyage du batteur-ébourreur, élevés par une chaîne à godets ou par tout autre méca-nisme, passent alors avantageusement, avant l'ébossage, à la décuscuteuse-déplantineuse qui élimine les mauvaises graines ; la bourre nettoyée est conduite seule ensuite au batteur-ébosseur (système Duval). Avec un cribleur bien construit et garni de tôles appropriées, il serait possible de retirer toutes les mauvaises graines (cuscute, plantain, etc.) de la bourre de luzerne et de trèfle, comme de la cosse de minette (fig. 19).

Il est dangereux de battre le lot entier dans une machine et de vouloir décuscuter ou déplantiner ensuite. On enlève bien, de cette façon, les petites graines de cuscute et de plantain, en faisant d'ailleurs souvent plus de 10 p. 100 de déchet, mais on laisse dans la semence les grosses graines de cuscute et de plantain. On opère ainsi une véritable sélection des plantes parasites dont on ne sème alors que les plus grosses semences.

La Provence, productrice de graine de luzerne (expor-tation : 5 millions de francs), a été envahie par une cuscute à grosse semence qui faisait refuser les lots destinés à l'étran-ger. On a heureusement construit un épurateur à alvéole qui permet d'éliminer cette grande cuscute. La petite cuscute est séparée à l'aide d'un tamis de soie n° 22.

Des négociants peu scrupuleux vendent comme trèfle hybride, blanc ou commun, un mélange de *Trifolium parvi-florum* et *T. angulatum*, variétés de trèfles croissant à l'état sauvage dans le sud-est de l'Europe et sans valeur culturale. Ce mélange frauduleux, souvent mélangé de cuscute, se distingue du trèfle hybride ou du trèfle blanc par la plus faible dimen-sion des semences et un examen microscopique (Wagner).

La cuscute se rencontre non seulement dans les graines de luzerne et de trèfle violet, mais encore dans celles de minette,

Composition moyenne d'une bonne semence marchande (Schribaux).

DÉSIGNATION.	PURETÉ P. o/o	FACULTÉ GERMINATIVE P. o/o	VALEUR CULTURALE. (Proportion de semences pures capables de germer. P. o/o.)
Trèfle des prés	95	90	88.7
— blanc	95	90	86.3
— hybride	95	90	86.3
— incarnat	76	90	85.5
Luzerne commune	98	90	88.2
Lupuline ou minette	96	88	83.48
Anthyllide vulnéraire	90	85	76.5
Lotier	91	85	79.9
Sainfoin	93	85	83.3
Pois	98	95	93.1
Vesce	98	95	93.1
Vesce velue	95	90	65.5
Féverole	98	95	93.1
Serradelle	98	80	78.4
Lupin	98	85	83.3
Spergule	98	95	93.1
Choux	98	90	88.2

DÉSIGNATION.	PURETÉ P. o/o	FACULTÉ GERMINATIVE P. o/o	VALEUR CULTURALE. (Proportion de semences pures capables de germer. P. o/o.)
Ray-grass anglais	95	85	80.75
Ray-grass d'Italie	85	85	80.75
Fromental	75	75	56.25
Dactyle	80	80	64
Fléole des prés	97	90	87.3
Fétuque des prés	95	85	80.75
— rouge	85	60	51
— ovine	85	70	59.5
— hétérophylle	85	60	51
Flouve odorante	90	55	49.5
Vulpin des prés	80	60	48
Paturin des prés	85	70	59.5
— commun	85	70	59.5
— des bois	85	70	59.5
Brome des prés	75	65	48.75
Avoine jaunâtre	50	40	20
Crételle	90	70	63

DÉSIGNATION.	PURETÉ P. o/o	FACULTÉ GERMINATIVE P. o/o	VALEUR CULTURALE. (Proportion de semences pures capables de germer. P. o/o.)
Houque laineuse	80	60	48
Agrostis	85	85	72.25
Chanvre	95	65	83.3
Lin	98	85	83.3
Betteraves à sucre	97	80	77.6
Betteraves fourragères	97	85	82.45
Carottes	90	75	47.5
Blé, orge	98	97	95.06
Seigle	98	95	93.1
Avoine	98	95	93.1
Maïs	98	80	78.4
Moha	95	55	50.75
Sorgho	95	85	80.75
Pin sylvestre	95	70	66.5
Pin noir d'Autriche	95	70	66.5
Épicéa	95	70	66.5
Mélèze	90	40	36

Toutes les graines dures (graines qui, plongées dans l'eau durant un certain temps, ne gonflent pas) des légumineuses sont considérées comme susceptibles de germer.

Monsieur _______________________________

à _______________________________

NUMÉROS du journal d'analyses.	DÉSIGNATION DES ÉCHANTILLONS	SEMENCES pures p. o/o.	IMPURETÉS.		FACULTÉ GERMINATIVE des semences pures après _ jours, p. o/o.	GRAINES nues c. o/o.	VALEUR CULTURALE. L'échantillon renferme en semences pures capables de germer, r. o/o.	CUSCUTE. NOMBRE de grains par kilogramme.	OBSERVATIONS.
			MATIÈRES INERTES.	SEMENCES ÉTRANGÈRES.					

Paris, le   191

Le Directeur de la Station

de trèfle incarnat, de lotier, d'anthyllide, de trèfles blanc et hybride (1).

D'après le *Service de la répression des fraudes*, les graines vendues comme « décuscutées » ne doivent pas renfermer plus de 10 grammes de cuscute par kilogramme dans le cas du trèfle violet, de la luzerne, de la minette, de l'anthyllide ou du trèfle incarnat ; plus de 20 graines dans le cas du trèfle blanc, du trèfle hybride ou des lotiers. Un lot de légumineuses est présumé décuscuté toutes les fois qu'il ne porte aucune indication à ce sujet ; l'indication est obligatoire pour toutes les semences « non décuscutées » vendues à la culture. Un règlement d'administration publique doit prononcer l'inter-diction absolue de la vente des semences cuscutées aux cultivateurs (E. Schribaux).

Instructions pour l'achat et le contrôle des semences. — M. Schribaux, directeur de la *Station d'essais de semences*, a rédigé les instructions suivantes pour l'achat et le contrôle des semences.

Garantie à exiger du vendeur. — L'agriculteur doit se faire garantir sur facture l'*espèce*, la *variété*, la *pureté* et la *faculté germinative* des semences qu'il achète, l'*absence de cuscute* dans les trèfles, la luzerne, la fléole et le lin, celle de *pimprenelle* dans le sainfoin double (on peut tolérer jusqu'à 100 fruits de pimprenelle par kilogramme de sainfoin simple).

Délais accordés pour les réclamations au vendeur. — Les maisons placées sous le contrôle de la Station indemnisent l'acheteur ou reprennent à leurs frais la marchandise qui n'est pas conforme aux garanties données (une différence de 2 p. 100 pour la pureté et de 4 p. 100 pour la valeur culturale est tolérée). Le droit du client à une indemnité quelconque cesse lorsque celui-ci néglige d'envoyer un échantillon à la Station dans les huit jours qui suivent la réception des semences, ou s'il n'a pas adressé de réclamation au vendeur dans les huit jours qui suivent la réception du bulletin d'analyse.

Analyses de contrôle. — Il arrive fréquemment qu'une marchandise ne répond pas aux garanties fournies : de là la nécessité d'une analyse de contrôle.

Les maisons placées sous le contrôle de la Station prennent à leur

(1) Parmi les échantillons de graines de ces légumineuses, examinés ces dernières années à la Station d'essais de semences de M. Schribaux, 20 à 30 p. 100 étaient cuscutés.

charge les frais des contre-analyses pour toute livraison d'au moins 5 kilogrammes de chaque espèce.

La liste des maisons placées sous le contrôle de la Station sera adressée gratuitement aux personnes qui en feront la demande.

Avec les appareils d'épuration dont on dispose actuellement, le décuscuteuses, on arrive, sans faire de déchets exagérés, à éliminer la totalité de la petite cuscute et aussi la grosse cuscute de la luzerne. Mais il faut compter sur des accidents toujours possibles, au cours des manipulations dont la marchandise est l'objet. Il faut compter également sur le défaut d'homogénéité de celle-ci, circonstance qui affecte nécessairement la précision des analyses. Aussi, jusqu'alors, le Service des fraudes tolère-t-il dans les lots offerts à la culture, les seuls en cause ici :

10 graines de cuscute au maximum par kilogr. de trèfle violet, de luzerne, de minette, d'anthyllide ou de trèfle incarnat ;

20 graines au plus par kilogr. de trèfle blanc, trèfle hybride et lotiers.

Il est probable qu'un règlement d'administration publique interdira formellement la vente de toute semence cuscutée. Il importe donc que les producteurs de semences, aussi bien que les négociants, se préparent, dès à présent, à cette éventualité en détruisant les taches de cuscute dans les prairies et en demandant à leurs voisins de les détruire également. La loi du 24 décembre 1888 autorise les préfets à prendre des arrêtés rendant la destruction de la cuscute obligatoire dans leurs départements respectifs.

On peut encore écouler aujourd'hui des lots cuscutés, mais à la condition expresse que les sacs portent extérieurement, et en caractères bien apparents, la mention : «non décuscuté», mention qui doit figurer également sur la facture.

Prise des échantillons. — Les échantillons sont prélevés, *en triple avec le plus grand soin*, dès l'arrivée de la marchandise, *en présence de deux témoins impartiaux*, puis cachetés. L'un des échantillons sera adressé à la Station, avec un certificat de ces derniers ; les autres demeureront entre les mains de l'expéditeur pour servir à une contre-analyse en cas de contestation. Il faudra bien mélanger les semences avant de recueillir les échantillons d'analyse.

Condition de prise d'échantillons. — Verser les semences sur une aire dure bien propre ou sur une grande bâche ; les pelleter avec soin, de façon à réaliser l'uniformité de composition, ce qui est une condition essentielle. Prendre ensuite au moins une dizaine de poignées égales (le nombre des poignées sera d'autant plus grand que la masse est plus volumineuse ou moins homogène) sur différents points de la surface et à différentes hauteurs du tas. Mélanger parfaitement les poignées, et distraire l'équivalent de deux échantillons d'analyse.

Quand cette méthode ne peut être appliquée, on opère à la sonde trois prélèvements par sac, d'une centaine de grammes chacun et à trois niveaux différents, à la base, au milieu et au sommet du sac.

On réunit les prises de cinq sacs au plus dont les numéros se suivent, et on prélève sur le mélange les échantillons d'analyse.

Si la marchandise ne se « suit » pas, n'est pas uniforme, il faut rassembler les sacs de même apparence et opérer sur chaque catégorie comme s'il s'agissait d'un lot différent.

La Station d'essais de semences (4, rue Cervantès prolongée, Paris) fournit gratuitement, aux agriculteurs et aux négociants qui lui en font la demande, un modèle de procès-verbal de prélèvement. Ce modèle figure aujourd'hui sur les « certificats de garantie » que déjà quelques grandes maisons délivrent à leurs clients.

Poids et nature des échantillons. — Pour les échantillons d'une vingtaine de grammes en vue de la recherche de la cuscute, les résultats des analyses qui s'y rapportent n'offrent aucune garantie. Dans 20 grammes de trèfle ou de luzerne, on peut très bien ne pas rencontrer de cuscute, alors que dans 100 grammes on aurait trouvé 2, 3 ou 4 graines du parasite, soit 20, 30 ou 40 au kilogramme.

Les agriculteurs doivent adresser aux Stations d'essais de semences des échantillons de 100 à 150 grammes, et les négociants des échantillons de 300 à 500 grammes.

Quelques négociants, préoccupés de livrer des semences entièrement exemptes de cuscute, adressent, pour plus de sécurité, des échantillons de 500 à 600 grammes et même d'un kilogramme, ou encore, soit des criblures, soit des semences passées à un tamis à mailles ayant retenu les plus grosses.

Prix d'une analyse ordinaire.

	fr. c.
Agriculteurs.....................................	2 »
Négociants n'ayant pas le contrat d'abonnement avec la Station...................................	2 50
Négociants ayant un contrat d'abonnement (quand il s'agit d'analyses exécutées pour le compte de la maison, à titre de renseignement personnel).....	2
Pour les contre-analyses demandées par les acheteurs et que le négociant prend à sa charge...........	1 50

Observation. — Quoique le Service de la répression des fraudes tolère actuellement jusqu'à 10 graines de cuscute par kilogr. de trèfle des prés ou de luzerne vendu sans la mention « non décuscuté », nous ne saurions trop engager les négociants soucieux de ne pas contrevenir à la loi à repasser avec soin tous les lots dans lesquels le chiffre de 10 graines de cuscute au kilogramme n'est pas atteint (s'adresser au tamis nº 22 s'il s'agit de petite cuscute, et au tamis à alvéoles s'il s'agit de grosse cuscute).

De longue date, les maisons sérieuses, celles qui exportent des luzernes et des trèfles garantis décuscutés, prennent cette précaution.

Ces maisons n'ignorent pas que plusieurs analyses de cuscute d'un même lot, effectuées cependant avec le plus grand soin, ne peuvent être entièrement concordantes ; dans la première analyse on découvre, par exemple, 5 à 6 graines de cuscute par kilogramme ; dans les autres on en trouve parfois un peu plus de 10 graines, plus que le chiffre toléré par conséquent.

Ce sont précisément les écarts, très faibles sans doute, enregistrés d'une analyse à l'autre qui justifient la tolérance de 10 graines du parasite par kilogramme, tolérance qui peut paraître excessive à première vue.

Durée des essais de germination. — Les essais de germination durent au maximum :

Dix jours pour les légumineuses, les céréales, les crucifères, le chanvre et le lin ;

Quatorze jours pour les betteraves, les ray-grass, la fétuque des prés, la houque et les agrostis ;

Vingt et un jours pour la carotte et les graminées non indiquées d'autre part ;

Vingt-huit jours pour le paturin et les semences d'espèces ligneuses.

Un ou plusieurs bulletins préalables de germination peuvent être adressés à la demande et aux frais de l'expéditeur, moyennant un supplément de 50 centimes par échantillon et par bulletin, de trois à sept jours, suivant les espèces, après la réception de l'échantillon.

Choix des variétés.

Ayant examiné la composition des graines, leurs conditions de germination, il faut guider le praticien dans le choix des semences et étudier maintenant les lois générales qui président à la variabilité des espèces amenant l'amélioration des plantes cultivées.

DEUXIÈME PARTIE

AMÉLIORATION DES PLANTES CULTIVÉES

CHAPITRE PREMIER

CHOIX DES VARIÉTÉS

I. — VARIABILITÉ DES PLANTES CULTIVÉES

Généralités. — La variabilité des plantes cultivées, c'est-à-dire le nombre élevé de types du même genre, dépend de plusieurs facteurs, notamment :

1° de l'ancienneté de la culture et de l'aire géographique occupée ;

2° du mode de fécondation ;

3° du mode de multiplication ;

4° de la destination des plantes.

1° *Ancienneté de la culture.* — Les plantes cultivées de temps immémorial et sur des aires étendues présenteront un nombre de variétés élevé, car la *sélection naturelle* (influence du milieu) ou la *sélection artificielle* auront pu exercer largement leurs actions. Le blé, par exemple (fig. 20), cultivé du cercle polaire aux tropiques, compte des milliers de variétés. Le topinambour, trop peu connu et produit sur de petites surfaces, possède de rares variétés : dans 50 ans, il en présentera un nombre plus élevé.

2° *Mode de fécondation.* — La fécondation peut être *directe* ou *croisée*. Directe, si l'organe femelle est fécondé par l'organe mâle de la même plante ; dans ce cas, le plus général d'ailleurs, le nombre de variétés est élevé. Parvenues a maturité, certaines plantes présentent des glumelles fermées ; ceci assure la fécondation directe et se montre favorable à la formation des variétés, car une variation fortuitement manifestée peut se reproduire par hérédité (blé, orge, etc.).

Chez le seigle, où la fécondation croisée nécessite l'action d'un organe mâle d'une autre tige, le nombre de variétés est très réduit, toute variation étant effacée par la fusion des caractères suivant le type général.

3° *Mode de multiplication*. — Il existe, en principe, deux modes de multiplication : le mode *sexuel* nécessitant l'action d'un organe femelle et d'un organe mâle, comme pour les graines, et le mode *asexuel* : boutures, bulbes, tubercules, etc.

Le mode asexuel permet la création facile de nouvelles variétés, car la variation se reproduit dans son intégrité. La pomme de terre est cultivée seulement depuis cent vingt ans ; au commencement du xixe siècle, on comptait dix variétés seulement ; maintenant on en dénombre des milliers. En semant un pépin de pomme Calville, au contraire, on obtiendra un arbre donnant des fruits acides et petits : la graine ne perpétue pas la variation heureuse constituée par le fruit savoureux.

Les organes non intéressés à la conservation de l'espèce varient le plus : la taille, la forme, la couleur par exemple ; mais la graine ne varie qu'en dernier lieu.

4° *Destination des plantes*. — Les plantes alimentaires plus surveillées, plus étudiées, ont plus de variétés que les plantes fourragères. Les plantes industrielles, pour des raisons analogues, possèdent une foule de variétés.

Le cultivateur peut aisément constater la présence de variétés intéressantes et favoriser leur reproduction. Mais il faut choisir, parmi ces variétés, les meilleures.

Caractères d'une bonne variété. — Une variété de grande culture doit, pour être parfaite : 1° être adaptée au milieu, qu'il s'agisse de milieu vivant (insectes, champignons), ou du milieu non vivant (climat et sol). Cette condition domine toutes les autres.

En second lieu, la variété doit être de qualité parfaite et de rendement élevé en évitant, ce qui arrive parfois, de sacrifier la qualité à la quantité, les conditions économiques poussant aux grands rendements.

En fait, il n'existe pas de variétés parfaites et le choix du cultivateur est parfois malaisé à exercer ; il faut de nombreuses années pour bien connaître une plante.

Choix de la variété. — Pour bien fixer son choix, on devra : 1° s'informer auprès des cultivateurs les plus expérimentés de la région ; 2° se renseigner sur l'origine de cette variété (conditions de milieu où elle a pris naissance, où elle a vécu longtemps), la plante reflète toujours les conditions du milieu ; 3° examiner sa précocité, 4° son rendement.

Un cultivateur français, exilé du pays pendant cinquante ans, ne reconnaîtrait plus les blés cultivés. Aujourd'hui, on emploie les blés d'Alsace, le blé de Rieti, les blés anglais, etc Or, le climat anglais est caractérisé par un hiver doux, un été tempéré, l'humidité est régulière ; ceci nous indique que les blés anglais pourront geler par hiver rigoureux ou sécher sur pied en été (échaudage). En Angleterre, ces blés végètent longtemps ; ils se montreront donc, chez nous, tardifs.

Le blé de Bordeaux, accoutumé au milieu bordelais, est sensible au froid et supporte bien la chaleur ; il est très sensible aux maladies cryptogamiques la rouille attaque aisément les blés dans la sèche vallée de la Garonne ; ce sont des blés précoces. On se souviendra de toutes ces conditions d'existence lorsqu'on cultivera en situations diverses le blé de Bordeaux (fig. 20).

Le blé d'Alsace est originaire du ballon d'Alsace (Altkirch) ; c'est dire qu'il est extrêmement résistant au froid ; sa période végétative est relativement courte.

Le blé de Rieti vient d'une localité située au nord-est de Rome ; très précoce, il craint naturellement la gelée et sera bon pour les régions méridionales. Il est très résistant à la rouille, car la région de Rieti est humide ; cultivés sous un climat très humide, ces blés sont devenus résistants par sélection naturelle.

Pour lutter contre le phylloxera, on prend des variétés

Blé Japhet. — Blé Bleu ou de Noé. — Blé rouge de Bordeaux. — Blé du Bon Fermier. — Blé hâtif inversable. — Blé de Saumur ou gris de Saint-Laud.

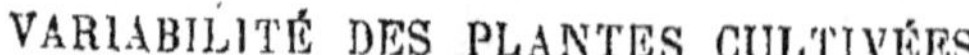

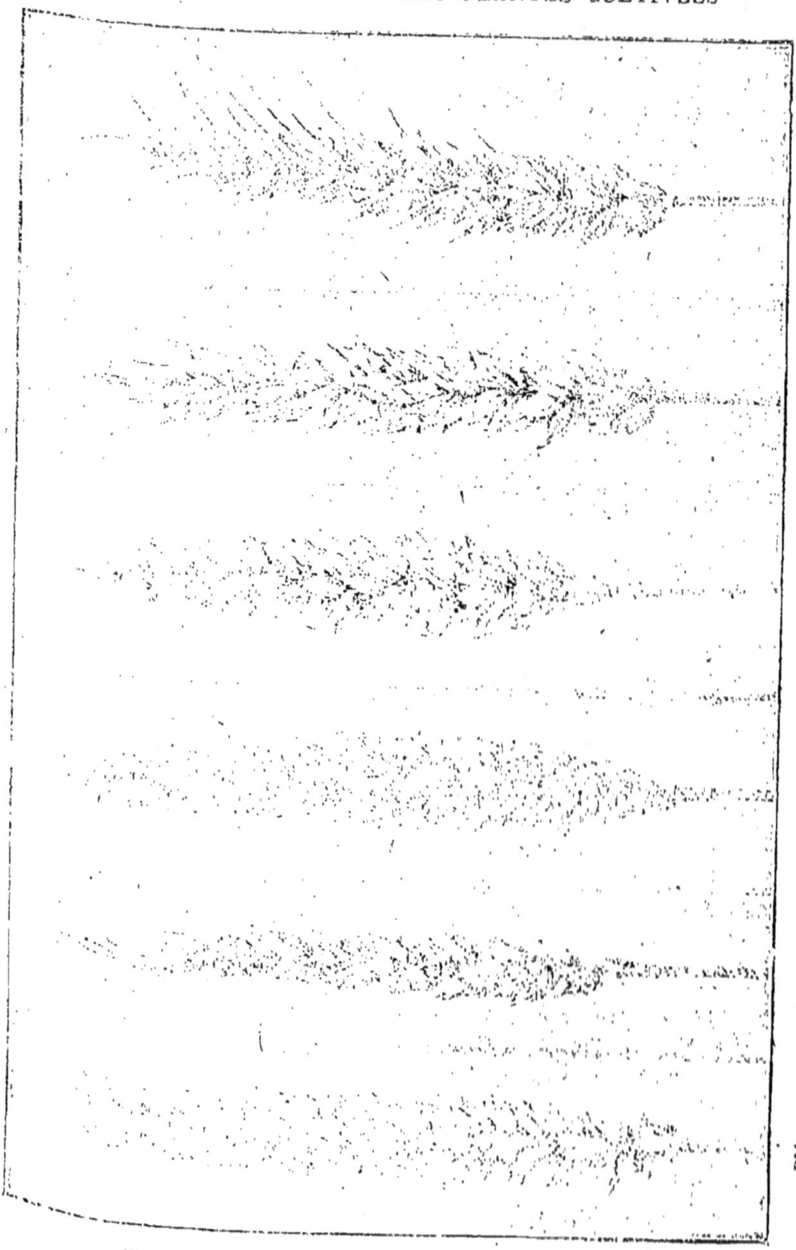

Fig. 20. — Les meilleures variétés de blés de printemps.

résistant à ce parasite dans leur pays originel. En Champagne, la vigne était devenue chlorotique; on a cherché, en Amérique, des cépages vigoureux poussant sur des sols très calcaires On voit que la connaissance des conditions d'existence d'une variété est extrêmement importante.

Durée de la période végétative. — Variétés tardives. — Il faut s'occuper également de cette durée. Les variétés tardives sont exigeantes au point de vue du sol et du climat. Il leur faut un climat régulier, humide plutôt que sec, et des terres fortes. Elles doivent occuper des situations privilégiées en des terres pas trop sèches au mois d'août.

Les variétés tardives sont à grand rendement; le blé d'automne donne des récoltes plus abondantes que le blé de printemps; le travail organique est fonction du temps. On réserve les variétés tardives aux sols fertiles seulement.

Les variétés tardives se signalent par leur richesse en matière hydrocarbonée et leur pauvreté relative en matière azotée. Les blés tardifs seront riches en amidon, les betteraves riches en sucre, les pommes de terre en fécule, les graines oléagineuses en huile. Les pommes de terre fourragères plus tardives sont plus riches en hydrocarbonés. En effet, la plante, mûrissant, se dessèche par la partie inférieure, la migration des principes nutritifs azotés hors du sol cesse bientôt, alors que, grâce à la chlorophylle des feuilles, la plante fabrique encore des matières hydrocarbonées avec l'acide carbonique de l'air. Plus la durée de mûrissement est longue, plus cette fabrication d'hydrocarbonés est active.

Variétés précoces. — Les variétés précoces sont d'autant moins exigeantes qu'elles sont plus hâtives; elles poussent dans les situations peu privilégiées sous les climats irréguliers, sur les terres ne renfermant pas assez d'eau. Elles se montrent résistantes aux maladies cryptogamiques et riches en matière azotée (variétés de Champagne, blés d'Algérie, blés durs, servent à la fabrication des vermicelles, des pâtes d'Italie). Dans l'extrême nord, où le froid est redoutable, les blés sont également très précoces et riches en azote.

Il y a cependant des exceptions à cette règle; on connaît des variétés précoces très productives : le blé hâtif inversable l'orge de Hanna, l'avoine de Ligowo, la pomme de terre *Early rose*, etc. Ces variétés ont d'ailleurs été très difficiles à obtenir.

Rendement. — Le rendement est le produit par unité de surface; c'est le quotient du poids de la récolte par la surface ou, dans le cas de la betterave, du colza, par la surface ombragée par la partie aérienne. Il n'existe aucune relation entre la productivité d'une plante et le poids moyen d'un individu.

Pour observer les rendements d'une variété étudiée, il faudra considérer en particulier le nombre de grains obtenus par pied, le poids de la récolte, la surface occupée, ainsi que la forme extérieure dans le cas des racines ou des tubercules.

On appuiera sa documentation sur l'établissement d'essais culturaux qui permettront d'étudier les variétés dans les conditions les plus défavorables. Pour essayer la résistance des blés à la rouille, on ensemencera dans un champ exposé aux brouillards, etc. Un champ d'un are sera ainsi divisé en trois parcelles; la première parcelle sera ensemencée avec la variété à étudier à la dose adoptée pour la variété ordinaire, la seconde parcelle, le même jour, avec un tiers de semence en plus, la troisième avec un tiers de semence en moins. Il sied, en effet, de semer à la dose optimum.

II. — VARIATIONS

Généralités. — En réalité, l'étude de l'amélioration des plantes doit être abandonnée aux spécialistes; ces variations sont difficiles à percevoir et à fixer. Les végétaux sont des organismes délicats et complexes dont la vie intérieure nous échappe la plupart du temps.

L'éleveur exerce plus aisément son activité en choisissant parmi son troupeau des étalons de choix, réservés à la reproduction, ou en améliorant les bases de l'alimentation (1). Les résultats de ces modifications sont faciles à percevoir, et l'action des moindres agents peut être étudiée attentivement.

(1) Voy. P. Diffloth, *Zootechnie générale* (12e mille).

L'horticulteur observe aisément telle particularité offerte par la fleur, toujours cultivée isolément : forme double des pétales, disposition générale des branches, coloris du calice, etc. Par bouture, marcotte, greffe ou bulbe, il fixera facilement ces caractères, maintenus dès lors par hérédité. Il existe aujourd'hui plus de 12 000 sortes de roses. Ayant découvert sur un pêcher un fruit à peau lisse, on greffa le rameau donnant ces fruits particuliers et l'on obtint les brugnons. On a pu reproduire le robinier à feuilles simples, etc.

En grande culture, il n'en est plus ainsi ; la plante cultivée n'a plus ici aucune individualité, elle fait partie d'une collectivité. L'exploitation agricole des végétaux en grande masse rend difficile l'examen des variations ; de plus, les semis par graines ne permettent pas de fixer immédiatement et à coup sûr les caractères spécifiques signalés. On n'est pas certain enfin de trouver avantage à étudier cette variété nouvelle, dont la propriété, une fois établie, n'est pas garantie par la loi.

Il importe néanmoins de considérer avec soin les variations présentées par les plantes cultivées.

Depuis quelques années, grâce aux découvertes de Mendel et de Vries, cette science a été particulièrement étudiée sous le nom de « génétique » et des Congrès ont été institués utilement.

Ces variations se produisent fatalement ; on peut dire qu'une force mystérieuse travaille pour nous, à notre avantage : la variabilité, la malléabilité des espèces vivantes permet tous les espoirs de perfectionnement ; deux êtres vivants ne sont jamais la même épreuve du type défini (Baudement).

En principe, les variations très marquées sont les plus intéressantes. La variation peut se transmettre fidèlement, ou bien elle peut n'être pas fidèle au type.

Dans le premier cas, toutes les plantes filles ressemblent à la plante mère ; c'est ce qui se produit la plupart du temps quand la variation est profonde. Considérons la variation non fidèle au type, le cas des fleurs doubles, par exemple. Si l'on récolte sur trois pieds les graines de fleurs doubles et qu'on les mélange (*sélection en masse*), on n'obtiendra pas de résultats satisfaisants. Il faut semer chaque graine séparément. Dans la descendance d'une des plantes, on choisira la meilleure, en écartant les autres; c'est la *sélection généalogique* ou *sélection pédigrée* (betterave à sucre). Si l'une des plantes à fleurs dou bles est seule fidèle au type, on la multipliera seule.

Assez souvent cette variation ne veut pas se laisser fixer;

Fig. 21. — Betterave sauvage, d'où provient, par sélection, la betterave cultivée.

si l'on ne dispose que de la reproduction par graine, il faut renoncer.

C'est ainsi que Vilmorin n'a pu fixer un ajonc sans épine qui eût donné une plante fourragère nutritive et d'un emploi facile. Sur la pomme de terre, le houblon, par exemple, qui se reproduisent par tubercule ou par bouture, ces fixations sont aisées. L'horticulture est à ce point de vue très privilégiée; en outre, on peut cultiver en horticulture, dans telle terre, à telle température convenable, on crée un milieu artificiel, et en outre, la question beauté intéressant seule, la considération rendement n'a pas d'intérêt.

Origine des variations. — A ce point de vue, on distingue la doctrine des *variations lentes ou fluctuantes* et celle des *mutations.*

D'après la théorie des variations lentes, les plantes se modifieraient progressivement jusqu'à ce que l'on parvienne à un état d'équilibre correspondant au milieu où elles vivent (Darwin).

La théorie des mutations (de Vries, Nilson) admet, au contraire, des variations brusques et fortuites, ces variations profondes pouvant d'ailleurs résulter de phénomènes d'hybridation. Un type différent, apparu par hasard, peut devenir souche d'une variété.

Actuellement, les cultivateurs suivent l'école de Darwin, les horticulteurs celle de de Vries.

A Svalöf, le long de la Baltique existe un établissement important où l'on s'occupe de créer des plantes améliorées, livrées ensuite au commerce. En 1887, on s'y livrait à la *sélection en masse*; maintenant on pratique la *sélection généalogique*, et l'on a pu créer des « petites espèces » qui paraissaient stables (variétés d'orge, de seigle, d'avoine).

Cependant, ces petites espèces commencent aujourd'hui à varier. Ces variations par mutation n'étaient sans doute que des produits de croisement.

L'amélioration par variations fluctuantes se pratique en sélectionnant les meilleurs plants. C'est ainsi que Hallett créa ses variétés célèbres de blé et que Rimpau a lancé le seigle de Schlanstedt.

Les variations observées peuvent être *naturelles* ou *artificielles*, et leur importance varie suivant leur origine.

Variations naturelles. — Ces variations peuvent être *accidentelles*, ou bien *provoquées par le milieu*, ou provoquées par des *croisements naturels.*

Les *variations accidentelles* apparaissent sans cause apparente et sans qu'on puisse expliquer rationnellement leur production. Le blé *Chiddam* a été trouvé dans une haie; le *blé de*

Hunter croissait le long d'une route d'Écosse, lorsqu'il fut fortuitement remarqué ; le blé *Japhet* est une variété spontanée du blé de Noé. Un des premiers sélectionneurs anglais, Patrick Shireff, parcourant les champs de blé, pouvait, après une année de recherches (1857), rassembler soixante-dix variétés nouvelles.

Dans une touffe de pommes de terre, on distingue souvent des tubercules différant par la couleur. M. de Vilmorin a trouvé, parmi un lot considérable de betteraves de Silésie, la racine à forme régulière et à richesse saccharine élevée qui devait lui permettre de créer la *betterave améliorée blanche Vilmorin*. Ces variations sont extrêmement intéressantes parce qu'elles sont : 1° *héréditaires*, 2° *très accentuées*.

Relativement aux *variations provoquées par le milieu*, on sait que les caractères du milieu se reflètent sur la plante, sur sa structure, sa composition, ses propriétés physiologiques. Les feuilles, les parties superficielles, subissent tout d'abord l'influence du milieu. La variation atteint les organes accessoires avant les organes essentiels ; la graine est moins malléable que la tige, la racine que la fleur, etc. (1).

Les caractères acquis sous l'influence du milieu ne deviennent héréditaires qu'après un grand nombre de générations, et pratiquement ces variations intéressent peu le sélectionneur.

Il n'est pas rare de constater des *croisements naturels* dans les espèces cultivées. M. Rimpau a pu observer, en quinze ans, 17 métis produits parmi 62 variétés de blés cultivés. Ces métis montrent une instabilité extrême et sont en général sans intérêt.

Variations artificielles. — On peut déterminer ces modifications soit en agissant sur le *milieu*, soit en intervenant dans les phénomènes de la *reproduction* par la substitution de la fécondation artificielle à la fécondation naturelle.

Le milieu exerce une influence certaine sur la plante ; les végétaux s'adaptent à ces conditions particulières. Transportée dans des régions sèches et brûlantes, la plante s'organise pour réduire l'évaporation en développant son système

(1) Schribaux et Nanot, *Botanique agricole*.

pileux et en épaississant son épiderme. Cultivée dans ces pays froids, elle souffre quelques années de la rigueur du climat, puis s'habitue à cette existence nouvelle. On peut agir sur le milieu par la suralimentation. La carotte, la betterave sauvages, plantes annuelles, cultivées dans un jardin sur terre riche, donnent certains plants qui retardent sur le cours normal de la végétation jusqu'à devenir bisannuels. On les conserve, on choisit, parmi leur descendance, celles dont la forme de racine est la plus favorable, etc.

Ainsi a-t-on pu créer des variétés nombreuses de betteraves à sucre, cultiver le *Solanum Commersoni*, pomme de terre poussant en sol humide, etc.

Les variations provoquées par le milieu sont nettement perceptibles, mais de peu de durée et, en général, sans intérêt pratique. Si l'on agissait uniquement sur le milieu pour obtenir des variations, le résultat serait précaire.

L'action de l'homme s'exerce plus efficacement dans les phénomènes de la fécondation. Par le croisement, on peut donner naissance à des variétés nouvelles qui participeront des caractères des ascendants et pourront réunir leurs qualités exceptionnelles.

Le blé *Dattel* résulte du croisement de deux variétés : Chiddam et Prince-Albert, l'une grande, l'autre petite. Le blé *Chiddam* à épi rouge donnait un grain estimé, mais peu de paille. Vilmorin a créé, par croisement avec un blé à épi rouge de haute taille, un Chiddam perfectionné.

Les premières années de leur existence, les hybrides se trouvent à l'état de variation désordonnée ; mais il est possible, par un choix continu, une sélection prolongée, de fixer les caractères obtenus.

Technique du croisement. — Ces opérations exigent des soins minutieux, une connaissance approfondie des conditions d'existence des végétaux et nécessitent une technique délicate.

Les pieds mâles et femelles sont cultivés séparément, et l'on s'efforce de réaliser l'apparition des inflorescences à une même époque. On supprime les étamines sur la fleur femelle avant la maturité, lorsque les anthères sont blanches, en tailladant au besoin calice et corolle, mais sans blesser les organes voisins ; puis, à l'aide d'un sac de gaze fine, on protège cette fleur femelle castrée de l'apport de pollen étranger ; on place de la ouate entre la tige et le sac de gaze. On laisse ainsi jusqu'à la maturité des organes femelles, constatée par la viscosité de l'extrémité du stigmate.

Il faut pratiquer ensuite la fécondation ou *pollinisation* en saupoudrant, à l'aide d'un pinceau, de pollen mûr recueilli sur la plante mâle (1), le pistil de la fleur femelle, qu'on entoure ensuite de fine gaze, jusqu'au moment où l'ovaire se gonfle.

On opère plus sûrement encore en transportant les anthères mûres, c'est-à-dire jaunies, sur le stigmate. L'anthère à maturité éclate et féconde l'ovule. On recouvre de gaze et, au bout de douze jours, on laisse la plante se développer normalement. Avec le blé, cette technique réussit ; l'ovaire se gonfle en huit jours. Pour l'avoine, si le temps est sec, l'opération est difficile ; la moindre blessure étant mortelle, on opère sur un grand nombre de plantes. Avec l'orge, la réussite est assurée. Le grain formé, on le sème, et les hybrides cultivés sont observés attentivement plusieurs générations, afin de fixer les caractères recherchés.

Dans les produits de première génération, on observe en général des caractères représentant la moyenne de ceux des ascendants ; mais, dès la seconde génération, les sujets sont en variation désordonnée.

La plupart des nouvelles variétés de pommes de terre à grand rendement (*Richter's Imperator*, *Géante bleue*, etc.) proviennent de croisements méthodiques.

L'agriculteur peut, par une sélection attentive, sortir de la masse des métis un type intéressant et le fixer par un long travail. Le blé Dattel a été fixé ainsi au bout de six ans ; par contre, d'autres blés métis manquent de stabilité au bout de douze ans.

Hybrides. — Le technicien distingue des hybrides d'*espèces* et des hybrides de *races* ou métis. Pour les hybrides d'es-

(1) On secoue le pollen au-dessus d'un papier bleu ou noir ; on le recueille dans un verre de montre.

pèces, on connaît l'hybride fertile du ray-grass anglais et de la étuque. L'hybride du blé et du seigle, stérile, est sans intérêt. Pour l'obtenir, il faut toujours se servir du blé, comme type femelle. L'épi de cet hybride est effilé avec un petit nombre de grains.

Depuis un certain nombre d'années, on a créé des hybrides remarquables assurant les plus beaux résultats dans la culture du blé par exemple. Citons parmi les nouvelles créations d'après-guerre : *Vilmorin* 23, en terres riches ; *le Blé des Alliés*, en terre moyenne, le meilleur de nos blés de février : *Wilhelmina*, le *Blé de la Paix*, *Oscar-Benoist* (synonymes : *Moyencourt* ou *Gironde inversable*) ; *Goldendrop*, qui paraissent dépasser les variétés d'avant-guerre ; *Bon Fermier*, *Bordeaux Japhet*, *Trésor*, *Dattel*, *Teverson*, etc...

Les rendements de ces variétés sont élevés comme le témoignent les expériences de M. L. Brétignière (Centre National d'expérimentation agricole de Grignon). Les rendements ont, en effet, été (1926-1927) à l'hectare : *Vilmorin* 23, 36 qx 85 ; *Oscar-Benoist*, 35 qx 26 ; *Hâtif inversable*, 31 qx 81 ; *Wilson*, 31 qx 74 ; *Red Standard de Webb*, 30 qx 69 ; *Wilhelmine*, 29 qx 97 ; *Chevalier*, 29 qx 93 ; *Blé de la Paix*, 29 qx 13.

Les mêmes faits s'observent dans les variétés de seigle, d'orge, de betterave, etc.

Caractères des hybrides. Loi de Mendel. — Ces opérations, il faut le reconnaître, sont délicates (1). Les hybrides présentent une variabilité extrême, tous les caractères d'un individu combinés à un autre individu ne se transmettent pas, la plante est une mosaïque. La transmission des caractères est restée longtemps mal connue. Le moine autrichien Mendel, en 1865, put énoncer cependant quelques lois précises.

Si nous considérons deux blés, A, barbu, et B, sans barbes, les croisements réciproques AB ou BA donneront, au point de vue de la présence de barbes, les mêmes résultats ; les blés de première génération se ressemblent : ils sont sans barbes. Les caractères apparaissant ainsi à la première génération

---

(1) Le moment précis où une fleur doit être fécondée est parfois très court, trois heures, assure-t-on, pour le haricot. Si l'on ne saisit pas cet instant, l'échec est probable [Abbé Viaules, Institut de génétique de Nages (Tarn)].

sont dits caractères *dominants*, l'absence de barbes, pa
exemple, ou encore la couleur rouge de l'épi.

Suivons ces blés à la deuxième génération : ils vont se reproduire par auto-fécondation ; on constate alors que les barbes
réapparaissent. Le caractère «présence de barbe» se manifeste.
Il y a donc des caractères latents à la première génération
qui se manifestent à la deuxième. Ce sont les caractères
dominés ou *récessifs*; on constate la disjonction des caractères.

Sur 100 métis de deuxième génération, 25 p. 100 présenteront le caractère récessif (avec barbes), 75 p. 100 le caractère dominant (sans barbes), ce que l'on représente par le rapport $\dfrac{R}{D} = \dfrac{1}{3}$.

Passons à la troisième génération ; les descendants présentant le caractère récessif sont fixés. Sur les 75 p. 100 qui
présentaient le caractère dominant, on en observe un tiers
chez lesquels le caractère dominant est devenu fixe, soit
25 p. 100. Cinquante pour 100 se comportent comme des
métis de première génération, et cela continue ainsi.

Si nous appelons R les plantes présentant les caractères
récessifs, D les plantes à caractères dominants, nous avons
donc en troisième génération 25 p. 100 R. R.—25 p. 100 D. D.—
50 p. 100 D. R.

Ces proportions s'observent d'une manière régulière, si
l'on étudie un nombre suffisant de métis.

Considérons le croisement de l'orge à 2 rangs (Hanna)
avec l'orge (Albert) à 6 rangs. Nous observons les faits suivants : Premiers métis (croisement réciproque) : tous les épis
sont à 2 rangs (caractère dominant). Deuxièmes métis : on
trouve un tiers d'épis à 6 rangs (caractère récessif), etc.

La couleur rouge du grain est également un caractère dominant, donnant lieu aux mêmes observations ; ces caractères
sont dits mendeliens.

Etudions le croisement de deux pois : une première variété
à grains ronds (caractère A) et jaunes (caractère B), une
deuxième variété à grains ridés (caractère *a*) et verts (caractère *b*). Les caractères A et B sont dominants les caractères *a* et *b* dominés.

Nous ne pouvons nous étendre ici sur l'étude de ces phénomènes, qui relèvent de la genétique, mais on en pressent tout l'intérêt pratique au sujet de l'amélioration des espèces.

Mode de fécondation des plantes cultivées. — Il faut être renseigné sur les divers modes de fécondation des plantes cultivées pour éviter des influences perturbatrices. La fécondation chez les végétaux, nous l'avons vu, est *directe* ou *croisée*, la fleur utilisant son propre pollen ou exigeant l'action du pollen d'une autre fleur.

La fécondation du seigle est toujours croisée. Si, vers le 15 mai, on entoure l'épi de seigle d'un fil de laine modérément serré, on trouve à la récolte l'épi vide, malgré la présence du pollen. Si, par contre, on enlève les étamines d'un épi de seigle, 82 p. 100 des fleurs seront fécondées par le pollen des fleurs voisines. Les anthères chez le seigle sont longues, à pédoncule court, et produisent une quantité considérable de pollen. Cette fécondation croisée explique pourquoi il existe un petit nombre de variétés.

Pour le blé, la fécondation directe est la plus fréquente. Si l'on entoure de fil de laine l'épi de blé, le nombre de grains obtenus est normal. Conservons sur l'épi une ou deux fleurs complètes seulement et recouvrons d'un cornet de papier, on obtiendra des grains normaux. Par contre, si l'on garde des fleurs castrées, on obtiendra une très faible proportion de graines fertiles. La fécondation croisée est donc exceptionnelle, et c'est pourquoi il existe un grand nombre de variétés de blé. Se basant sur ces faits, Hoïbrenk conseillait de passer sur les champs de céréales une corde qui assurerait la chute du pollen (*cordage*). Or, le vent, les insectes assuren toujours la pollinisation ; on compte 1 million de grains de pollen pour un ovaire de seigle. Pour le blé, l'orge, l'avoine, le pollen tombe fatalement sur le stigmate. L'absence de fécondation, la *coulure*, tient à des conditions défavorables à la fécondation (froid, brouillard, pluie, etc.). L'état languissant des plantes est un obstacle à une bonne fécondation. Si on laisse un talle par pied de seigle dans une caisse séparée, on compte 98 à 100 p. 100 de fleurs fertiles ; si on laisse 5 talles par pied, on n'obtient plus que 78 à 82 p. 100

de fleurs fertiles. A la fécondation, si le temps est humide, on épandra avec profit un peu de nitrate de soude.

La fécondation directe est également la règle générale pour l'orge à deux rangs. La fécondation est achevée avant que l'épi ne sorte de sa gaine. On réussit 9 hybridations sur 10.

Le rang médian de l'orge à six rangs présente la fécondation directe ; pour les rangs latéraux, la fécondation est directe ou croisée. Les fleurs médianes sont fécondées dans la gaine ; les latérales peuvent se féconder après l'épiaison. Les fleurs médianes sont plus anciennes que les latérales et donneront des grains plus lourds. Les orges à six rangs, à cause de cette inégalité de rapidité de germination, sont de mauvaises orges de brasserie.

L'avoine suit la fécondation directe. Pour le blé, l'orge, l'avoine, on peut donc semer une bonne variété à côté d'une mauvaise sans craindre de métissage ni de dégénérescence. Chez Vilmorin, on cultive côte à côte les variétés les plus diverses ; à cette « École des blés », on a à peine constaté l'existence de 3 hybrides en plus de vingt ans ; cependant Rimpau, en Saxe, a trouvé 14 hybrides sur 50 espèces, en dix-sept ans.

Pour le maïs, le sorgho, le millet, la fécondation croisée est la règle générale, ainsi que pour la plupart des autres espèces : solanées (pomme de terre), composées (chicorée, soleil, etc.), ombellifères (carotte, panais), chénopodées (betteraves), crucifères (colza, navette, choux), légumineuses (luzerne, trèfle, sainfoin, pois, vesces, lupin, etc.).

Pour la vesce, le haricot, le pois, il y a donc auto-fécondation ; on a pu ainsi créer et fixer de nombreuses variétés de pois et c'est en étudiant les hybrides de pois que Mendel a établi sa loi célèbre.

Les trèfles présentent la fécondation croisée en règle générale, et le rôle des insectes est indéniable ; dans les pays mellifères, la qualité du miel dépend de l'importance des cultures de trèfle. Lors de l'introduction du trèfle en Australie, on obtenait difficilement des graines ; l'introduction de plusieurs variétés de bourdons facilita la récolte de semences. Les insectes du pays apprirent à féconder la fleur en perçant la corolle au voisinage de l'ovaire. Pratiquement, il faut éviter de semer des bonnes variétés de trèfle au voisinage des qualités inférieures. On récolte les semences généralement sur une deuxième coupe ; il faudra faucher la première coupe de bonne heure, la seconde coupe fleurira ainsi plus tôt que les trèfles voisins et l'on n'aura pas à craindre de croisements.

Les jardiniers se préoccupent souvent de l'origine des semences de choux. La fécondation croisée est la règle, en effet, et il est à craindre qu'en certains pays, comme dans la vallée de la Loire, les choux feuillus des variétés fourragères ne viennent féconder les variétés potagères. La fécondation croisée est également la règle pour les pommes de terre, les carottes.

Dans la fleur de betterave, les étamines et le pistil ne mûrissent pas en même temps ; les anthères sont mûres avant l'ovaire. Ceci indique que la fécondation est croisée. Si l'on plante côte à côte des betteraves rouges et blanches, les semences donnent des variétés rouges et blanches. Avec un même glomérule, il n'est pas rare d'obtenir une betterave à sucre et une betterave fourragère. Les producteurs de semence doivent donc s'éloigner des champs de betteraves fourragères, se mettre à l'abri d'un bois, etc.

III. — CHAMPS D'EXPÉRIENCES

Généralités. — Il faut rechercher des espèces adaptées au milieu vivant et non vivant, donnant, avec un rendement maximum à l'hectare, des produits de qualité irréprochable.

Le praticien devra avoir une idée très nette du but à atteindre et ne pas demander aux végétaux plus qu'ils ne peuvent donner. Ce serait une erreur de réaliser un progrès dans plusieurs directions ; il y a des caractères inconciliables, par exemple un blé productif et riche en gluten, des betteraves très sucrées à grosses racines, un chêne à production abondante donnant un bois très dur, etc.

Le succès dépend de l'exacte appréciation des individus mis en parallèle. On cherche, *a priori*, à découvrir des formes nouvelles et à les fixer. Pour étudier une variété importée, par exemple, on achète un échantillon de semences au pays d'origine ; on les crible, on les trie grain à grain, et lorsqu'on à quelques litres de grains sélectionnés, ou les sème dans un champ d'expérience en lignes largement espacées. On sème sasez dru, puis on éclaircit, de façon à avoir des plantes espacées exactement de la même quantité. Le premier choix des sujets est extrêmement important et il est indispensable de connaître la relation entre les caractères extérieurs et la valeur agricole. Il existe des corrélations positives parallèles homologues, et des corrélations négatives, divergentes. Certains caractères peuvent être en corrélation positive du rendement ou en corrélation négative. Les tableaux suivants donneront quelques indications à cet égard (1).

BLÉ.

Caractères.	En corrélation positive.	En corrélation négative.
Nombre de tiges par pied............		Rendement.
Poids d'un chaume................	Rendement en paille.	
Poids de l'épi..................	Rendement en grains.	
Densité de l'épi................	»	
Longueur de l'épi................	»	
Occlusion des glumelles à la floraison...	Résistance au charbon.	
Précocité....................	Rusticité.	Rendement.

BETTERAVE.

Caractères.	En corrélation positive.	En corrélation négative.
Poids des feuilles..................	Richesse.	
Poids du collet..................		Richesse.
Poids des racines..................	Rendement.	Richesse.
Sillons saccharifères..............	Richesse.	
Dureté de la chair................	Richesse.	
Nombre de vaisseaux fibro-vasculaires...	Richesse.	
Précocité....................	Résistance à la sécheresse. Rusticité.	Rendement.

Champs d'expérience. — Tous ces essais doivent être réalisés sur des champs d'expérience. La parcelle choisie doit être homogène dans toutes ses parties. On s'en assurera, non par des analyses, mais plus rigoureusement par le développement régulier d'une plante de race pure. Pour un blé, par exemple, les épis doivent former un plateau horizontal.

On protégera ce champ d'expérience contre les oiseaux, à l'aide d'un grillage ou d'un filet. Pour éviter les ravages des

(1) SCHRIBAUX, *Cours d'agriculture, Institut agronomique.*

insectes, on injectera dans le sol du sulfure de carbone à haute dose (2 000 kilogrammes à l'hectare) ; contre les rongeurs, on dressera des fossés au milieu et autour du champ. Les façons culturales, afin d'égaliser toutes les conditions, seront effectuées par les mêmes personnes, le même jour. Les fumures étant difficiles à répartir uniformément, on fumera cette parcelle plusieurs années à l'avance ; le travail du sol, les plantes elles-mêmes, les eaux pluviales répartiront uniformément ces principes nutritifs. Les engrais chimiques seront mélangés à la terre, avant d'être épandus.

Pour examiner judicieusement la résistance de la plante aux diverses influences, on placera le végétal dans les conditions les moins favorables. S'il s'agit d'étudier une variété à grand rendement, on la sèmera dans un sol pauvre. Une betterave riche en sucre, un blé résistant à la verse, seront réservés aux terres riches en azote et recevront d'abondants engrais azotés. On plantera dans les situations découvertes les plantes peu résistantes au froid, etc., etc.

Le champ d'essai devra être établi au voisinage de l'habitation, dans un endroit bien découvert, de surface horizontale et de composition bien uniforme. On le labourera à 30 ou 40 centimètres, et les parcelles seront ensuite délimitées.

Les semailles s'effectuent en lignes distantes de 40 à 50 centimètres, en semis serrés, éclaircis ensuite. Des planches intercalaires reçoivent des grains de variétés du pays enfouis selon le même mode. Ces études et ces examens comparatifs permettront de voir si la variété sélectionnée possède les caractères d'une plante parfaite, caractères pouvant se résumer dans la formule suivante : 1º être adaptée au milieu ; 2º livrer des produits de bonne qualité ; 3º être très productive.

Les essais concluants servent à l'enseignement général et constituent alors des « champs de démonstration ».

On pratique ensuite une judicieuse sélection en recueillant les graines séparément sur chaque plante intéressante. Comme terme de comparaison, le praticien prend les variétés du pays qui sont toujours précieuses à divers points de vue.

La sélection des semences se révèle donc comme la base de tout progrès. Nous allons l'étudier attentivement.

CHAPITRE II
SÉLECTION DES SEMENCES

I. — MÉTHODES DIVERSES DE SÉLECTION

Généralités. — La sélection des semences se présente non seulement au point de vue théorique comme une des meilleures méthodes d'amélioration des plantes cultivées, mais elle constitue pratiquement le plus sûr procédé d'augmenter, sans dépense appréciable, les rendements des récoltes. Ce choix des graines peut s'effectuer de diverses manières, selon la culture considérée ou le but proposé.

Sélection d'après le poids des graines. — Durant son évolution, l'embryon puise sa nourriture dans la réserve contenue dans l'amande. Les semences les plus lourdes contiendront donc plus de matières alimentaires, et l'embryon prendra un développement qui lui permettra de donner naissance à une plante vigoureuse et productive.

Le meilleur procédé de sélection consisterait donc à choisir les graines lourdes. Il est facile d'observer en effet que les semences pesantes ont un développement radiculaire plus rapide et plus abondant ; les plantes auxquelles elles donnent naissance sont plus hâtives, plus productives (1).

La graine lourde de haricot donne 13^{gr},35 de racines, tandis que la graine légère n'en fournit que 4^{gr},3. Pour les pois, les graines lourdes fournissent des plantes qui fleurissent quatre jours plus tôt et mûrissent cinq à six jours en avance.

Les semences les plus lourdes correspondent, en effet, aux fleurs qui apparaissent les premières. Si l'on observe le blé de Rieti, on voit que les épis apparaissant les premiers sont les plus beaux et donnent les grains les plus lourds.

La graine lourde germe mieux et plus vite. La maturité des plantes obtenues par cette sélection est plus régulière et

(1) Voy. La culture du blé et les semences de choix, par L. MALPEAUX (*La Vie Agricole*, 27 novembre 1915).

plus uniforme. Cette considération a, en grande culture, une certaine importance : lorsque la récolte arrive à maturité dans tout l'ensemble du champ à une même époque, on peut récolter 80 à 85 p. 100 des fruits obtenus. Avec les semences non sélectionnées, les plantes mûrissent à des époques successives et ne permettent pas d'obtenir la totalité des rendements.

Grâce à la hâtivité des plantes, on peut, en culture potagère, obtenir six récoltes, alors qu'avec les semences les plus légères le praticien n'en obtient que quatre.

Pour le blé, le poids du grain est en moyenne de 40 milligrammes et peut présenter des oscillations allant de 32 à 50 milligrammes ; la densité moyenne de 1,32 peut varier de 1,23 à 1,46. Le nombre de grains est environ de 19 300 par litre et de 25 350 par kilogramme ; ces chiffres peuvent atteindre les minima de 15 600 grains par litre, 20 000 grains par kilogramme, et les maxima de 23 800 grains par litre et 31 200 grains par kilogramme. Il s'agit, on le voit, de différences appréciables.

Pratique de la sélection. — Il est malheureusement difficile, pour ne pas dire impossible, en grande culture, de séparer les semences présentant le *poids absolu* le plus élevé ; on détermine alors celles qui ont le *poids spécifique* le plus fort.

Pour l'avoine, l'orge, à cause de la légèreté de ces graines, la méthode à suivre est facile ; il suffit de plonger le lot de semences dans l'eau *après agitation*, pour faire partir les bulles d'air : les graines légères surnagent, les graines lourdes vont au fond et doivent seules être réservées pour les semailles.

Voici les résultats obtenus en sélectionnant les avoines par immersion :

	Rendement à l'hectare.	Poids de l'hectolitre.
	hectolitres.	kilogr.
Avoine tout-venant............	38,35	45,60
— surnageant............	31	42,50
— tombée au fond.......	50	50,10
		(Bourgne.)

De semblables procédés, avec l'eau pure, ne sont pas réalisables pour les autres céréales : à cause de leur poids spécifique élevé, toutes les graines tombent au fond. On peut constituer cependant des dissolutions salines de densités croissantes (en employant le nitrate de soude, qui sera ultérieurement utilisé à la fumure des sols, ou le sel marin) qui permettent de distinguer les semences légères des graines lourdes.

Expériences culturales. — *Blé.* — M. Malpeaux a ainsi séparé, à l'aide du nitrate de soude, parmi les semences de blé :

1° les grains triés ;

2° les grains triés et sélectionnés lourds ;

3° les grains triés et sélectionnés légers.

Les semis ont été faits dans des parcelles séparées, les façons d'entretien exécutées dans les mêmes conditions. Nous résumons ci-après les résultats constatés à la récolte :

a. *Influence de la densité du grain sur le rendement.* — Les différences font ressortir la supériorité du grain trié lourd sur le grain léger, comme l'atteste le tableau suivant :

| | Grain trié et sélectionné. | | | |
| | Lourd. | | Léger. | |
Variétés.	Paille.	Grain.	Paille.	Grain.
	quint.	quint.	quint.	quint.
Victoria d'automne...	77	35	77	34,50
Roseau.............	71,2	30	70,5	29,80
Bleu de Noé........	70,7	32,4	61,8	28,60
Blanc de Flandre....	77,5	33	74,3	32,50

b. *Influence sur le poids des grains récoltés.* — On a déterminé dans chacun des lots le poids moyen de 100 grains :

Poids de 100 grains.

| | | Grain trié et sélectionné. | |
Variétés.	Grain trié.	Lourd.	Léger.
	Grammes.	Grammes.	Grammes.
Victoria d'automne.......	4 796	4 990	4 736
Roseau	5 026	5 180	4 936
Bleu de Noé...........	6 402	6 410	6 294
Blanc de Flandre........	4 680	4 820	4 544

L'influence de la sélection par la densité se traduit donc par une augmentation de poids des grains.

Betteraves. — Si l'on considère la graine de betterave, une difficulté se présente : la graine « commerciale » est, à proprement parler, un glomérule renfermant plusieurs grains, une agglomération de fruits soudés.

Un échantillon de betteraves à sucre *Klein Wanzleben* donnait comme poids moyen de 100 glomérules 1^{gr},250, soit 80 000 graines au kilogramme. On a fractionné l'échantillon en 4 lots. Pour chacun, on a déterminé le poids moyen de 100 glomérules P :

	Poids de 100 graines.
Lot A. Très petites graines.............	0^{gr},400
— B. Petites graines..................	0^{gr},800
— C. Graines moyennes.............	1^{gr},600
— D. Grosses graines................	2^{gr},200

Sur chacun de ces lots, on détermina :

1° la faculté germinative F ;

2° le nombre de germes G ;

3° le poids de graine pour un germe, donné par l'expression :

$$\frac{P \times F}{100 \times G}.$$

Ce nombre représente le poids de réserves nutritives mises à la disposition de chaque germe ; il donne une mesure de la vigueur que ceux-ci sont susceptibles de présenter avant leur affranchissement, et par conséquent de l'*énergie germinative* de la graine.

Les résultats sont indiqués dans le tableau ci-dessous :

Lots.	Faculté germinative.	Germes pour 100 glomérules.	$\dfrac{P \times F}{100 \times G}$	Nombre de germes au kilogr
A..........	10 p. 100	22	0,048	55 000
B..........	30 —	36	0,066	45 000
C..........	50 —	72	0,111	45 000
D..........	100 —	182	0,122	82 000

Ces chiffres montrent d'une manière très nette :

1° Que les grosses graines, mieux constituées, ont une faculté germinative beaucoup plus élevée et donnent finalement plus de germes au kilogramme ;

Fig. 22. — Sélection des grains au trieur.

2º Que dans les grosses graines, et bien que chacune d'elles soit susceptible de produire plusieurs germes, [la vigueur de ceux-ci est plus grande par suite de la plus forte quantité de réserves nutritives qui assureront le développement de la plantule.

Les résultats expérimentaux directs confirment ces faits : les germes des petites graines sont chétifs ; ceux des grosses graines, vigoureux. Les premiers pourront disparaître dans des conditions où les seconds résisteront.

A poids égal, les grosses graines doivent donc être préférées aux petites à tous égards.

L'influence de la grosseur de la graine se poursuit-elle dans le développement de la plante? On a semé séparément et dans des conditions analogues chacun des lots précédents. Le poids moyen d'une racine décolletée a été le suivant, à maturité :

Lot A...................................... 354 grammes.
— B...................................... 330   —
— C...................................... 390   —
— D...................................... 371   —

Après la période critique du début, le développement de la plante est dominé par les conditions de milieu qui régissent sa nutrition ; les différents lots présentent des différences assez faibles pour que l'influence de la graine puisse être considérée comme considérablement atténuée, par rapport aux circonstances extérieures, et les graines de poids moyen peuvent donner des racines plus lourdes.

L'emploi des grosses graines, néanmoins, assure une meilleure levée et donne à la plantule un développement vigoureux à la phase critique de son développement.

Semences diverses.— Les Japonais, depuis trois cents ans, se servent de dissolution d'eau salée pour séparer les graines lourdes.

Il importe de rappeler que le procédé des dissolutions salines permet de distinguer les semences qui ont le *poids spécifique* (poids de l'unité de volume) le plus élevé et non celles qui possèdent le *poids absolu* (poids total de la graine) le plus fort. Ces deux mesures peuvent n'être pas en correspondance, et l'on a même remarqué que les graines à poids spécifique élevé ont un poids absolu faible : les semences à poids spécifique moyen seraient celles qui seraient effectivement les plus pesantes.

Théoriquement, il faudrait donc éliminer les graines de poids spécifique faible et fort et garder les semences de poids spécifique moyen. Néanmoins, l'approximation obtenue avec ces procédés est largement suffisante en grande culture, et, chaque fois qu'il sera possible, on devra appliquer aux semences ces méthodes de sélection simples et peu coûteuses.

Sélection d'après le volume des graines. — Il est des cas où le choix des semences d'après leur poids offre quelques difficultés pratiques ; on effectue alors la sélection d'après le volume des graines. Grâce à l'emploi des trieurs (fig. 22), des cribleurs, cette séparation constitue un mode opératoire rapide, continu et économique rentrant tout à fait dans la pratique agricole.

A l'École d'agriculture de Berthonval, on a obtenu par ces procédés de sélection les résultats comparatifs suivants :

VARIÉTÉS.	RENDEMENTS à l'hectare.		POIDS de l'hectolitre.	EXCÉDENTS à l'hectare.	
	Paille.	Grain.		Paille.	Grain.
Blé Dattel.	Kg.	Kg.	Kg.	Kg.	Kg.
Grain trié...........	6.000	2.575	78	800	370
Grain tout-venant.	5.200	2.205	76	»	»
Blé Cambridge.					
Grain trié.........	5.600	2.730	79	400	155
Grain tout-venant.	5.200	2.575	78	»	»
Blé Stand'up.					
Grain trié.........	5.650	2.545	79	350	160
Grain tout-venant.	5.300	2.385	77	»	»

Si l'on évalue les excédents obtenus avec le grain trié sur le grain tout-venant, on trouve, en comptant la paille à 40 francs les 1 000 kilogrammes et le grain au cours de 26 francs le quintal, les valeurs ci-après :

VARIÉTÉS.	EXCÉDENT.		VALEUR DES EXCÉDENTS.		
	Paille.	Grain.	Paille.	Grain.	Total.
	Kg.	Kg.	Fr.	Fr.	Fr.
Dattel.............	800	370	32	96	128
Cambridge........	400	155	16	40	56
Stand'up	250	160	14	41	55

Le tarare est insuffisant pour opérer cette sélection ; il reste, après cette opération, des graines de toutes grosseurs mélangées à diverses semences. Les trieurs-cribleurs permettent seuls une sélection plus précise.

D'autres expériences ont également permis de voir que les *grosses* semences peuvent accroître les rendements dans une proportion de 20 à 28 p. 100 ; le grain obtenu est plus beau et d'un plus fort poids à l'hectolitre. Pour le seigle, les rendements sont avec les grosses semences, comparées avec les petites semences, comme 100 est à 59.

Florimond Desprez a pu constater, pour le blé sélectionné d'après ces procédés, une différence de rendement allant même jusqu'à 10^{qx},67 à 18^{qx},28 de grains par hectare.

Ces procédés de sélection, commodes et faciles, se généralisent rapidement. Certains cultivateurs avisés classent leurs blés, avant de les vendre, en catégories diverses, à l'aide des trieurs perfectionnés. Cette opération effectue d'une manière très économique la sélection des semences.

On a fait remarquer que la différence de volume pouvait tenir à la proportion d'eau contenue dans le grain : 100 gros grains de blé Scholley pesaient à l'état normal 5^{gr},400 ; 100 petits pesaient 3^{gr},870. Après dessiccation, 100 gros grains de blé Scholley pesaient 3^{gr},920 ; 100 petits grains pesaient 3^{gr},230. Les gros grains desséchés ont donc gardé leur supériorité de poids et les essais culturaux montrèrent qu'ils donnent une récolte supérieure. Il faut simplement conclure de cette remarque qu'on doit examiner l'état de siccité des grains.

Si nous considérons le blé, nous voyons que le volume

du grain moyen oscille entre 35 et 26 millimètres cubes
avec une moyenne de 30 millimètres cubes ; il y a là des
divergences sensibles. Le volume réel du blé contenu dans
1 litre varie de 618^{cc},8 au maximum à 527^{cc},8 au minimum
(Garola).

Cette séparation des graines peut s'effectuer à l'aide des

Fig. 23. — Épuration des grains au tarare.

cribleurs alternatifs ou rotatifs, des trieurs à alvéole, des sélectionneurs, que nous étudierons plus loin.

La sélection d'après le volume, la forme, effectuée par les
trieurs peut être d'ailleurs complétée par la sélection par le
poids au moyen des procédés précités. Certains appareils, les
trieurs à turbine notamment, achèvent cette séparation et permettent de séparer des grains gros et lourds les semences
légères ou avariées, échaudées, charançonnées, etc.

L'emploi de ces modes de sélection peut donner les résultats suivants (Malpeaux) :

GRAIN DE SEMENCE.	POIDS DE L'HECTOLITRE.			
	Blé Massy.	Bon Fermier.	Blé Roseau.	Blé Dattel.
	Kg.	Kg.	Kg.	Kg.
Ordinaire.............	80,300	82,100	79,100	80,500
Trié gros, n° 1...........	80,100	82,500	80,100	82,500
Trié petit, n° 2...........	78,700	79,600	77,600	»
Trié et turbiné...........	83,100	82,900	80,700	83,100

Ces grains sélectionnés différemment ont été semés à la même date et dans des conditions de sol et de fertilisation identiques ; nous résumons ci-après les rendements constatés au battage :

VARIÉTÉS.	GRAIN TRIÉ.		GRAIN TRIÉ ET TURBINÉ.			
			Lourd.		Léger.	
	Paille.	Grain.	Paille.	Grain.	Paille.	Grain.
	Qtx.	Qtx.	Qtx.	Qtx.	Qtx.	Qtx.
Dattel	75	35	77	36	77	30,5
Roseau	73	30,5	71	34,5	70,5	29,5
Massy	60	31,5	62	33	62	32
Bon Fermier..........	69,5	32	70,5	37	68	29
Teverson.............	69	38	69,5	39	67	37
Blanc des Flandres...	72	32	75	33	71	32,5

Les différences font ressortir très nettement la supériorité du grain gros et lourd ; les écarts sont également marqués en ce qui concerne le rendement en paille.

L'influence de cette sélection se traduit également par une augmentation du poids du grain, comme le montrent les chiffres suivants obtenus par la pesée de 100 grains prélevés dans chacun des lots récoltés :

VARIÉTÉS.	Poids de 100 grains.		
	GRAIN trié.	GRAIN TRIÉ et turbiné.	
		Lourd.	Léger.
	Gr.	Gr.	Gr.
Dattel	4,796	4,990	4,736
Roseau	7,026	7,480	6,936
Massy	6,000	7,230	6,880
Bon Fermier	5,402	6,310	6,294
Teverson	4,710	4,834	4,600
Blanc des Flandres	4,680	4,820	4,544

Les trieurs perfectionnés permettent de séparer par exemple au battage du blé : 1° les déchets volumineux sur le crible ; 2° les déchets sous le crible ; 3° les graines longues (avoines et orges d'une part, grosses orges et grains vêtus d'autre part) ; 4° les graines rondes ; 5° le petit froment mélangé de seigle ; 6° le bon froment moyen ; 7° le beau froment de semence.

Un trieur mû à bras peut trier de 25 à 30 hectolitres de blé par jour ; mais, pour une sélection soignée, il faut modérer le débit et ne pas dépasser 12 à 15 hectolitres. Ces frais, qui ne dépassent pas 5 francs par hectare, assurent une plus-value de 100 à 200 francs par hectare, sans compter le rôle exercé dans le nettoiement du sol.

Pour les tubercules de pommes de terre, la sélection d'après le poids ou le volume est la pratique courante, et les recherches d'Aimé Girard ont montré qu'il fallait choisir comme plant les tubercules moyens.

Sélection d'après la dimension de l'embryon. — Il est intéressant de noter ici un procédé de sélection basé sur la dimension de l'embryon.

Dans le cas du blé en particulier, on aperçoit à l'extérieur une petite zone ovalaire ridée dont le développement correspond à l'importance de l'embryon. Les essais effectués en grande culture ont montré que la grosseur de l'embryon était en raison directe de la puissance productive du grain. On aurait, par ces procédés, le moyen de déterminer une plus forte pro-

pension au tallage, d'augmenter les rendements, tout en développant la précocité de la maturation.

La difficulté pratique de cette sélection restreint ses emplois
en grande culture ; mais ces procédés peuvent être mis utilement en œuvre dans la création de variétés perfectionnées
ou dans l'amélioration des plantes cultivées.

Voici les résultats de quelques essais comparatifs de culture
réalisés en appliquant ces modes de sélection :

| | Blé de Puylaurens. | | Blé de Bordeaux. | | Blé de Roussillon. | |
	Grain récolté. kilogr.	Nombre de tiges par m. q.	Grain récolté. kilogr.	Nombre de tiges par m. q.	Grain récolté. kilogr.	Nombre de tiges par m. q.
Semences ordinaires.	0,195	351	0,203	365	0,192	347
Semences triées....	0,348	367	0,357	374	0,332	371
Semences ordinaires à gros embryon...	0,339	371	0,364	409	0,329	362
Semences triées à gros embryon....	0,426	465	0,480	414	0,429	397

Sélection d'après la couleur. — Dans quelques cas, il
est possible de sélectionner les semences d'après leur couleur.
Le seigle, par exemple, présente deux sortes de grains, les uns
jaune clair, les autres verts ou vert-gris. Les semences vertes
donnent des tiges plus courtes, plus résistantes, des épis plus
compacts, plus secs, à barbes plus fines. Les grains jaune clair
fournissent des tiges plus allongées, moins résistantes ; on
obtient cependant de plus forts rendements en grain à structure plus farineuse.

Ces remarques peuvent permettre de sélectionner les seigles
et de fixer certaines variétés intéressantes. C'est ainsi que
F. von Lochow a sélectionné un seigle dit seigle de Petkus,
alliant une grande richesse en éléments nutritifs à des rendements élevés. La richesse en matière azotée peut varier de
10,44 p. 100 pour les grains jaunes à 13,63 p. 100 pour les grains
verts.

Les mêmes effets peuvent se remarquer avec le froment :
les grains de blé de couleur jaune clair passent pour avoir un
développement plus tardif que les semences de nuance foncée.
Cette distinction persiste jusqu'au tallage, à la récolte : les

semences claires donnent des rendements plus élevés, la différence pouvant atteindre 11,8 p. 100 dans certains cas.

Les cultivateurs de pavot-œillette ne se préoccupent pas
assez de sélectionner les semences en choisissant les plus
mûres, en secouant doucement au battage quelques chaînes
d'œillette afin de recueillir les semences
dont la maturité parfaite est révélée
par la teinte gris-bleu.

Pour les pommes de terre, la question
de la couleur de la peau et de la chair
a commercialement une importance
considérable, et la sélection d'après la
nuance des tubercules peut être efficacement employée. En France, les con-
sommateurs recherchent la chair jaune ;
en Angleterre, les pommes de terre
fines de table doivent avoir la pulpe
blanche. En choisissant parmi la récolte
certains tubercules présentant une particularité de coloration, on peut, par
une sélection attentive, fixer ces caractères et créer de nouvelles variétés.
C'est ainsi que M. Lavallée a pu obtenir
au moyen des plants de *Géante bleue* la
variété *Géante blanche* ne présentant pas
la coloration bleue du tégument qui la
fait rejeter pour la consommation cou-

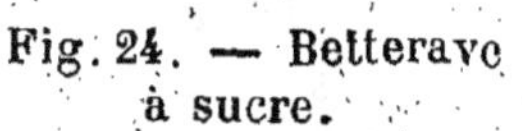

Fig. 24. — Betterave
à sucre.

rante. En sélectionnant parmi la *Magnum améliorée* à chair
blanche un tubercule à chair jaune, on a pu fixer une variété
acceptée par la consommation française.

Sélection d'après la forme extérieure. — Il peut y
avoir intérêt pratique à réaliser pour une racine, un tubercule,
une forme définie ; en choisissant le type qui se rapproche le
plus de la conformation recherchée et en sélectionnant les
produits obtenus, on pourra fixer cette particularité. C'est
ainsi que s'est constituée la forme parfaite de la betterave
sucrière, piriforme avec un collet aplati (fig. 24). C'est également ainsi qu'on a pu différencier les variétés de betteraves

fourragères: longues, ovoïdes globes, disette, mammouth, etc., d'après les caractères extérieurs de leurs racines (fig. 25).

La betterave à sucre riche présente une chair dure, cassante, une peau rugueuse et grisâtre. On constate la présence de deux sillons longitudinaux légèrement contournés en spirales, garnis de radicelles minces et chevelues (sillons saccharifères) ; la profondeur de ces sillons, l'abondance du chevelu sont l'indice d'une richesse saccharine élevée. Ces considérations ont pu guider utilement le cultivateur dans la sélection des betteraves sucrières.

MM. Lindet et Amann, M. Vilmorin ont réussi à fixer, en employant ces procédés de sélection, une variété de topinambour rose à forme régulière présentant l'avantage d'écailles lisses et en nombre réduit ne retenant pas la terre comme les topinambours ordinaires à forme irrégulière et « rocheuse ».

Sélection par analyse des plantes mères. — Parfois, l'importance des récoltes tient non seulement à l'excédent des rendements, mais à la qualité des produits. Pour la betterave à sucre, la pomme de terre, la richesse en sucre, en fécule, est

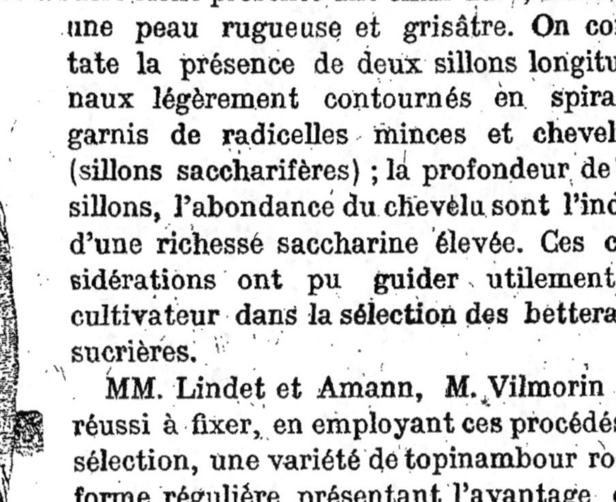

Fig. 25. — Betterave fourragère longue.

d'un intérêt primordial ; il est également utile de connaître la teneur des blés en gluten.

Ces recherches précises peuvent constituer de précieuses méthodes de sélection. La betterave cultivée est bisannuelle et donne sa graine la seconde année ; après la récolte des racines, on extrait de chacune d'elles une petite portion dont l'analyse révèle la richesse saccharine. Les betteraves les plus riches sont soigneusement triées ; plantées à nouveau, elles produiront des semences transmettant fidèlement leur supériorité et la haute teneur des racines en sucre.

Le dosage de la fécule dans les tubercules donne également le moyen de créer des types de pommes de terre industrielles d'une exploitation avantageuse. Enfin l'analyse du gluten des grains de blé, ou de l'amidon des grains d'orge de brasserie, permet de fixer judicieusement son choix et d'améliorer la culture de ces céréales.

Sélection généalogique. — Il importe de tenir compte, non seulement des caractères favorables constatés, mais encore de la constance des qualités acquises. La sélection généalogique consiste à apprécier les divers reproducteurs, isolément et individuellement, à récolter les graines produites par chacun d'eux et à déterminer par expérience directe leur faculté de transmission héréditaire. Cette méthode, longue à appliquer, permet cependant de constituer en toute assurance des variétés nouvelles de plantes, des « familles d'élite » de betteraves, des blés réputés, transmettant fidèlement les qualités qui les distinguent.

Sélection méthodique. — Les qualités de productivité, de rusticité, etc., se transmettant par hérédité, un des plus sûrs moyens de sélection consisterait à remarquer, parmi les plantes en végétation, les individus qui se signalent par leur développement ou l'abondance de leurs produits ; on réserverait avec soin la semence de ces végétaux.

Pour les blés et les autres céréales, il est aisé d'observer dans les champs les pieds qui tallent vigoureusement et sont constitués par deux ou trois tiges égales, fortes, portant des épis longs et bien garnis (1). On récolte avec soin ces épis ; on sépare avec des ciseaux les plus beaux grains. Il faut donc savoir où se trouvent les plus belles semences. Pour le blé, ainsi que pour l'orge à 2 rangs, c'est dans le deuxième tiers à partir de la base ; pour l'orge éventail, c'est la base. Les plus beaux grains d'avoine sont à l'extrémité des axes ; pour l'alpiste, c'est à la partie supérieure ; pour le soleil, c'est à la périphérie du capitule. S'il s'agit des légumineuses comme le sainfoin, la luzerne, les meilleures semences sont à la base, ainsi que chez les betteraves, les crucifères ; on écimera donc les extrémités. Les grains ainsi sélectionnés, bien nettoyés, servent à ensemencer une petite superficie

(1) Il faut éviter de prendre les épis qui poussent sur les bords des champs.

de terrain, où l'on récoltera l'année suivante des semences de choix. En semant 10 litres de grains, le praticien obtiendra, la deuxième année, de quoi ensemencer 1 hectare. On continue à appliquer cette méthode sur la parcelle ainsi ensemencée et, en sélectionnant de plus en plus étroitement, il est aisé de constituer une sous-variété de végétaux remarquables par leur productivité et leur richesse. C'est ainsi que le major Hallett, en Angleterre, a pu créer les variétés de froment connues sous le nom de *Hallett's pedigree*.

Voici comment M. Genay sélectionne méthodiquement à la ferme de Bellevue (près Lunéville) le blé rouge d'Alsace. A la maturité, dans un champ de grande culture semé avec du blé récemment sélectionné, M. Genay choisit dans les plus belles places, là où la récolte est forte, drue, non versée, un pied de blé présentant les caractères typiques du blé rouge hâtif d'Alsace, à paille plutôt courte, bien rigide, résistante, portant de beaux épis bien remplis, nettement rouges et légèrement courbés à l'extrémité. De ce pied, il isole les trois tiges maîtresses ayant poussé avant l'hiver et il prend dans le meilleur de ces épis une vingtaine des plus beaux et plus gros grains. Les gros grains ainsi soigneusement choisis un à un sont semés de bonne heure en septembre, dans une parcelle sur laquelle on a épandu double dose de scories (2 000 kilogr. à l'hectare). Les grains sont placés à 20 centim. de distance les uns des autres en tous sens ; les binages, sarclages sont répétés au cours de la végétation pour assurer une parfaite propreté. A la maturité, M. Genay fait de nouveau un choix dans les épis de ce blé de sélection et ne conserve que les grains les mieux développés. On les sème, à l'automne suivant, dans une parcelle en plein champ, qui est l'objet de soins spéciaux comme engrais, façons d'entretien, etc.

La quatrième année de la sélection, M. Genay récolte ainsi environ 25 litres de grains. La cinquième année, on peut largement ensemencer un hectare dont le produit servira de semences pour tous les champs. Cette même année, on choisira à nouveau dans un de ces champs un pied de blé pour recommencer la même sélection. Ainsi se réalise le renouvellement par sélection de toutes les semences de blé en une période de cinq à six ans. Depuis 1884, l'adroit praticien n'a jamais changé de semence, il n'a jamais remarqué de dégénérescence, la récolte est en moyenne de 28 quintaux à l'hectare.

La sélection méthodique s'emploie également pour les autres cultures. Pour les pommes de terre, on applique ces méthodes en choisissant, parmi tous les pieds en végétation, ceux qui présentent le plus de vigueur, le plus grand nombre de tiges et de feuilles. On marque d'un indice quelconque, avant le flétrissement, ces plantes de choix, et les tubercules récoltés à leur pied sont soigneusement réservés.

Cette sorte de sélection méthodique est appliquée depuis longtemps par les cultivateurs de lin de la Livonie, de la Finlande, de l'Esthonie, de la Lithuanie, dont les semences, dites *graines de tonne*, sont universellement réputées. Alors qu'en France on s'occupe peu de la maturité des plants devant fournir la semence, les cultivateurs russes réservent au lin de semence les terres les plus riches, les mieux travaillées, et sèment moins dru pour obtenir des pieds vigoureux, dont on attend avec soin la maturité parfaite.

Quel que soit le procédé de sélection employé, il est nécessaire d'étudier la variété ainsi choisie, de la mettre à l'épreuve et de la comparer dans un champ d'expérience aux variétés de même espèce cultivées dans la région.

II. — CONSERVATION ET RENOUVELLEMENT DES SEMENCES

Vitalité des graines. Conservation des semences. — La durée de la faculté germinative des semences est intéressante à considérer ; elle est ordinairement sous la dépendance des conditions de maturité, de récolte et de conservation.

Pour qu'une graine conserve longtemps sa vitalité, il faut qu'aucun échange gazeux n'ait lieu avec l'extérieur. L'humidité nuit à la conservation des semences, sauf chez les plantes de marais, en facilitant précisément ces échanges gazeux.

Des graines *sèches* maintenues dans une atmosphère d'air ou de gaz impropres à la vie (oxyde de carbone, azote, etc.) ne respirent plus et conservent leur vitalité. L'embryon, ainsi isolé de l'extérieur par le tégument desséché, imperméable aux gaz, respire aux dépens de l'oxygène contenu dans les tissus de la graine, mais, cette réserve épuisée, la semence peut mourir par asphyxie ; le pouvoir germinatif des graines, même conservées sèches, décline donc lentement.

Si les graines se trouvent dans une atmosphère humide, le tégument devient perméable, la respiration s'établit, la graine perd sa faculté germinative. La graine meurt donc par *oxydation* et aussi par *acidification* des substances grasses des réserves sous l'influence de l'oxygène de l'air. En résumé, dans les conditions ordinaires, par suite de l'influence de l'humidité, de la température, de la nature des réserves de l'amande, les graines ne gardent leurs propriétés germinatives que pendant un temps relativement court. Seules les semences possédant un tégument épais, des réserves peu oxydables, conservent leur vitalité longtemps, 40, 50 ans, exceptionnellement 90 ans, mais jamais 4 000 ans comme le prétendait la fausse germination des graines trouvées dans les tombeaux égyptiens.

En grande culture, c'est une règle absolue de ne semer que les graines les plus récentes, la faculté germinative, dans le cas le plus général, diminuant rapidement avec l'âge des semences. Le blé de deux ans germe à 98 p. 100 ; à cinq ans, cette proportion n'est plus que 5 p. 100.

Cependant, certaines semences, nous l'avons vu, ne peuvent germer l'année suivant leur formation, soit à cause de la dureté du tégument (graines *dures*), soit par suite de la nécessité d'attendre la constitution des diastases utiles à la dissolution des réserves alimentaires de l'amande.

Pour bien conserver les graines, il faut atténuer leur respiration et prévenir le développement des germes nuisibles.

Lorsqu'il est nécessaire de les conserver, on dispose les semences en couches très minces souvent pelletées. Pour les fruits à péricarpe charnu (pommier, poirier), on sépare la graine de la pulpe, que l'on élimine par lavage ; on fait ensuite sécher la graine à l'air. Les fruits à osselet (aubépine, néflier) doivent être placés en tas l'hiver, et stratifiés au printemps, après séparation de la pulpe décomposée.

La stratification consiste à disposer les semences par couches minces dans du sable humide, ces couches étant séparées par des lits de terre divisée et ameublie (fig. 26). On stratifie les semences de chêne, d'érable, etc., la faculté germinative pouvant disparaître par dessiccation.

Dégénérescence. — *Renouvellement des semences.* — Il est curieux de constater parfois l'existence d'un préjugé tenace : le renouvellement des semences. Les cultivateurs tiennent à acheter, même très cher, des semences provenant de l'extérieur. Ils assurent éviter ainsi la dégénérescence.

Fig. 26. — Stratification des semences.

a, graines mélangées de sable ; *b*, couverture de terre ; *e*, rigole circulaire ; *d*, pot de terre renversé ; *c*, couche de paille.

L'utilisation des semences défectueuses détermine, seule, une dégénérescence sensible qui se traduit par l'abaissement des rendements ou la moindre qualité des produits. Ces conditions défavorables tiennent à une maturation incomplète de la semence, à une modification du milieu, à l'introduction de graines provenant de contrées plus fertiles, ou à l'occupation du sol plusieurs années par la même culture.

Le lin cultivé pour la filasse est récolté avant la maturité des graines et subit de ce fait une dégénérescence qui oblige à aller chercher de nouvelles semences dans les pays septentrionaux où on le sème clair et où on laisse mûrir les plants.

En général, cependant, cette dégénérescence est peu à craindre dans une culture bien établie, ainsi que le montre la fixité des variétés adaptées au pays où elles croissent : blé de Bergues, seigle de Champagne, avoine de Houdan, etc.

Le renouvellement des semences n'est pas une opération avantageuse, et rien ne justifie cette pratique, couramment suivie dans certaines régions, d'acheter, pour ensemencer certains sols, des semences de plantes ayant poussé sur des terres possédant des propriétés opposées.

Les marchands grainiers ont tout avantage à favoriser et

répandre cette croyance, les cultivateurs paient les blés de semence un prix très élevé, mais souvent la supériorité du blé des grainiers tient uniquement à ce qu'il est bien criblé. Il n'y a, en fait, aucun avantage à acheter ses semences si l'on peut produire, sur ses terres, du grain de bonne qualité.

Rimpeau a ensemencé en Saxe, dans des conditions semblables, du blé Victoria, provenant de divers pays. Les résultats consignés dans le tableau ci-dessous montrent que l'origine des semences n'a exercé aucune action intéressante.

	Nombre de chaumes par pied.	Poids de 1 000 grains. gr.
Blé Victoria d'Angleterre.......	2,47	53,44
— d'Allemagne.......	2,30	53,41
— de Suède..........	2,52	53,40
— de France.., ...	2,28	53,78

L'épiaison pour les quatre variétés s'est produite le même jour.

Le pseudo-abâtardissement des plantes provient simplement de semences poussées depuis longtemps sur le même champ, mal cultivées et surtout mal triées.

Toutes les fois que l'agriculteur récolte sur son domaine des semences bien conditionnées, obtenues d'après les méthodes de culture les plus perfectionnées, il n'aura aucun intérêt à acheter au loin des graines de la même variété. L'épuration de ses propres semences, leur triage, leur sélection constitueront, au contraire, un des plus sûrs modes d'amélioration.

Ces règles générales ne s'opposent en rien à l'introduction de graines de variétés *améliorées* ; le problème est ici tout différent. La prudence conseille cependant d'exercer ce choix avec circonspection et en tenant compte des différentes conditions de milieu. En dehors de ce cas général, l'achat de semences étrangères ne devient une nécessité qu'à la reprise d'une exploitation agricole mal entretenue, qui produirait des grains de mauvaise qualité, cariés, rouillés, ou ayant germé dans l'épi. Sauf ces cas particuliers, l'agriculteur devra s'efforcer d'appliquer aux produits de sa récolte les méthodes pratiques et économiques de sélection.

TROISIÈME PARTIE
LES SEMAILLES

CHAPITRE PREMIER
PRÉPARATION DES SEMENCES

I. — PROTECTION CONTRE LES MALADIES, LES RONGEURS

Généralités. — La jeune plante peut, dès sa formation, être attaquée par les maladies cryptogamiques ou les insectes. Afin de protéger son développement, on fait subir à la semence certaines préparations ayant pour but de la mettre à l'abri de ces ravages.

Il ne saurait être question de l'emploi de préparations mystérieuses, de soi-disant « germinateurs », vigorisateurs, excitateurs, etc. A une certaine époque, on a vendu en Beauce, en Brie, un germinateur secret qui n'était autre qu'une dissolution de sous-acétate de plomb impur, dont on imprégnait les semences. L'avance dans la germination, parfois observée, tenait simplement à ce que les graines humectées se gonflaient et commençaient leur germination. Les mêmes résultats auraient été obtenus en trempant les semences dans l'eau, comme nous le verrons plus loin (*trempage*). Il se peut que certaines solutions acides agissent en amincissant le tégument et favorisent la pénétration de l'eau, mais ces solutions doivent être extrêmement étendues et leur emploi est, en général peu à conseiller.

Nous avons vu que le premier soin du cultivateur devait être d'épurer et de sélectionner ses semences ; c'est sur ces graines de choix que porteront les opérations suivantes.

Trempage des semences. — Afin d'activer la levée, on recommande parfois de tremper les semences dans l'eau ou même le purin dilué. On fournit ainsi l'eau nécessaire à la germination, tout en opérant une légère sélection par l'enlèvement des semences légères et des impuretés qui surnagent. Certains procédés de sélection effectuent normalement ce trempage, pour l'avoine par exemple ; mais il est des cas où cette opération peut présenter quelques inconvénients. Lorsque, après l'enfouissement d'une semence humide, un temps sec survient, l'évolution de l'embryon sera arrêtée et le germe pourra même se dessécher, tandis qu'en restant à l'état latent il se développerait normalement lorsque les conditions redeviendront favorables. Ces dangers se présentent surtout pour les terres légères et pour les semailles hâtives de printemps, l'excès d'eau absorbée pouvant d'autre part déterminer la pourriture du germe.

Les effets du trempage varient suivant qu'il a lieu dans l'eau confinée ou à l'eau courante. Dans le premier cas, cette opération peut amener des perturbations graves pour la germination ; le trempage à l'eau courante offre de moindres inconvénients.

Néanmoins, ces divers inconvénients suffisent à faire rejeter par certains praticiens le trempage, en grande culture. Cette pratique est seulement justifiée pour les grosses semences (pois, haricots, maïs), ou pour les graines à tégument épais (betterave, carotte). Les graines sont trempées dans l'eau ordinaire pendant douze à vingt-quatre heures s'il s'agit de semences assez grosses, pendant deux heures dans le cas des graines de petit volume. On les abandonne ensuite dans un local à la température de 15° à 20° ou 25° C., en remuant et en humectant d'eau les tas ainsi formés ; on exécute les semailles deux ou trois jours avant la sortie de la radicule.

Le trempage peut enfin rendre quelques services, lorsqu'il s'agit de vieilles semences à faible pouvoir germinatif. Les plantes monocotylédones paraissent supporter plus aisément le trempage que les dicotylédones. Les diverses graines ont à ce sujet des exigences particulières : le froment et le seigle se prêtent mieux au trempage que l'avoine et l'orge.

L'emploi du purin dans le trempage des semences présente quelque danger. En principe, il n'est pas utile de fournir à la plantule des engrais minéraux qui nuisent plus ou moins à la germination.

Pour les betteraves, les carottes, c'est surtout dans le cas de semis tardifs que le trempage offre des avantages ; une levée tardive retarde l'éclaircissement des plants, le démariage. Il suffit alors de maintenir les graines dans un tonneau avec de l'eau à une température de 20° à 25° C., durant quelques heures. Lorsque la graine est gorgée d'eau, mais avant son complet gonflement, on évacue l'excès de liquide par un double fond ; la graine ainsi mouillée germe facilement en deux ou trois jours. Pour aider au passage de ces graines trempées dans le semoir, il est bon parfois de les enrober dans une poudre sèche, neutre et dépourvue de causticité : phosphates naturels, scories ou plâtre.

On peut même aller plus loin et faire germer ces graines trempées en les maintenant dans un local à 17° C. environ et en les arrosant de temps à autre. Dès que l'on voit apparaître un point blanc, indiquant l'apparition de la plantule, on sèche et l'on sème.

Pralinage des semences. — Le pralinage des graines consiste à faire adhérer autour des semences des engrais pulvérulents, susceptibles de mettre à la disposition de la jeune plante des réserves nutritives. Cette pratique est toujours inutile ou nuisible ; nous savons que l'embryon puise toutes les substances nécessaires à son évolution dans l'amande et les substances minérales peuvent même lui être néfastes.

Une fois la radicule et la tigelle formées, la plante se nourrit dans le sol et dans l'air, délaissant ainsi les substances nutritives fixées à l'enveloppe, en admettant que les eaux ne les aient pas entraînées dans les couches profondes. Cette opération est donc sans utilité, et l'excès de substances acides ou d'engrais chimiques peut, au contraire, ralentir la germination et déterminer une levée irrégulière.

Certains sels : le nitrate de soude, le chlorure de potassium à la dose de 1 p. 100, sont très préjudiciables ; l'acide phospliorique et la chaux sont moins dangereux, mais la présence de ces engrais peut exercer néanmoins une influence nuisible sur la tigelle après qu'elle a percé l'enveloppe.

Ces assertions suffisent donc à faire rejeter de la pratique agricole le pralinage, toujours inutile ou dangereux, qu'il s'agisse d'adhérence de substances pulvérulentes ou de trempage dans des dissolutions salines.

Certains procédés de sélection par immersion s'appuient sur l'emploi de dissolutions salines ; mais la teneur est, dans ce cas, trop faible en nitrate de soude ou sel marin pour qu'une action nuisible puisse s'exercer.

Chauffage. — Refroidissement. — Les cultivateurs de lin prétendent que les semences de lin chauffées à 35° C. donnent une filasse élastique et souple ; Wolny a effectué à ce sujet des expériences qui sont demeurées contradictoires.

Cependant la dessiccation ces semences paraît favorable à une bonne germination ; le chauffage des semences doit être préconisé lorsqu'il s'agit de graines trop riches en eau, par suite de leur origine septentrionale ou de mauvaises conditions de récolte. C'est ainsi qu'on peut chauffer le blé en l'étendant au soleil, les années où la récolte a eu lieu par un temps humide.

Fig. 27. — Blé attaqué par la rouille.

Haberlandt avait remarqué que le refroidissement des semences augmentait la précocité des plantes ; ces remarques n'ont jamais pu recevoir en grande culture d'applications pratiques.

Sulfatage des semences. — Diverses maladies parasitaires peuvent atteindre les céréales pendant leur végétation : le *piétin*, la *rouille* (fig. 27), l'*ergot* (fig. 28), la *carie*, le *charbon*

Pour les deux dernières affections carie et charbon, la contamination se produit par la semence : la spore du champignon, enfouie avec le grain, germe, et le parasite, pénétrant les tissus, envahit la plante dès sa formation.

Il convient de détruire la vitalité des spores qui se trouvent sur la surface des grains. Le meilleur procédé consiste dans le traitement des grains par le sulfate de cuivre, en opérant sur des semences saines et non mutilées, à cause de la toxicité du sulfate de cuivre.

Le sulfate de soude pourrait être également utilisé ; les effets du sulfate de fer sont trop peu sensibles pour que son emploi puisse être recommandé, ainsi que celui de l'arsenic, de la chaux, etc.

Aspersion. — Le sulfatage des semences peut s'effectuer par *aspersion* ou par *immersion*. Dans le premier cas, on imprègne les grains réunis en petit tas d'une dissolution de sulfate de cuivre

Fig. 28. — Ergot de seigle.

à 2 p. 100 (pour 2 hectolitres de semences, faire dissoudre dans 10 litres d'eau chaude 200 grammes de sulfate de cuivre, trois pelletages). Il arrive parfois, dans cette opération, que les grains ne sont pas totalement mouillés par la solution saline; quelques spores logées dans le sillon ou dans la houppette de poils échappent à son action : aussi préfère-t-on les procédés par immersion.

Immersion. — L'immersion peut être *rapide* ou *prolongée*. Le deuxième mode est le plus recommandable et nécessite des dissolutions étendues.

Pour 5 hectolitres de semences, on dissout dans l'eau chaude 1 kilogr. de sulfate de cuivre, et on étend la solution de façon à recouvrir de 10 centimètres le grain, disposé dans un bac ou un tonneau. On brasse avec soin en enlevant les impuretés qui surnagent. Après douze heures de traitement, la semence est retirée, étendue sur une aire plane et pelletée activement. On doit semer à la main quelques heures après, ou au semoir vingt-quatre heures après, en ayant soin de ne pas dépasser ce délai, le sulfate pouvant atteindre l'embryon. Pour se mettre à l'abri de ces inconvénients, on saupoudre le grain, quel que soit le mode de sulfatage, de chaux qui sature le sulfate en excès.

Dans le cas de l'immersion rapide, on opère avec des paniers à claire-voie, et la dissolution peut être à un titrage plus élevé (2 kilogr. de sulfate de cuivre pour 100 litres d'eau).

Sous l'action du vitriolage, les graines se gonflent en absorbant de l'eau et augmentent de volume : 1 hectolitre fournit 125 litres environ.

Les spores du charbon peuvent également être détruites par une immersion de dix à douze heures dans l'eau renfermant 1 à 1,5 p. 100 d'acide sulfurique ; on sature ensuite par la chaux. L'emploi de ces substances chimiques est évidemment nocif pour les semences blessées, brisées au battage, etc.

En Allemagne et en Belgique, on adopte parfois le traitement à l'eau chaude, peu coûteux, mais d'une technique assez délicate. Les grains, placés dans des paniers à claire-voie, sont plongés dans de l'eau chauffée à 40° ou 50° C. Aussitôt qu'ils sont bien mouillés, on les retire pour les faire passer dans un bain contenant de l'eau à 55° pour l'avoine, 54° pour l'orge et le blé. Au bout d'un quart d'heure, les semences sont plongées dans l'eau froide, égouttées et séchées par des pelletages répétés (procédé Jensen) ; il n'en résulte aucun inconvénient, et la germination se produit plus rapidement, même si la semence a été complètement séchée avant la semaille (L. Grandeau).

Les Américains plongent simplement la graine dans de l'eau à 58° C. pendant cinq minutes ; si la température fléchit à 53°, on prolonge l'action de quelques minutes.

Formol. — Enfin, des résultats remarquables semblent avoir été obtenus par l'emploi du formol à la dose de 2 à 3 grammes

Fig. 29. — Sulfatage des semences par aspersion.

par litre d'eau. L'immersion doit durer quatre heures dans le cas de la dose de 2 grammes de formol par litre, ou cinq minutes à la dose de 3 grammes par litre. Le formol vaut environ 3 francs le kilogr., et 300 grammes suffiraient pour traiter 1 hectolitre de semences.

Le formol employé contre la carie et le charbon des semences (céréales, maïs, coton) ou contre la « maladie » des pommes de terre, donne de bons résultats, mais s'il faut quatre heures d'immersion pour le blé, une demi-heure à un quart d'heure suffisent pour l'orge et l'avoine, dans une solution à 2 p. 1 000

(Martinet) ; on trempera cinq minutes — si l'on a de grandes superficies à ensemencer — dans une solution à 3 p. 1 000.

L'efficacité du traitement, parfois supérieur à celui du sulfate de cuivre, tiendrait, d'après certains auteurs, à la nature gazeuse du formol qui lui permet de pénétrer à l'intérieur des grains cariés. Après égouttage, la semence est mise en tas quelques heures, le formol continue à agir par ses vapeurs ; le grain est ensuite étalé pour le séchage ou transporté aux champs.

L'orge et l'avoine retiennent plus de liquide que les blés ; cinq minutes d'immersion seulement suffisent parfois. D'autres praticiens trempent dix minutes toutes les semences.

Une immersion de dix minutes dans le formol gonfle peu les grains (1).

En terre sèche, les semences, après trempage de dix minutes, égouttage d'autant, séjour en tas quelques heures, puis mise en couche de 20 centimètres durant la nuit et semées le lendemain, achèvent de sécher dans le sol. M. Müntz a montré, en effet, que la germination n'a lieu que lorsque l'affinité de la terre pour l'eau est satisfaite ; jusque-là, la terre refuse l'eau au grain, et même elle lui en enlève, et la levée ne peut se faire. Les semences, humides et un peu gonflées après trempage de dix minutes, répandues en terre sèche, se retrouvent plusieurs jours après, dans un état parfait de siccité et aussi dures que si elles n'avaient pas été traitées.

La durée du trempage et l'état de gonflement du grain n'ont aucune importance lorsqu'on sème en terre humide ; la germination, amorcée par l'immersion, continue sans arrêt. Mais, pour confier le grain à la terre sèche, il ne faut pas que ce travail de la germination soit trop prononcé, sinon, nous l'avons vu, la dessiccation compromet la vie de la semence.

On triomphe plus facilement de la carie que du charbon. Les spores du charbon qui sont à l'extérieur tombent des épis malades et vont, soit dans le sol, soit sur d'autres épis. Contre

---

(1) Soixante litres de tuzelle trempés dix minutes absorberont 4 litres et demi de solution à 3 p. 1 000 et fourniront un volume de 78 litres et demi qui, étalé en couche de 20 centimètres, se réduit, après dix-huit heures, à 74 litres.

les spores du sol qui peuvent se conserver plusieurs années intactes, la zone de protection constituée par la dissolution des sels de cuivre enrobant les grains peut être insuffisamment efficace, car l'infection se produit, non seulement par la tigelle, mais aussi par la première gaine foliaire à son jeune âge. Les spores déposées sur les épis sains, à l'époque de la floraison, produisent l'infection du jeune ovaire par une formation mycélienne n'altérant pas le grain, et attendent sa mise en terre pour se développer suivant le cycle biologique connu (F. Couston).

On ne sulfate pas ordinairement les graines de maïs. Les rongeurs et les oiseaux étant très avides de ces semences, il faut les protéger parfois contre leurs déprédations en couvrant de plâtre les grains de maïs préalablement humectés d'eau. Quelques cultivateurs trempent également à cet effet ces grains dans une solution de coloquinte ou d'ellébore blanc.

Le seigle peut être atteint par l'ergot : on évitera cette attaque par un nettoyage parfait des semences.

Asepsie des semences. — Certaines semences, les graines à glomérules, à enveloppes feutrées, épineuses, etc., les semences de betteraves particulièrement, sont couvertes d'une certaine quantité de germes microbiens, qui se développent durant la germination et nuisent sensiblement à la levée.

On a signalé un grand nombre de bactéries et de champignons exerçant ainsi une action défavorable, notamment le *Phoma bettæ*, le *Bacillus mycoïdes* et le *Bacillus tabificans* (Delacroix).

Pour parer à ces dangers, certains industriels livrent des graines de betteraves débarrassées des débris superficiels, des enveloppes subéreuses. Ces semences, moins hygroscopiques, moins lourdes, sont plus faciles à semer.

Décortication des graines. — On a recherché si l'emploi des graines de betteraves décortiquées et désinfectées était préférable à l'utilisation des semences ordinaires.

La décortication des semences de betteraves a pour but d'enlever des graines la matière molle qui les entoure, les réunit en glomérule de 2 à 5 graines et contient souvent des organismes microscopiques ou leurs germes, qui sont les causes de maladies transmissibles à la betterave. La désinfection achève la destruction des organismes parasitaires qui subsisteraient encore dans l'intérieur des enveloppes réelles et dures (cosses) entourant les graines proprement dites.

Les techniciens sont tous d'accord sur l'existence des organismes microscopiques ; mais les avis sont contradictoires au sujet de leur transmissibilité aux betteraves issues des graines. On discute également sur la nécessité d'éliminer l'enveloppe qui unit plusieurs graines en glomérule.

Certains praticiens affirment que la graine décortiquée germe trois, quatre, sept, huit et même jusqu'à dix jours plus tôt que la graine non décortiquée des mêmes lots. L'humidité pénètre plus vite à l'intérieur de la graine décortiquée, et celle-ci s'ouvre plus facilement sous la poussée du germe.

A la Station d'essais agricoles de Halle-sur-Saale, on a constaté les résultats suivants, en essayant des échantillons prélevés sur un lot de 150 sacs de graines décortiquées et désinfectées :

```
Matières étrangères.....................  0,60 p. 100
Humidité...............................  15,92  —
```

Germes par 100 graines (glomérules) :

```
Au bout de  7 jours......................    239
    —      14  —   .....................    252
Glomérules n'ayant pas germé sur 100..       5
1 gramme de graines contenait : unités.     54
    Dont ont germé.......................    51
kil. de graines a fourni : germes.....  136 000
```

Les graines ordinaires donnèrent des résultats plus faibles de moitié. On voit que presque toutes les graines aptes à germer avaient montré les germes dès le septième jour. Or, la rapidité de la germination est un avantage considérable ; la jeune plante échappe plus vite aux accidents, aux insectes, aux intempéries ; on peut biner, démarier plus tôt et préserver le semis de l'envahissement des mauvaises herbes.

D'autre part, la graine décortiquée se comporte mieux dans le semoir ; on peut la distribuer très également.

Le prix de la graine décortiquée n'est pas beaucoup plus élevé que celui de la graine ordinaire, si l'on tient compte du fait que la décortication enlève 25 p. 100 de poids et que 75 kilogr. de graines décortiquées sont l'équivalent de 100 kilogr. de graines ordinaires. Il faut se souvenir qu'en semant la graine décortiquée on doit régler le semoir en conséquence, opération d'ailleurs facile.

La décortication des semences de betteraves est en réalité un « pelage », qui consiste dans l'enlèvement partiel des parties subéreuses de l'enveloppe. Les manipulations essentielles qu'on leur fait subir comportent : 1° un traitement mécanique ; 2° un traitement chimique ; 3° un traitement physique.

Le premier traitement a pour but d'enlever la majeure partie des enveloppes, au moyen de machines spéciales. C'est une opération délicate qui doit débarrasser la graine de son tégument sans la blesser et sans la mettre à nu. Après ce pelage, on traite les glomérules par certains corrosifs qui le complètent, mais dont l'action chimique doit être assez modérée pour ne pas atteindre la graine elle-même. On immerge les semences, soit pendant 20 heures dans de l'acide carbonique, soit une demi-heure dans de l'acide sulfurique (laver ensuite dans l'eau et du lait de chaux) ; soit 20 heures dans du lysol à 2 p. 100 ; soit enfin 2 heures dans du chlorure de chaux à 1 p. 100. Le traitement physique consiste en une dessiccation modérée.

Les expériences entreprises depuis plusieurs années avec les graines décortiquées semblent encourageantes ; les résultats culturaux tiennent peut-être à la simultanéité des deux traitements mécanique et chimique, auxquels les semences sont soumises et qui les différencient des graines dites *aseptiques* (1). Le traitement est enfin complété par la dessiccation qui facilite la germination des graines.

Voici quelques chiffres relatifs à ces semences décortiquées :

(1) Voy. Hitier, *Plantes industrielles* (Encyclopédie agricole).

Influence du traitement sur l'énergie et la faculté germinatives.

Traitement.	Avec de l'acide carbonique.	Avec de l'acide sulfurique.	Avec du lysol.	Avec du chlorure de chaux.
	germes.	germes.	germes.	germes.
Énergie germinative......	120	163	112	165
Ensemble des forces germinatives..............	175	185	143	180
Graines non germées.....	8	4	10	7
Germes malades...........	4	2	5	4

Ce sont les graines passées à l'acide sulfurique qui apparurent les premières, puis celles au chlorure de chaux et à l'acide carbonique, au lysol. La richesse saccharine a également été influencée par le traitement, comme le montre le tableau :

	Acide carbonique.	Acide sulfurique.	Lysol.	Chlorure de chaux.
	Sucre p. 100.	Sucre p. 100.	Sucre p. 100.	Sucre p. 100.
Non passées au corrosif..	15,8	16,2	15,5	15,9
Passées au corrosif......	16,0	16,3	15,6	16,1

Les chiffres suivants montrent que l'énergie germinative est plus grande et la vigueur plus forte chez les plantes dont les semences ont été traitées :

	Naissance de la semence.	Malades p. 100.
Graines normales non traitées........	3 mai.	23,3
Trempées dans l'acide sulfurique......	1er —	12,5
Pelées et passées dans l'acide sulfurique.	29 avril.	14,3
Pelées et passées au corrosif..........	29 —	9,2

Enfin des essais culturaux en Hongrie et en Allemagne ont attesté la supériorité des graines décortiquées. Ces semences corrodées ont donné de très bons rendements, qualitatifs et quantitatifs, avec les avantages : 1° ensemencement plus facile et plus uniforme ; 2° légère économie de semences, surtout en semant en lignes discontinues (10 kilogr. au lieu de 24 kilogr. par hectare) ; 3° levée plus rapide (de 3 à 10 jours) et plus régulière ; 4° disparition des germes de parasites.

L'influence de la décortication est sensible sur d'autres graines, comme le montre le tableau suivant :

Germination d'un échantillon de semences de luzerne.

		Germination p. 100 après douze jours.		
		Germées.	Dures.	Pourries.
I. —	Décortiquées à la main.	15	85	»
	— à la batte.	75	25	»
II. —	— à la main.	11	87	2
	— à la batte.	52	45	3

Préparation diverses des semences. — Par suite de leur constitution ou des particularités de leurs téguments, certaines graines exigent des préparations spéciales. Le *sulla* (sainfoin d'Espagne) possède une enveloppe assez épaisse pour empêcher la germination : on doit alors, nous l'avons vu, plonger la graine dans l'eau bouillante pour ramollir le tégument.

Germination d'un échantillon de semences de sulla.

	Germination p. 100 après douze jours.		
	Germées.	Dures.	Pourries.
Graines naturelles........	0	100	»
— décortiquées......	13	85	2
— ébouillantées (5 minutes).........	95	5	»
— ébouillantées (20 minutes)....	41	7	52 tuées.
Graines battues avec du sable...................	98	»	2

L'écorce des gesses et des vesces est parfois si dure qu'il convient de les frotter de sable. Les semences de carottes doivent être « persillées »; on détruit les piquants qui les garnissent en les frottant dans les mains avec du sable.

Protection contre les oiseaux et les rongeurs. — Les oiseaux, les rongeurs et les insectes peuvent occasionner une perte considérable de semences enlevées ainsi du sol avant leur germination.

On a recommandé de tremper les graines dans le pétrole, dont l'odeur éloigne les corbeaux. Cette opération peut détruire l'embryon ou tout au moins retarder la levée; il est recommandable de réserver ces procédés pour les grosses semences : maïs, lupin, pois, vesces, etc.

Le trempage dans une solution phéniquée, également préconisé, exige beaucoup de prudence; a dissolution de 10 grammes par hectolitre d'eau est une concentration maximum, et l'immersion doit être très rapide.

Pour le blé, on obtient de bons résultats en employant le mélange suivant, par hectolitre de grains :

Goudron de gaz......................	200 grammes.
Pétrole...........................	200 —
Eau chaude........................	3 litres.

On peut même associer ce traitement au sulfatage, en mélangeant à cette préparation 200 grammes de sulfate de cuivre.

Le procédé suivant, dû à M. Têtard, comporte l'emploi de goudron de pétrole et d'acide phénique. On doit employer pour 10 quintaux de semence (13 hectolitres) 10 litres d'un mélange ainsi composé : 6 litres de goudron de gaz, 3 litres de pétrole et 1 litre d'acide phénique. L'acide phénique doit être en solution concentrée, dit *acide phénique liquide paille*, qui coûte moins cher que l'acide phénique pur.

On chauffe le goudron dans une marmite *que l'on retire du feu* dès que l'ébullition commence; on remue avec un bâton, et l'on verse le pétrole d'abord, puis l'acide phénique. On continue à remuer afin que le mélange soit bien homogène et reste liquide en refroidissant.

Pour praliner les semences, on opère par fraction de 1 quintal environ, que l'on dispose sur une aire étanche et sur laquelle on verse 1 litre de ce mélange en remuant à la pelle pour bien enrober tous les grains. La semence est séchée ensuite et saupoudrée de chaux pulvérulente ou, mieux, de phosphate naturel bien pulvérisé (1 litre par quintal). On brasse à la pelle, avant de procéder aux semailles.

La dépense par hectare atteint environ 1 fr. 50 ou 2 francs, et l'on doit peu s'inquiéter du retard léger dans la germination.

Certains praticiens recommandent l'emploi du minium (oxyde rouge de plomb); les semences remuées dans un sac contenant 1 kilogr. de minium pour 10 kilogr. de graines seraient épargnées par les rongeurs et les oiseaux. La naphtaline cristallisée peut jouer un rôle utile dans la protection des semis de pois ; enfin l'odeur de la menthe (plante ou dissolution alcoolique) semble éloigner les souris.

Pour les blés en terre, les fermiers de la Picardie paient, à raison de 1 fr. 50 par jour, des enfants qui, munis de cornes, vont à travers les champs, tirant de ces instruments des sons rauques qui effraient les corbeaux ; mais ceux-ci vont plus loin et continuent leurs déprédations.

Ailleurs, on prend de la viande découpée en morceaux de la grosseur d'une noix ; puis on se munit de papier et d'un pot de glu. Posté aux endroits où les corbeaux se réunissent, on met dans le fond de chaque cornet un morceau de viande, et on enduit de glu le bord intérieur des cornets. Les corbeaux se jettent sur ces cornets avec avidité, introduisant leur tête jusqu'au fond pour saisir la viande. Grâce à la glu, il leur est impossible de se dégager et ils sont ainsi aveuglés. On les voit alors s'élever rapidement en l'air, d'un vol vertical et à une très grande hauteur; puis ils redescendent verticalement et s'abattent. On peut alors en tuer à coups de bâton jusqu'à soixante à l'heure. Une livre de viande peut suffire pour capturer ainsi une centaine de corbeaux.

Un autre moyen consiste à enfoncer dans le sol des piquets de 1 mètre de haut, en les disposant en lignes irrégulières et sinueuses, éloignées de 20 mètres environ les unes des autres; sur la ligne, les piquets sont distants de 50 ou 60 mètres. A 0^m,50 du sol, on tend fortement une ficelle. Les corbeaux voltigent au-dessus du champ ainsi protégé, sans oser s'y abattre. Le prix de revient de la ficelle, des piquets, de la main-d'œuvre, peut être évalué à 2 ou 3 francs par hectare.

II. — ENSEMENCEMENT DE CULTURES BACTÉRIENNES

I. — Nitragine, nitro-culture et nitro-bactérine.

Généralités. — Nous plaçons ici l'étude des procédés culturaux ayant pour but d'utiliser ou de développer les facultés assimilatrices des légumineuses, ces traitements étant en général appliqués aux semences.

On sait que les nodosités des légumineuses renferment des microorganismes, des bactéries vivant symbiotiquement sur la plante, et lui permettant de s'enrichir d'azote puisé à l'atmosphère (1).

Virulence des bactéries. — Les organismes des nodosités de légumineuses présentent, suivant les espèces envisagées, des différences physiologiques, sinon morphologiques, marquées. Chaque genre de légumineuses (fig. 30) offre plus ou moins de résistance à la pénétration de ces divers organismes dans le chevelu de son système radiculaire, et la quantité d'azote fixé dépend de l'énergie avec laquelle l'organisme peut pénétrer dans la racine et, former des colonies. Cette aptitude plus ou moins grande de l'organisme à la pénétration a été désignée sous le nom de *virulence*.

Les organismes *à haute virulence* peuvent facilement pénétrer le chevelu radical de plantes vigoureuses au début de leur croissance et provoquer la formation de fortes et nombreuses tubérosités. Les organismes *à basse virulence* ne pénètrent que les plantes à végétation moins vigoureuse ou ayant dépassé la période la plus active de leur croissance. Dans ce cas, les nodules sont petits, rares et situés pour la plupart aux extrémités des racines. Au point de vue pratique, il faut donc élever des races ou variétés d'organismes *à haute virulence* adaptées aux besoins symbiotiques des principales légumineuses.

D'après Moore, les organismes produisant les nodules des légumineuses, bien que pouvant être adaptés plus spécialement à telle ou telle plante-hôte, haricots, pois, trèfle, etc., appartiennent à une espèce unique de bacille apparaissant sous trois formes bien définies :

1° Bâtonnet extrêmement petit, mobile, se trouvant dans le sol et pénétrant le chevelu radical, doué ou non de la propriété de développer des masses de zooglées particulières ;

2° Bâtonnet plus gros, mesurant de $0\mu,6$ à $2\mu,5$ de largeur

____

(1) Voy. *Agriculture générale*, t. I. *Le sol et les labours* (18ᵉ mille).

et de 1μ,5 à 5 μ de longueur (1). Cette diversité de format n'apparaît pas dans la même culture ou le même nodule ; elle se manifeste seulement quand on passe d'une plante-hôte à une autre. Les gros bâtonnets sont vraisemblablement capables de se mouvoir à un moment donné et donnent naissance à la troisième forme ;

3° Troisième forme, qui apparaît diversement ramifiée, mais n'est que la réunion de deux ou plusieurs bâtonnets maintenus par une gaine gélatineuse. On n'a jamais constaté l'existence de spores.

En cultivant l'une quelconque de ces formes sur de la gélatine, on obtient des colonies d'aspect clair, transparent, se développant lentement, ne liquéfiant pas le milieu. Des colonies analogues apparaissent sur divers milieux solides sans que rien de spécial les distingue. L'organisme est fortement aérobie et se développe de préférence à une température de 23° et 25° C., bien qu'il puisse s'adapter à des températures allant jusqu'à 40° C.

Les bactéries productrices de nodules ont été dénommées *Pseudomonas radicicola* Beijerinck.

Procédés de culture de l'organisme. — Pour cultiver l'organisme producteur de nodules, on a tout d'abord constitué par décoction un milieu de la légumineuse sur laquelle il croissait originellement. Ce fut la méthode employée par Nobbe et Hiltner.

Cependant, le nombre est très grand des substances organiques et inorganiques, en milieu solides ou liquides, sur lesquelles se développe le *Pseudomonas radicicola*. Cinquante combinaisons au moins de divers sels nutritifs (sulfate de magnésium, phosphate de potassium, phosphate d'ammonium, etc.) avec de la peptone, du sucre, de la glycérine, de l'asparagine, ainsi que les pommes de terre, les choux, les courges, etc., donnent de belles cultures, quoique les plus luxuriantes soient obtenues au moyen d'un extrait de la plante-hôte additionné de 1 à 3 p. 100 de peptone et d'environ 2 p. 100 de sucre de canne.

(1) Un μ est un millième de millimètre.

Si les bactéries croissent très rapidement sur un milieu riche en azote, leur virulence est alors ordinairement très réduite. Enterrés, ces organismes perdent leur aptitude à prendre les formes ténues nécessaires à la pénétration des racines, ainsi que leur pouvoir de fixer l'azote atmosphérique (fig. 30).

Par conséquent, la seule luxuriance de végétation n'était pas le point principal à rechercher dans la multiplication des organismes en vue de la préparation des sols pour la culture des légumineuses. Il fallait trouver un milieu qui, tout en permettant une végétation suffisante, maintînt, s'il ne l'augmentait pas, leur aptitude à produire des nodules et à fixer l'azote. Cette condition a été réalisée avec l'ensemencement des bactéries provenant de nodules, sur plaques ainsi composées : 1 p. 100 d'agar, 1 p. 100 de maltose, 0,1 p. 100 de phosphate de potassium monobasique et 0,02 p. 100 de sulfate de magnésium pour 100 centimètres cubes d'eau distillée. La silice gélatineuse, employée comme base solide et additionnée des sels précédents, a fourni également un bon milieu de culture.

Fig. 30. — Nodosités du lupin.

Influence de la lumière, de la chaleur, de l'air, des alcalis, des nitrates, etc. — Abstraction faite de l'action nuisible de la forte lumière solaire, il semble indifférent que les organismes soient cultivés dans l'obscurité ou à la lumière. La température optima est de 23° à 25° C. ; la végétation devient ordinairement inappréciable au-dessus de 40° C. Il n'a jamais été possible de tuer les organismes par le froid ; la multiplication s'arrête cependant presque complètement au-dessous de 10° C. La présence de l'air est de la plus haute importance. La privation d'air empêche la production des formes ramifiées qui jouent le plus grand rôle dans l'approvisionnement de la plante en azote.

En général, les sels de potassium et de sodium à doses de 1/3 à 1 p. 100 empêchent, souvent totalement, la formation des nodules. A doses moins fortes, ils la restreignent considérablement, alors que les sels de calcium et de magnésium favorisent cette production dans une forte mesure. Il est possible que cette action soit due à l'établissement d'un état d'osmose nuisible à la pénétration de l'organisme dans le chevelu des racines (Marchal), mais l'effet direct sur les germes est également à considérer.

Les bactéries supportent tout degré d'acidité ou d'alcalinité compatible avec le développement d'une légumineuse donnée. Les organismes provenant de sols alcalins s'adaptent rapidement à des sols acides; il semble sans importance pratique de distinguer les bactéries adaptées aux sols acides et normalement trouvées sur les lupins, etc., et celles qui conviennent aux sols alcalins apparaissant sur la plupart des plantes fourragères ordinaires et légumineuses de jardin.

Une proportion très faible de nitrates alcalins suffit à empêcher la formation des nodules.

L'humidité du sol favorise beaucoup la formation des nodules. La sécheresse n'est cependant pas fatale aux bactéries ; le rôle de l'humidité serait donc de permettre à l'organisme de venir au contact du chevelu radical ou de le pénétrer.

L'organisme producteur de nodules possède, à l'état de gros bâtonnet, la propriété de fixer l'azote libre, indépendamment de toute plante-hôte, lorsqu'il est cultivé sur milieux appropriés et fortement aérés.

Les bactéries des nodosités pouvant fixer l'azote et l'emmagasiner à leur intérieur, il importe de rechercher comment elles se comportent à l'intérieur des nodules et comment l'azote est fourni à la plante. L'analyse des nodules de légumineuses montre qu'ils contiennent jusqu'à 7 et 8 p. 100 d'azote, alors que d'autres parties de la plante n'en contiennent pas plus de 2 p. 100. Cette grande proportion d'azote est constatée avant la floraison et la formation du fruit ; toutefois, elle varie avec la nature du nodule.

En général, les nodules de grosseur normale contiennent le moins d'azote et apparaissent remplis non d'organismes ramifiés, mais de bâtonnets incapables de fournir de l'azote;

l'analyse chimique des bactéries elles-mêmes montre qu'elles sont riches en matière azotée.

Le jeune nodule est d'abord rempli de bactéries en bâtonnets ; sa couleur rouge pâle passe au gris verdâtre avec la maturation des nodules. En même temps, les bâtonnets prennent les formes irrégulièrement ramifiées si caractéristiques de ces bactéries. Enfin les cellules des racines sont capables de sécréter une enzyme qui dissout les organismes ramifiés et rend ainsi disponibles des quantités considérables d'azote, diffusées alors dans la plante.

Ce mode d'absorption du contenu du nodule est facilité par la structure de ce dernier, qui prend naissance dans le péricycle de la racine mère en face ou de chaque côté des faisceaux ligneux (Van Tieghem).

L'origine. la structure et la disposition des nodules semblent prouver leur identité, au point de vue morphologique, avec des radicelles ayant grossi.

Les bactéries des légumineuses sont presque toujours en mesure de résister à l'action de la plante-hôte, sauf lorsqu'elles ont pris la forme ramifiée (la règle comporte une exception en ce qui concerne les pois et une ou deux autres plantes). Or, si l'azote n'est obtenu que par dissolution des bactéries, on comprend de suite que les nodules sont inutiles et peuvent être nuisibles, s'ils ne contiennent que des formes non ramifiées de ces organismes. Fréquemment les bactéries ont perdu la faculté de se ramifier : ne pouvant être détruites par la plante, elles n'accomplissent plus leurs précieuses fonctions assimilatrices.

C'est là un point important ; cette incapacité est d'ailleurs imputable à l'organisme seul et non à un défaut de vigueur de la plante l'empêchant de sécréter l'enzyme qui rend la bactérie utilisable. En effet, il est possible de reproduire cette situation en modifiant le caractère des organismes : c'est ainsi que, pour les bactéries cultivées longtemps sur milieux artificiels, où elles se trouvent presque toujours à l'état de bâtonnets, cette forme s'établit si solidement que des plantes inoculées au moyen de ces cultures, bien que formant des nodules, n'en tirent presque aucun bénéfice, ceux-ci restant durs et ne fournissant pas d'azote aux racines.

En résumé, il semble que l'azote est fixé, non par la plante, mais par les bactéries productrices de nodules, à l'intérieur de ses racines, et cet élément n'est assimilable par la plante que dans la mesure où les bactéries, prenant forme ramifiée, peuvent être dissoutes. De cette manière, l'affirmation de Boussingault que les végétaux supérieurs ne peuvent utiliser directement l'azote atmosphérique subsiste tout entière, et

Fig. 31. — Expériences sur cultures de légumineuses avec nitragine
(Schribaux).

les plantes portant des nodules se distinguent des autres simplement en ce qu'elles peuvent absorber des bactéries riches en azote (G. T. Moore).

Il se peut donc que les rapports entre les bactéries des nodosités et le végétal n'aient pas un caractère symbiotique, mais que les premières puissent être considérées comme de véritables parasites pénétrant les racines du végétal pour y puiser les hydrates de carbone nécessaires à leur alimentation. Le microbe, à ce moment, triomphe de la légumineuse et sécrète des substances nuisibles à la plante-hôte ; mais ultérieurement celle-ci en sécrète d'autres qui le détruisent et absorbent son azote.

Des expériences poursuivies aux États-Unis avaient paru montrer l'action bienfaisante apparente des cultures microbiennes sans qu'il y ait formation de nodules. L'examen microscopique montra, dans ce cas, que les plus petites racines étaient cependant remplies des formes ramifiées caractéristiques du *Pseudomonas radicicola*, dont la plante avait évidemment tiré bénéfice. Le fait a été constaté pour le soja, le trèfle d'Alexandrie et la luzerne, sans qu'on en connaisse encore l'explication exacte.

Préparations diverses de cultures bactéridiennes. — La première préparation, la *nitragine*, obtenue par Nobbe et Hiltner, a été mise dans le commerce en 1890. Nobbe et Hiltner eurent l'idée de préparer des cultures des bactéries des nodosités appelées *nitragine* et de faciliter ainsi le jeu de ces phénomènes en grande culture.

La nitragine, mise dans le commerce il y a quelques années, a été employée de deux manières : soit appliquée directement à la terre, soit mélangée d'eau et amenée au contact des semences avant l'ensemencement. Le premier mode seul sembla donner une augmentation de la récolte lorsque la nitragine était employée sur les terres contenant beaucoup d'humus.

On croit maintenant que l'insuccès rencontré dans l'application de la nitragine aux semences est dû à l'action de sécrétions produites par celles-ci au début de la germination, sécrétions nuisibles aux bactéries.

La difficulté a pu être tournée en humectant les semences et en les laissant germer avant l'application de la nitragine ; mais ce procédé est difficile à mettre en pratique.

Une autre méthode consiste à cultiver les bactéries dans un milieu qui leur fournit la force de résistance nécessaire. Diverses compositions nutritives conviennent ; les meilleures sont constituées par un mélange de lait écrémé, de glucose et de peptone.

Les résultats sont particulièrement satisfaisants dans le cas des lupins et de la serradelle ; l'augmentation de la récolte était très marquée. Sur quelques sols, ces cultures bactériennes pures permirent d'obtenir des espèces végétales que des expériences répétées avaient été impuissantes à établir. On pourrait peut-être, par ces moyens et à l'aide d'engrais verts, amender certaines terres pauvres et stériles.

Les résultats obtenus s'étant montré souvent incertains, la préparation de la nitragine, entreprise par d'importantes fabriques allemandes, a bientôt été abandonnée. Hiltner, cependant, a préparé de nouvelles cultures, plus virulentes, qui devaient posséder une action notablement supérieure à celle de la nitragine. Ces nouvelles cultures ont été préparées jusqu'en 1908 sur substratum solide (gélatine) et livrées en tubes par l'Institut de botanique agricole de Munich. Puis la fabrication fut confiée à un établissement privé, le Laboratoire de chimie biologique du Dr Kühn, à Munich, aujourd'hui transporté à Bonn. Le produit bactérien doit être livré en flacons correspondants à l'inoculation de 25 ares à 1 hectare.

La *Station d'essais de l'Association des tourbières* de Suède a expérimenté, à plusieurs reprises, l'ancienne et la nouvelle nitragine sur différentes légumineuses en tourbière haute récemment mise en culture. On a constaté des effets toujours inférieurs à ceux qu'a donnés l'inoculation par terrage pratiqué à l'aide de terres des champs de légumineuses.

G. T. Moore, à Washington, a fabriqué, sous le nom de *nitro-culture*, un produit qui a été expérimenté en Amérique. Moore laisse sécher sur la ouate les cultures de bactéries, pensant rendre ainsi l'action de ces microorganismes plus durable et leur épandage sur le sol plus facile. Mais des essais entrepris de différents côtés ont montré que la dessiccation de cette préparation lui fait perdre presque complètement son activité.

Le professeur Bottomley, du King's College de Londres, a obtenu une préparation analogue, introduite dans le commerce sous le nom de *nitro-bactérine*.

Cette dernière substance augmenterait non seulement les rendements des légumineuses, mais encore ceux de beaucoup d'autres plantes : céréales, vigne, tomates, etc. M. de Feilitzen a expérimenté sur les tourbières de Suède la nitragine et la nitro-bactérine, comparativement avec l'inoculation des bactéries par la terre. Il suffit, dans le cas de la nitro-bactérine, de plonger le coton inoculé dans de l'eau stérilisée. Au bout d'un certain temps, les bactéries se multiplient suffisamment pour troubler l'eau d'une manière sensible ; la culture liquide est alors prête à être introduite dans le sol.

L'opération exige un certain temps ; de plus, il est difficile, lorsqu'il s'agit de traiter de fortes quantités de coton « ensemenceur », d'empêcher l'arrivée d'autres bactéries, moisissures, ferments, etc., pouvant influencer défavorablement le développement de l'organisme spécifique. Il a donc semblé préférable d'opérer de la manière suivante. Deux paquets de sels nutritifs sont distribués avec le coton chargé de microbes : l'un contient du sucre, du sulfate de magnésium et du phosphate de potassium ; l'autre renferme du phosphate d'ammoniaque.

Lorsque les trois produits du premier paquet sont ajoutés à l'eau contenant le coton saturé de bactéries, on obtient une solution mal adaptée à la croissance des organismes se trouvant habituellement dans l'air environnant, mais convenant bien au développement des bactéries productrices de nodules. L'addition de phosphate d'ammoniaque au bout de vingt-quatre heures tend à pousser encore cette multiplication, si la température n'est ni trop basse, ni trop élevée. Lorsque l'eau où l'on a plongé les sels nutritifs et le coton saturé de bactéries est devenue laiteuse, la culture doit être introduite dans le sol, sôit *par humectation des semences*, soit *par mélange* de la culture *avec de la terre ou du sable répandus ensuite sur le champ* à la manière d'un engrais.

On recommande d'employer les cultures spécifiques à l'époque des semis. Toutefois les bactéries, lorsqu'elles ont un haut degré de virulence, peuvent être utiles à quelque époque que ce soit de la vie de la légumineuse, si la constitution du sol est favorable.

Essais culturaux. — La culture des tourbières stériles a particulièrement bénéficié de l'inoculation des bactéries. Le Dr Salfed, chef de service de la Station tourbière d'Emo, a montré que 1 000 à 4 000 kilogr. d'une terre riche en bactéries des légumineuses, répandus sur un hectare de terre jusque-là impropre à la culture rémunératrice de légumineuses, suffisaient à produire, sans aucune fumure azotée, une abondante récolte.

Le comte de San Bernardo a réussi à implanter le sulla dans ses propriétés d'Andalousie, par l'importation directe de terre d'Algérie provenant des prairies de sulla de Sétif.

Le directeur de la Station d'essais de l'Association des tourbières de Suède, M. de Feilitzen, a établi des expériences d'inoculation du sol des tourbières à l'aide de la *nitro-bactérine* préparée par le professeur Bottomley, de la *nitragine* et par *inoculation par terrage* du sol, sur cultures de lupin bleu.

Inoculation du sol à l'aide de la nitro-bactérine. — La nitro-bactérine est livrée en paquets devant suffire à l'inoculation des semences à employer sur 2 à 4 hectares. Ils coûtent environ 8 fr. 40. Ces paquets en renferment trois plus petits, 1, 2, 3. Le n° 1 contient quelques grammes de sucre qui doit servir à l'alimentation des bactéries, du sulfate de magnésium et du phosphate de potassium. Le n° 2 renferme, dans une enveloppe de papier d'étain, une petite quantité de terre sèche et d'ouate, excipient des bactéries. Le paquet n° 3 contient du phosphate d'ammoniaque.

Dans un vase en bois, on verse 4 litres et demi d'eau de source ; on jette dans cette eau le contenu du paquet n° 1, en agitant pour dissoudre la poudre de sucre. On ouvre ensuite avec précaution le paquet n° 2 ; la ouate et la terre qu'il contient sont versées dans l'eau ; on remue le mélange, on recouvre le vase avec une toile propre et on le place près du foyer en le maintenant à une température constante de 24° à 27° C. Au bout de vingt-quatre heures, on ajoute au liquide le contenu du paquet n° 3 ; on agite de nouveau ; on maintient encore le vase pendant 36 heures à la même température. Le liquide est devenu trouble, signe certain d'un état convenable pour l'imprégnation des semences.

On asperge alors les graines étendues sur le sol avec le contenu du vase. On laisse sécher ces semences pendant quelques jours en les abritant complètement contre l'action directe du soleil.

Inoculation du sol à l'aide de la nitragine. — L'inoculation des semences par la nitragine a été pratiquée avec le liquide d'une bouteille entière bien mélangé, immédiatement avant son emploi, à un quart de litre de lait maigre, cuit et refroidi. La semence, imprégnée de ce mélange, a été immédiatement répandue dans le sol et enfouie par un coup de herse.

Inoculation par terrage. — A la fin de mai, à Flahult, dans une partie de tourbière haute encore vierge, située à 200 mètres de tout champ cultivé, on délimita quatre parcelles de 25 mètres carrés chacune, éloignées les unes des autres de 10 mètres, et préparées à la houe pour la culture. Autour de chaque parcelle, on creusa un fossé de 40 centimètres de profondeur en rejetant la terre sur la parcelle et en la divisant à la houe. Comme fumure, les parcelles reçurent (calculées pour un hectare) : 6 000 kilogr. de chaux éteinte ; 1 200 kilogr. de scories ; 300 kilogr. de sel potassique. Après l'épandage de ces engrais, on a biné le sol à la houe.

Pour s'opposer à toute infection pouvant provenir du dehors, les outils, les mains, les bottes et les pantalons des ouvriers, les sacs devant contenir la chaux, les engrais et la semence ont été lavés préalablement avec une solution de formaline à 5 p. 100.

L'ensemencement des quatre parcelles a eu lieu le même jour ; la quantité de semence employée a été très largement mesurée (400 kilogr. à l'hectare). Les conditions climatologiques, ciel ouvert et température basse, étaient favorables à l'entretien de la vitalité des bactéries.

La parcelle témoin non inoculée a été ensemencée la première, la semence ayant été humectée avec la solution de formaline à 5 p. 100, afin d'éliminer tout germe. Les graines ont été enterrées à la houe.

On a ensuite procédé à la semaille de la parcelle II, avec le lupin imprégné de nitro-bactérine ; puis au semis de la parcelle III, avec le lupin inoculé par la nitragine.

Sur la quatrième parcelle, on a répandu 10 litres (correspondant à 40 hectolitres à l'hectare) d'une terre sablonneuse légèrement humique, enlevée à la superficie d'un champ qui avait porté des pois en 1907. Cette terre, destinée à *inoculer* à la parcelle IV les bactéries des légumineuses qu'elle devait contenir, n'avait *jamais* été cultivée en lupin, mais seulement en pois.

La levée des lupins a été régulière, à dater du douzième jour qui a suivi le semis. Dans la première quinzaine, les plantes paraissaient vigoureuses, mais, après cette période, leur développement cessa presque complètement : les jeunes plantes prirent une coloration jaune rougeâtre. Quelques pieds de lupin restèrent verts et se développèrent, mais la plupart des plantes des parcelles I, II et III (témoin et semences inoculées par la nitro-bactérine et par la nitragine) demeurèrent petites et souffreteuses. Sur la parcelle IV inoculée par terrage, une amélioration marquée se manifesta au commencement du mois de juin. Toutes les plantes de cette parcelle recommencèrent à verdir et à se développer ; leur croissance se prolongea jusqu'à la récolte, qui eut lieu dans la première moitié de septembre. Les lupins de la parcelle IV atteignirent, à cette époque, une hauteur plus de cinq fois égale à celle des plantes des trois autres parcelles.

Les récoltes de lupin, pesées à l'état vert, donnent les poids suivants :

I. Parcelle témoin, non inoculée......	8 700	kilogr.
II. Parcelle inoculée par nitro-bactérine.	7 100	—
III. — par nitragine.....	5 600	—
IV. — par terrage........	43 700	—

L'inoculation des semences par les deux préparations bactériennes n'a donc produit aucune augmentation de rendement. La dépression observée par comparaison avec la parcelle non inoculée rentre dans la limite des erreurs que comportent les essais de culture.

La formation de nodosités sur les lupins des parcelles I, II et III était extraordinairement faible. L'inoculation par terrage s'est, au contraire, montrée très favorable ; les racines de lupins de la parcelle portaient de nombreux et volumineux tubercules.

Dans ces essais de culture, comme dans toutes les expériences antérieures, l'importation de bactéries par le terrage a donc produit un effet favorable et certain. Il faut rappeler que la terre employée pour l'inoculation bactérienne de la parcelle IV avait été prélevée dans des champs qui n'avaient *jamais* porté de lupins, mais seulement des pois.

Cependant beaucoup de bactériologistes admettent la spécificité des bactéries pour les diverses légumineuses, chacune des plantes de cette grande famille exigeant la présence d'une bactérie spéciale. La question est loin d'être définitivement tranchée ; il est probable que ces microorganismes auraient, dans des conditions insuffisamment connues actuellement, la faculté de s'adapter, par des transformations, à l'alimentation azotée de différentes légumineuses

II. — Alinite.

C'est un fait établi actuellement qu'un sol peut s'enrichir en azote sans qu'on lui ait incorporé de substances azotées. Ce gain d'azote ne peut provenir que de l'azote libre de l'atmosphère, et Berthelot émit, à la suite d'expériences précises, l'hypothèse que cette fixation d'azote était l'œuvre des organismes microscopiques qui peuplent la terre : algues, moisissures et bactéries.

Winogradsky réussit à cultiver, dans des solutions nutritives dépourvues d'azote combiné, une bactérie spéciale capable de fixer des quantités relativement considérables d'azote. C'est une espèce anaérobie, un ferment butyrique à laquelle il donna le nom de *Clostridium Pastorianum*.

Quelques années plus tard, Beijerinck isola une espèce bactérienne non connue encore, aérobie, capable de se développer abondamment dans des solutions nutritives dépourvues d'azote et de puiser l'azote dont elle a besoin dans l'atmosphère. Dans un travail ultérieur, ce savant et son collaborateur M. A. Van Delden démontrèrent que cette bactérie, à laquelle ils donnèrent le nom d'*Azotobacter chrono-coccum*, fixe effectivement l'azote libre de l'atmosphère, mais seulement à la suite d'une symbiose avec d'autres bacté-ries. Ces dernières formeraient avec l'azote libre un composé azoté soluble qui diffuserait dans le milieu de culture et pourrait être alors assimilé par l'*Azotobacter chronococcum*. Les expériences montrent, en effet, qu'il se produit des gains d'azote considérables dans des cultures d'*Azotobacter chrono-coccum* mélangé avec d'autres bactéries dans des solutions nutritives dépourvues d'azote. Le liquide nutritif employé par Beijerinck se composait d'eau additionnée de 0,05 p. 100 de phosphate de potasse et de 2 p. 100 de mannite ou de glu-cose. Dans ces cultures mixtes, on constata des gains d'azote allant jusqu'à 100 milligrammes par litre. Dans les cultures pures de l'*Azotobacter chronococcum*, au contraire, les gains d'azote furent insignifiants.

Pour isoler l'*Azotobacter chronococcum* de la terre, Beije-rinck ensemence un peu de cette dernière dans le liquide nutritif indiqué. Il se forme une pellicule dont on fait alors des cultures en stries sur des plaques d'agar préparées avec le même liquide nutritif.

Peu de temps après, Gerlach et Vogel trouvent dans diffé-rents échantillons de terre un microorganisme semblable, doué du pouvoir de fixer l'azote libre. En comparant leurs cultures à celles de Beijerinck, ils purent constater leur parfaite identité. Sur un point, toutefois, ils étaient en contradiction avec Beijerinck. Ils obtinrent, en effet, des gains d'azote appré-ciables (en moyenne 40^{mgr},2 par litre de liquide de culture), dans des cultures pures d'*Azotobacter chronococcum*. M. de Freudenreich, de son côté, avait réussi à isoler le *Clostridum Pastorianum*, l'*Azotobacter chronococcum* et à établir leurs propriétés caractéristiques. On obtint une culture de ces bac-téries, l'*alinite*, et divers essais tentèrent de montrer l'avan-tage pratique de son emploi.

Essais culturaux. — Les recherches entreprises montrè-rent que le sol est très riche en bactéries douées du pouvoir de fixer l'azote libre, et différentes expériences établirent qu'elles peuvent s'y développer abondamment. Après avoir

versé sur une terre fraîchement remuée un liquide nutritif
dépourvu d'azote et additionné de glucose, Gerlach et Vogel
virent se former, après peu de jours, une membrane composée presque exclusivement d'*Azotobacter chronococcum*.
M. de Freudenreich a constaté que cette bactérie se développe très bien dans du sable stérilisé humecté par un liquide
nutritif semblable. Diverses observations montrent, d'ailleurs,
que le sol peut s'enrichir en azote par le fait de ces microorganismes. Krüger et Schneidewind ont constaté qu'une terre
restée tout l'hiver dans un hangar sans avoir été tassée fortement présentait au printemps des caractères démontrant
une grande richesse en azote.

Gerlach et Vogel examinèrent si l'ensemencement de bactéries de cette espèce dans le sol pouvait augmenter la fixation
de l'azote libre et favoriser ainsi le développement des plantes.
Jusqu'ici, toutefois, les résultats n'ont pas été précisément
favorables ; ce qui s'explique, d'ailleurs, en partie par le fait
que ces bactéries se trouvent pour ainsi dire partout présentes
et qu'une inoculation du sol ne peut guère être suivie d'un
effet sensible. De plus, on a constaté que l'addition de sucre,
qui favorise le développement de l'*Azotobacter*, exerce une
influence défavorable sur les plantes. Ce fait avait déjà été
mis en évidence par des expériences antérieures, qui montrèrent que l'adjonction de trop grandes quantités de substances hydrocarbonées peut diminuer les récoltes dans une
forte proportion.

M. de Freudenreich a cherché également à favoriser la
croissance de diverses plantes par l'adjonction de cultures
d'un *Clostridium* fixateur d'azote. Les plantes ayant reçu la
solution nutritive sucrée destinée à favoriser le développement des *Clostridium*, ainsi que les végétaux arrosés avec les
cultures de cette bactérie, poussèrent mal, par suite de l'action défavorable du sucre et de l'influence de l'acide butyrique
que contenaient les cultures microbiennes.

La question à résoudre consiste donc à faciliter le développement de ces bactéries dans le sol sans recourir à des
moyens qui pourraient nuire aux plantes. Les résultats obtenus actuellement laissent espérer la solution de ce problème.

CHAPITRE II

PRATIQUE DES SEMAILLES

I. — ÉPOQUE DES SEMAILLES

Conditions thermiques de la germination. — La graine, pour germer, doit trouver dans le sol : de l'*oxygène*, de la *chaleur* et de l'*humidité*. L'époque des semailles est donc choisie de manière à réaliser cet ensemble de conditions, qui restent d'ailleurs sous la dépendance du climat et des circonstances météorologiques.

Nous avons vu que, pour chaque espèce, il existe une température minima au-dessous de laquelle l'embryon ne peut évoluer. L'eau doit être en quantité suffisante pour déterminer la germination, et l'aération du sol doit être assurée également. Dans les régions tempérées, ces conditions sont le mieux réalisées à deux époques différentes de l'année : au printemps et à l'automne.

On réserve pour les semis d'automne les plantes résistantes au froid, et les semailles de printemps fournissent des végétaux qui se distinguent par la rapidité de leur développement.

Les plantes craignant les gelées tardives du printemps : betteraves, pommes de terre, maïs, sont semées, sous le climat parisien, au début de mai.

Les graines d'automne semées au printemps ne donneraient lieu qu'à une fructification incomplète, leur période d'évolution se trouvant diminuée, et l'action du froid semblant nécessaire. Ces graines refroidies à — 2° C. et semées au printemps ont pu achever leur complet développement.

On sème parfois en été, et ces semailles sont réservées aux plantes croissant rapidement (*cultures dérobées*), aux mélanges fourragers, aux engrais verts.

Dans le Midi, les semailles de printemps commencent en février ; il faut attendre fin février, mars, dans les régions septentrionales. Les semailles d'automne, qui peuvent s'effectuer, dans les contrées méridionales, après le 1er novembre, doivent être de préférence terminées avant cette date dans le nord et le centre de la France.

En principe, l'évolution de l'embryon commence dès que la température minima est dépassée, et le germe perce l'écorce au bout d'un temps proportionnel à la quantité de chaleur reçue. Pour le blé, l'évolution commence à 6° C. ; la tigelle commence à pointer quand la semence a reçu 84° ou 85° de chaleur moyenne, lorsque son enfouissement n'est que de quelques millimètres. Si la profondeur est plus grande, il faut, pour que la levée ait lieu régulièrement, une somme de chaleur supplémentaire correspondant à 12 degrés par centimètre de profondeur. L'humidité doit être moyenne, afin d'éviter le départ par exosmose des substances nutritives, dans le cas d'un excès d'hygroscopicité du sol.

Conditions de végétation. — La nature des terres réglant leur échauffement influencera l'époque des semailles. Les sols argileux et compacts, les terres humifères ou de texture fine, devront être ensemencés plus tard, au printemps, que les terrains sablonneux, légers, ou à texture grossière. Cependant il faut opérer assez tôt pour que ces dernières terres aient pu encore conserver l'humidité de l'hiver.

L'époque précise des semis d'automne est déterminée par la nécessité de permettre à la plante d'occuper le sol et de se fortifier avant l'apparition des premiers froids. En règle générale, les semailles hâtives à l'automne et même au printemps sont toujours recommandables.

L'apparition des plantes adventices et la rapidité de leur développement doivent être prises en considération. Lorsque la plante cultivée lève vite et prend possession du sol, on peut semer tôt au printemps : les mauvaises herbes ne pourront lutter contre des végétaux déjà développés. S'il s'agit d'une plante à développement peu actif, il sera prudent d'attendre l'apparition des plantes adventices et leur destruction par les façons aratoires, avant de procéder aux semailles. Le choix d'une époque hâtive de semailles permet cependant aux végétaux de mieux résister aux insectes et aux maladies cryp-

togamiques : leurs tissus sont déjà complètement formés et
leur épiderme partiellement durci lorsqu'ils subissent ces

Fig. 32. — Les semailles par les femmes pendant la guerre.
C'est une pratique qui avait disparu et que le courage des femmes des
mobilisés a momentanément remise en honneur pendant la guerre.

attaques. Les récoltes obtenues par des semis hâtifs ont d'ailleurs une qualité supérieure : les graines germent plus rapidement et possèdent une faculté germinative plus élevée.

Ces considérations générales doivent se conformer aux circonstances locales particulières et aux exigences propres à chaque plante cultivée. C'est ainsi que l'altitude et l'exposition réglementent partiellement l'époque des semis. Il faut semer plus tôt sous les climats froids et rigoureux, sur les hauteurs ou dans les régions montagneuses (fig. 33). L'exposition sud permet des semis plus hâtifs au printemps et plus tardifs à l'automne.

La nature de la plante considérée donne à ce sujet d'utiles indications : les semis trop précoces chez la betterave peuvent déterminer la montée en graines ; l'orge doit être semée hâtivement pour développer son tallage ; le lin semé en mars produit une filasse plus recherchée, etc.

État du sol. — La bonne exécution des semailles suppose une préparation parfaite du sol. Pour les semis d'hiver, la terre devra être saine, propre, approfondie ; il n'est pas nécessaire de réaliser un ameublissement trop complet de la couche superficielle, surtout pour les terres gélives. La présence des mottes peut même être favorable aux céréales d'hiver, au blé notamment. Ces mottes de terre désagrégées par la gelée rechaussent la jeune plante ; elles peuvent protéger du froid les végétaux poussés à leur voisinage. Enfin, en s'opposant à l'enlèvement de la neige par le vent, elles permettent à cet utile manteau protecteur de jouer son rôle.

Au printemps, il faut attendre que la terre soit suffisamment ressuyée ; les premières pluies du printemps, suivies de vents desséchants, forment parfois une croûte imperméable qu'il importe de briser par un léger hersage avant de pratiquer les semailles. Voici quelques exemples pour préciser ces théories.

Blé. — D'après les chiffres cités plus haut avec un semis effectué, sous nos climats, à 4 centimètres de profondeur, la levée aura lieu lorsque le grain aura pu utiliser $(84° + 12° \times 4 =)$ 132 degrés de chaleur. Pour former la seconde feuille, il faut à nouveau au blé 100°, et autant pour la troisième feuille. La jeune plante a donc besoin, en résumé, de 332 degrés de chaleur environ avant le sommeil hivernal.

Ces considérations aideront à déterminer, pour chaque situation, le moment le plus favorable aux semailles du blé d'automne. On considérera la courbe de la température moyenne pour connaître l'époque à laquelle correspond le minimum nécessaire de 6° C.

Sous le climat parisien, le mois de novembre offre une moyenne de 6°,5 ; mais parfois cette moyenne tombe à 4°

Fig. 33. — Semailles à la main à la volée.

ou même 3°. En octobre, la température moyenne de 11°,5 assure la levée régulière, le développement normal des blés semés au commencement du mois et qui auront poussé leur troisième feuille à la Toussaint. Les froments semés fin octobre n'auront à la fin du mois de décembre que leur deuxième feuille. L'époque la plus favorable des semailles du blé, pour la France septentrionale, correspond au mois d'octobre, particulièrement du 15 au 25 octobre. Les praticiens déclarent cependant que les semis hâtifs de blé en octobre facilitent l'attaque du blé par le *piétin*, puisque la période de contamination est située avant l'hiver. L'arrachement tardif des betteraves retarde d'ailleurs les semailles dans les régions à culture intensive.

Dans le midi de la France, on sème le froment en novembre et décembre. A Orange, au mois de novembre la température moyenne est encore de 12°,5 ; elle ne descend qu'en décembre à 8°,5. Dans l'Ouest, le Sud-Ouest, on sème le blé du 20 octobre au 15 novembre.

L'époque ordinairement choisie pour les blés de printemps s'étend, sous le climat parisien, de la fin de février à la fin de mars. En février, la température moyenne de 5° permet la levée de certains blés précoces : blé de Noé, blé de Bordeaux. En mars, la température moyenne de 6°,5 assure la germination des variétés ordinaires de froment de printemps. On fait peu de blé de printemps dans le Midi, à cause de la sécheresse ordinaire de cette saison.

Semis de blés au printemps. — Pour réussir des blés de printemps, il faut semer à temps voulu, le plus tôt possible, fin février, première quinzaine de mars, dans des terres riches, bien pourvues d'engrais, en s'adressant à des variétés assez précoces pour parvenir à maturité complète avant l'époque ordinaire des moissons.

Les blés de printemps, les blés de mars ont une période de végétation relativement courte. C'est au début de leur croissance, de la levée au tallage, qu'ils se montrent particulièrement exigeants ; enfin leur appareil radiculaire est peu développé, comparativement à celui des blés d'automne.

Le blé de printemps ne donne de bonnes récoltes que dans les terres où il trouve en abondance des engrais présentés sous une forme rapidement assimilable.

Les quantités d'engrais à employer sont variables suivant l'état des terres, les cultures et fumures antérieures, les assolements, etc., etc. Voici les quantités accordées aux blés de mars : 300 à 400 kilogr. de superphosphate, 100 kilogr. de chlorure de potassium, et 100 à 150 kilogr. de nitrate de soude à l'hectare. Il est indispensable de donner une fumure bien équilibrée ; l'azote épandu seul retarderait la maturité, la verse et l'échaudage seraient à craindre ; l'emploi des engrais phosphatés, des superphosphates, au contraire, est avantageux, et c'est encore en associant ces engrais phosphatés et azotés que l'on obtiendra les meilleurs résultats.

Il faut semer des variétés suffisamment précoces.

Un certain nombre de blés sont très nettement des blés d'automne, c'est-à-dire des blés tardifs qui, semés en mars, *sauf dans des années tout à fait exceptionnelles*, ne parviennent pas à maturité ; ils poussent en herbe, mais ne montent pas ; ces variétés d'automne, tardives, sont à rejeter pour les semis de printemps.

Il existe, à côté de ces variétés franchement d'automne, des blés *alternatifs*, blés suffisamment rustiques pour être semés à l'automne, suffisamment hâtifs pour réussir encore lorsqu'on les fait fin février, premiers jours de mars (Ph. de Vilmorin).

Les variétés déjà anciennes, *Blé de Noé* ou *Blé Bleu* et surtout le *Blé de Bordeaux*, constituent des blés d'automne et de février ; mais aujourd'hui on leur préfère, dans les sols riches, le *Japhet* ou *Blé Dieu* qui, il y a quelques années surtout, était couramment semé à la fin de l'hiver dans les fermes à betteraves, lorsqu'on n'avait pas pu achever les semailles de blé avant les gelées à l'automne.

Le *Blé de Pithiviers*, le *Gros Bleu*, le *Gironde* dans les très bonnes terres, l'*Hybride hâtif inversable*, etc., etc., semés en février, ont, ces dernières années, donné dans la région de l'Ile-de-France d'excellents résultats. Pour les régions de l'Aquitaine et du sud-ouest de la France, le *Rieti* est également une variété de blé alternatif, très recommandable par sa précocité et sa résistance à la rouille (H. Hitier).

Passé le 10 mars, ces blés alternatifs, dits d'automne et de février, ne doivent plus être semés ; c'est aux variétés de *blés nettement de printemps*, assez précoces pour mûrir en quatre mois sous le climat de Paris, qu'il faut avoir recours.

Le *blé Chiddam de Mars* est un des plus connus ; on le réserve pour les terres en bon état de culture et de fertilité ; dans les fermes à betteraves de la Brie, il est très prisé pour les semis de printemps, faits le plus tôt possible après les gelées de l'hiver. Le *Saumur de Mars* peut se semer un peu plus tard, il demande des terres moins profondes, plus sèches ; c'est aussi un des blés de printemps les plus cultivés dans les environs de Paris. Les variétés *Richelle blanche hâtive*, *Richelle blanche de Naples* sont aussi appréciées dans les régions du centre et du midi de la France.

Le *blé de Mars rouge barbu* est désigné souvent sous le nom de *blé de Mai*, parce que souvent on l'a vu réussir semé très tard, jusqu'en avril et dans des terres assez médiocres ; mais, dans ces conditions, les semis de printemps, quelles que soient les variétés, ne donnent pas en réalité de bons rendements. Lorsque l'agriculteur ne dispose pas de terres en état convenable pour de bons blés de printemps, ou lorsque les semailles, par suite des conditions climatériques, se trouvent trop retardées, il ne faut pas essayer ces semis de blés ; le bénéfice sera plus certain en cultivant soit des avoines, soit des orges de printemps, qui donneront, sur ces sols bien fumés, des rendements moins aléatoires et aussi élevés.

Seigle. — Il convient de semer le seigle hâtivement, de manière qu'il puisse taller avant l'hiver. Les semailles tardives, lorsqu'elles réussissent, donnent parfois plus de grain, mais la récolte est moins assurée. Sous notre climat, on sème ordinairement le seigle vers la Saint-Michel (29 septembre). Dans les plaines du nord de l'Europe, on effectue ces semailles avant le 15 septembre ; vers le sud, on les retarde jusqu'à la Toussaint.

Il importe beaucoup, d'ailleurs, d'observer la fréquence des gelées de mai, qui compromettent la floraison du seigle ; dans les situations où ces gelées sont à craindre, on sèmera plus tardivement.

Le seigle de mars se sème dès le mois de février et jusqu'en avril.

Avoine. — On sème l'avoine d'hiver en septembre-octobre, afin que la jeune plante, affermie avant les froids, n'ait pas à souffrir des alternatives de gel et de dégel. En Languedoc et en Provence, on peut retarder les semailles jusqu'en novembre et décembre.

L'avoine de printemps doit être semée le plus tôt possible. La récolte est plus abondante, les mauvaises herbes n'ayant pas eu la possibilité de se développer ; le grain est de meilleure qualité. On pourra, sous le climat parisien, ensemencer les terres légères ou moyennes et saines dès février ; les autres terres recevront la semence en mars, au plus tard commencement d'avril.

Orge. — L'orge d'hiver, ou escourgeon, se signale par la hâtivité de ses semailles, qui, sous notre climat, doivent précéder celles des autres céréales (septembre). Pour résister à l'humidité et au froid, l'escourgeon doit taller vigoureusement avant le mois de décembre.

L'orge de printemps se sème de novembre à juin, suivant les pays, car aucune céréale n'offre une aire géographique aussi étendue. En Égypte, on sème fin novembre pour récolter fin février ; en Algérie, en Espagne, l'orge est semée en janvier. C'est en janvier-février qu'on sème dans le midi de la France ; l'époque des semailles s'attarde progressivement, en mars, avril, et même commencement de mai, à mesure qu'on remonte vers le Nord. On estime que la qualité des produits est d'autant plus remarquable qu'on a semé hâtivement, et l'époque fin-février commencement de mars semble, dans nos régions, la plus avantageuse.

Suivant la règle générale, les semailles sont d'autant plus hâtives que le sol est sablonneux et perméable. Les terres argileuses ont besoin de s'échauffer avant de recevoir la semence.

Maïs. — Originaire du Nouveau-Monde, le maïs craint les gelées et doit être semé lorsque la température atteint au moins 12°. Un semis trop hâtif exposerait la semence à pourrir en terre ; d'autre part, un ensemencement tardif expose à une maturité difficile.

Les cultivateurs du midi de l'Europe sèment le maïs en mars sur les coteaux bien exposés, et en avril en plaine. Dans la France septentrionale, les semis s'échelonnent du 15 avril au mois de juin, suivant les situations et les variétés cultivées : tardives, demi-hâtives, maïs quarantain, etc.

Millet. — La levée du millet est assurée, sans danger, lorsque la température moyenne est de 12° à 13° C., c'est-à-dire ordinairement, en France, vers la dernière semaine d'avril ou le mois de mai. Le millet commun, plus hâtif, peut être semé plus tardivement que le millet d'Italie.

Sarrasin. — Cette plante est sensible aux froids ; on la sèmera lorsque les gelées tardives ne seront plus à craindre, c'est-à-dire, sous nos climats, fin mai, commencement de juin. Les semailles peuvent s'étendre jusqu'au 30 juin en culture principale, et même jusqu'en juillet, sur un seul labour, en culture dérobée. Les semailles hâtives assurent des plants plus vigoureux ; les semis tardifs passent pour donner une proportion de grain plus élevée par rapport à la paille.

Betterave. — Les terres convenablement préparées reçoivent la semence de betterave au mois de mai. Les semis précoces assurent une maturité plus parfaite et l'augmentation du rendement en sucre à l'hectare.

Chicorée à café. — En Belgique et dans le nord de la France, la période la plus favorable pour les semailles est comprise entre le 15 avril et le 15 mai. Les semis trop hâtifs exposent la plante à un temps d'arrêt dans son développement et provoquent la montée en graines, mais le rendement en racines est plus élevé.

Pomme de terre. — L'époque de plantation des tubercules dépend du climat, de la nature et de l'état du sol, de la variété considérée. Les variétés nouvelles, utilisées comme pomme de terre industrielle, sont de plus en plus tardives et doivent être confiées hâtivement au sol.

On plante en général de mars à mai, suivant les régions. Pour les semis précoces, le risque des gelées est souvent compensé par la plus-value acquise par les plants productifs et à maturité précoce.

Afin d'aider au développement des variétés nouvelles à grand rendement, dont la tardivité compromet la récolte et retarde les ensemencements de blé d'automne, on réalisera avantageusement la mise en germination des tubercules avant la plantation. Cette pratique est employée d'ailleurs avec succès par les maraîchers dans la production de la pomme de terre de primeur. L'augmentation de récolte au bénéfice des plants germés peut atteindre pour la *Richter's Imperator* 9720 kilogr. en poids et 1 870 kilogr. de fécule à l'hectare (Lavallée). Ces avantages sont encore plus nettement constatés si l'on emploie des tubercules sectionnés. Pour réaliser cette

Fig. 34. — Motoculteur pulvérisant le sol, et tirant un semoir et une herse.

mise en germination, il suffit de placer les tubercules, quelque temps avant la plantation, les uns à côté des autres sur des claies, dans un endroit bien éclairé (grange, hangar), en ayant soin de mettre la pointe portant les yeux à la partie supérieure. Les bourgeons se développent et donnent naissance à des pousses de 1 centimètre à $1^{cm},5$ de long, d'une teinte nette et franche.

Au moment de la plantation, les tubercules germés, transportés avec soin sur les claies, sont placés au fond des raies, en disposant du côté de la surface la partie où les germes sont le plus nombreux. La mise en germination des tubercules est indispensable pour révéler la *filosité*, affection consistant dans la tendance de certains germes à s'allonger indéfiniment. On reconnaît ainsi ces semences dégénérées, qui sont écartées de la plantation.

Topinambour. — On plante les tubercules de topinambour ordinairement en février-mars, en lignes espacées de 60 à 70 centimètres et à une distance de 30 à 40 centimètres, ce qui exige de 1 300 à 2 000 kilogr. de tubercules à l'hectare. On roule après la plantation, et on herse vigoureusement dès que les tiges se montrent.

Colza. — Le colza se sème *en place* ou *en pépinière*, et l'époque la plus favorable est comprise, sous nos climats, entre le 15 juillet et le 15 août. On sème huit à dix jours plus tôt dans les semis à demeure, le repiquage étant une cause d'arrêt dans la végétation.

Un semis trop hâtif, avant la mi-juillet, exposerait à obtenir des plants trop développés au moment du repiquage, un certain nombre de pieds fleuriraient avant l'hiver. En semant tardivement, en septembre, on risquerait de voir les plantes, insuffisamment vigoureuses, succomber aux froids hivernaux.

En grande culture, le semis en place est préféré à cause des moindres frais de main-d'œuvre ; mais ces procédés culturaux exigent l'établissement d'une jachère ou d'une demi-jachère (trèfle incarnat, vesces, plantes fourragères, etc.), le colza ne pouvant venir après une céréale qui laisserait la terre libre trop tard. On sème généralement le colza en place à l'aide du

semoir mécanique, les lignes étant distantes de 40 à 50 centimètres ; un roulage suit les semailles.

Les semis en pépinière et le repiquage sont plutôt des
pratiques de moyenne et de petite culture. Ces procédés
permettent cependant de cultiver le colza après une céréale,
puisque la pépinière est un emplacement réservé en dehors
de l'assolement. Les plants repiqués fin septembre ou courant
d'octobre donnent des végétaux plus vigoureux, plus bran-
chus. En pépinière on sème généralement à la volée, très régulièrement. Lorsque le sol est bien préparé, fumé, on obtient
ainsi le nombre de pieds nécessaire à un peuplement
espacé d'une pièce de terre quatre ou cinq fois plus
grande.

Le colza de printemps est semé à la volée, ou de préférence
en lignes, de fin mars à mai. On épand 8 à 10 litres par hectare.

Navette. — La navette d'hiver s'ensemence fin-août et
septembre. On sème ordinairement à la volée en employant
6 à 8 litres de grains enfouis à la herse à 2 ou 3 centimètres
de profondeur.

La navette de printemps se sème en mai et juin à la dose
de 8 à 10 litres par hectare.

Œillette. — Mathieu de Dombasle, reconnaissant l'avantage des semis hâtifs, conseillait de semer le pavot-œillette
dès le 1er mars. Si l'on ne peut réaliser ces semis hâtifs, il ne
faudra pas dépasser, comme époque, le milieu d'avril.

Lin. — Tandis que le lin d'hiver se sème en septembre-
octobre dans nos contrées méridionales, le lin de printemps,
uniquement cultivé dans le nord-ouest, le nord de la France,
la Belgique, est confié au sol de mars à la première quinzaine
de mai. Les semailles de mars sont réputées pour la qualité
de la filasse et l'abondance des récoltes.

Les *lins ramés*, particulièrement fins, se sèment au plus tard
dans le mois d'avril ; les lins de gros peuvent se semer en
mai.

Chanvre. — Le chanvre, sensible au froid, est semé d'avril
à juin, suivant les régions. Dans l'Anjou, on pratique les
semailles du 8 au 20 mai.

II. — PROFONDEUR D'ENFOUISSEMENT

Généralités. — Le recouvrement des semences a pour but de les soustraire aux attaques des animaux et de les placer dans les conditions les plus favorables à la germination.

Une épaisseur trop faible de terre arable protégera mal la semence de la sécheresse et rendra l'enracinement plus lent. D'autre part, en enterrant trop la graine, on empêche l'accès de l'air, et la tigelle arrive péniblement à la surface du sol. L'enfouissement trop considérable des graines exerce une influence défavorable durant tout le cours de la végétation ; la rouille, l'ergot attaqueront plus aisément les céréales semées dans ces conditions (Wollny) ; le dommage sera d'autant plus sensible que la graine sera vieille et de moindre vitalité.

Le climat régit évidemment ces phénomènes : la profondeur du semis doit être d'autant moins grande que le climat est plus humide. Dans les régions à climat sec et chaud, au contraire, il faut soustraire la graine à la dessiccation en la recouvrant d'une épaisseur plus considérable de terre arable.

Les saisons modifient également ces conditions : à l'automne, les semis sont moins profonds qu'au printemps. Dans les endroits exposés aux hâles du printemps, la graine doit être enfouie plus profondément, etc.

Il importe de considérer également la nature du sol : plus la terre est argileuse et difficilement pénétrable à l'air, moins la semence doit être enterrée. Au contraire, dans les sols légers et secs, la profondeur d'enfouissement doit être suffisante pour empêcher la dessiccation des semences.

La nature de la graine et surtout sa dimension donnent à ce sujet d'utiles indications. Les grosses semences demandent une quantité plus considérable d'eau et doivent être profondément enfouies. Les graines fines, au contraire, peuvent rester dans les couches superficielles du sol.

Chaque variété de plante semble, de plus, présenter une résistance particulière au desséchement. L'orge, le froment et le seigle, quand ils n'ont développé que leur radicule, peuvent continuer à germer lorsque les circonstances extérieures déterminent une dessiccation partielle (Wollny). Les graines de pois, de féverole, lupin, vesce, dans ces conditions sont tuées.

En règle générale, les semis superficiels sont les plus avantageux : la levée est uniforme, le développement régulier et la végétation plus vigoureuse.

Principales plantes cultivées. — *Blé*. — Les semences de blé seront enfouies d'autant moins profondément que le climat est plus humide ou que le sol est argileux. On sait,

Fig. 35. — Semoir pourvu de disques d'enterrage.

d'après des expériences culturales, que les plantes donnent d'autant moins de grains que les semences ont été plus enterrées, et qu'au delà de 10 à 16 centimètres elles pourrissent presque toujours.

Sous le climat séquanien, la profondeur d'enfouissement la plus favorable pour le blé est comprise entre 4 et 6 centimètres; on ne devra pas dépasser la profondeur de 8 centimètres en terre légère, si l'on ne veut pas diminuer les rendements ; à moins de 3 centimètres, la levée est aléatoire.

Il faut tenir compte de ce fait que, le grain étant enfoui plus profondément, la plantule gagne plus rapidement l'air, s'alimente dès ce moment dans l'atmosphère et dans le sol. Le végétal pousse aisément, se développe plus parfaitement avant l'hiver ; il tallera plus tôt et se montrera ultérieurement plus vigoureux et plus prolifique.

La profondeur du semis influe nettement sur le développement du blé, comme le montre l'expérience réalisée par Risler (fig. 36).

On devra, en résumé, enfouir le blé entre 4 et 6 centimètres de profondeur ; exceptionnellement, et pour les terres légères, on atteindra 8 centimètres.

Seigle. — Le seigle demande à être enterré peu profon-

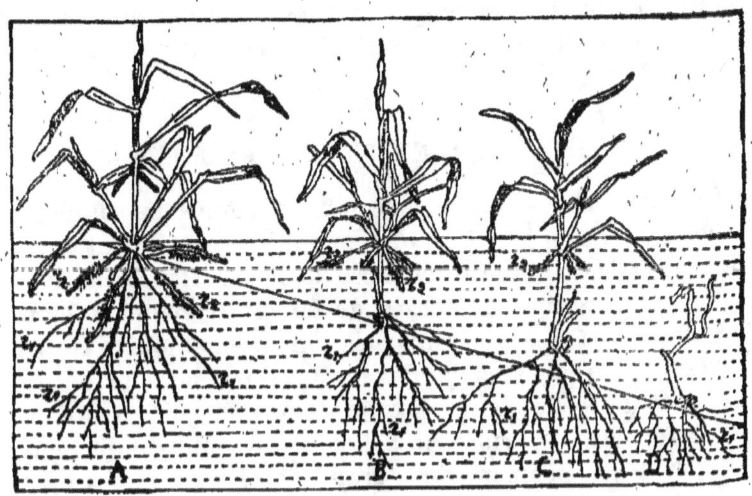

Fig. 36. — Influence de la profondeur des semis sur le développement du blé.

dément, surtout dans les terres compactes, où il est exposé à pourrir. On choisira un temps propice, et le sol sera parfaitement ameubli.

Orge. — L'orge étant une semence d'un volume relativement élevé, demande, par contre, à être enfouie à 6 ou 8 centimètres de profondeur. Semées à la volée, les graines doivent être recouvertes d'un hersage croisé.

Maïs. — Il ne faut pas semer le maïs trop profondément ; la profondeur la plus convenable est comprise entre 3 et 5 centimètres. Un semis plus profond retarde la levée et contrarie la parfaite maturité du maïs, toujours tardive.

Betterave. — La profondeur du semis, dans la culture, influe nettement, non seulement sur la régularité de la levée, mais sur la végétation entière de la betterave. Il faut éviter d'enterrer trop profondément la graine de betterave ; quelle que soit la sécheresse au printemps, on ne devra pas dépasser, en général, 2 centimètres.

Pour éviter un semis trop profond, M. Petit, de Champagne, dispose, en avant de chaque tube distributeur de semoirs mécaniques, une petite herse triangulaire qui égalise la surface du sol, remplit les trous que font les pieds des animaux traînant l'appareil et évite l'enfouissement trop profond des graines de betterave.

III. — QUANTITÉ DE SEMENCES

Généralités. — La semence qui est confiée au sol n'est pas assurée d'achever son développement ; les germes sont exposés en effet, à de nombreuses chances de destruction. Une certaine quantité de graines restées à découvert deviennent la proie des oiseaux et des rongeurs ; les semences enfouies trop profondément ou pressées par des mottes dures ne pourront développer leur tigelle. La croûte imperméable qui, dans certains cas, se forme à la surface du sol constitue enfin un obstacle sérieux au développement d'un grand nombre de jeunes plantes.

Il convient donc, de tenir compte de toutes ces conditions dans la détermination de la quantité de semence à utiliser, et d'employer une dose de graine supérieure à celle qu'indiquerait la nécessité d'un peuplement complet du terrain.

L'emploi de doses exagérées de semence est cependant nuisible ; ces procédés, outre la dépense qu'ils occasionnent, déterminent une diminution des rendements, par suite du faible développement des végétaux, résultant de leur gêne réciproque et des difficultés d'alimentation. Pour le seigle et l'orge notamment, on obtient des récoltes à paille fine supportant de petits épis à grain peu rempli (Young).

Les semis trop clairs, d'autre part, permettent l'envahissement du terrain par les mauvaises herbes et compromettent la récolte. Il faut choisir entre ces méthodes extrêmes et employer des quantités moyennes de semences en tenant compte du climat, de la fertilité du sol et de la nature de la plante considérée.

On sème d'ordinaire plus épais dans les régions méridionales, la sécheresse du climat obligeant à un enfouissement profond qui nuit à la régularité de la levée. De plus, les printemps sont plus secs, les végétaux tallent moins abondamment. Parmi les contrées à climat rude, on devra également semer plus dru, ainsi que dans les sols pauvres et secs, quelles que soient leurs conditions climatériques.

Des semailles tardives, un terrain insuffisamment préparé ou un sol mal nettoyé demandent des semis épais.

L'orientation des cultures influence également ces conditions : le seigle, le sarrasin, la navette, le maïs cultivés comme fourrage devront être semés plus dru que lorsqu'on ne récolte que le grain. Les lins pour filasse et les lins pour graines se sèment différemment.

La bonne préparation des semences permet de réduire la quantité employée ; la sélection, le sulfatage placent les graines dans les meilleures conditions d'existence. Nous verrons plus loin que les semis en ligne permettent d'économiser une proportion appréciable de semences.

Principales cultures. — *Blé.* — Pour le blé, on peut estimer que 50 p. 100 seulement des grains semés germent et donnent une plante normale ; mais le plant de blé jouit de la propriété d'émettre plusieurs tiges, de *taller*, suivant l'expression consacrée, et l'on estime que le tallage comble les vides occasionnés par la destruction des germes, par les oiseaux, les rongeurs, les insectes, la sécheresse, les mauvaises conditions de germination, etc.

Pour obtenir 300 à 400 chaumes de blé au mètre carré, proportion constatée sur les parcelles bien cultivées, il faudrait donc semer 300 à 400 grains par mètre carré, soit 3 ou 4 millions de grains de blé par hectare. Ce nombre représente une valeur différente, estimée en hectolitres, selon la variété considérée, la forme du grain, sa surface extérieure, son volume, sa facilité de tassement, etc.

Théoriquement, il faudrait évaluer le nombre de graines

Fig. 37.

La culture intensive au Canada.

Semailles en lignes avec 7 larges semoirs tirés chacun par 4 chevaux.

contenues dans 1 hectolitre de la semence envisagée pour en déduire la quantité de semence correspondant à 4 millions de grains par hectare ; ce calcul est facile à faire à l'aide de quelques déterminations.

Puis, à la récolte, on observe combien on compte, en moyenne, de chaumes par mètre carré ; si ce nombre dépasse 400, le semis a été trop dru ; il serait trop clair si ce chiffre était inférieur à 300 tiges. On augmentera ou diminuera la quantité des semences suivant ces indications.

Pratiquement, les quantités de semences employées en France sont réglées par des coutumes séculaires, des habitudes locales, dont on s'inspirera en les modifiant au besoin par l'expérience et le raisonnement. D'après les statistiques, on sème en France, en moyenne, 206 litres de blé à l'hectare. En Angleterre, les cultivateurs du Nord sèment 139 litres de blé à l'hectare ; les pays du Sud, 160 litres. En Allemagne, on épand 240 litres de blé à l'hectare ; en Suisse, les proportions varient de 142 litres (Berne) à 262 litres (Genève). Les colons algériens sèment 101 à 157 litres de froment par hectare.

Ces quantités n'indiquent que des résultats statistiques ; il faut évidemment, en restant autour des chiffres précédents, envisager chaque cas particulier et, tout en tenant compte des divers facteurs susceptibles d'influer, se référer aux pratiques agricoles, à la théorie rationnelle, en ayant soin de déterminer exactement la faculté germinative des graines utilisées.

Seigle. — Le seigle présente des grains de volume plus réduit que ceux du blé et, par suite, plus nombreux à l'hectolitre. Mais, le seigle tallant moins que le blé, on peut, pour les quantités de semences, suivre les indications données pour le froment.

On épand environ 180 litres de seigle par hectare à la volée ; avec les semoirs mécaniques, 130 litres suffisent. Ces proportions sont évidemment sous la dépendance de la fertilité du sol. Sur les sables riches des Flandres, on descend jusqu'à 120 litres, mais il faut utiliser, sur les terres très pauvres et sous les climats rudes, jusqu'à 300 litres à l'hectare.

En région méridionale, le seigle talle très peu ; aussi doit-on majorer les proportions indiquées. En règle générale, les semis de mars seront plus épais que ceux d'hiver.

La destination du seigle à l'alimentation du bétail comme fourrage vert exige des semailles drues et hâtives.

Avoine. — La quantité de semences employée dans le cas de l'avoine doit être suffisante pour assurer un peuplement de 200 pieds par mètre carré en moyenne, chaque pied donnant environ deux tiges, soit, en tout, 400 chaumes. Mais le tallage n'est assuré que pour les semis hâtifs ou effectués en sols frais, et la proportion de semences non germées sera d'autant plus élevée que la terre sera moins bien préparée ou la semence peu sélectionnée.

Il faudra donc, comme pour le blé, semer 4 millions de grains par hectare, soit 233 litres environ. Ordinairement, on épand de 250 à 300 litres d'avoine d'hiver et de 250 à 320 litres d'avoine de printemps. Grâce au semoir en lignes, ces quantités peuvent être réduites à 150 litres ou 200 litres par hectare.

En thèse générale, on augmentera la proportion des semences destinées aux sols mal ameublis ou infectés de mauvaises herbes, ainsi que pour les semis tardifs et en terres pauvres. Schwerz recommande de majorer la quantité de semences d'un quart dans le cas des défrichements de trèfles, et de moitié s'il s'agit de vieux herbages rompus. Sur ces terrains bouleversés et mal raffermis, une proportion notable de graines se trouvent en effet enfoncées à de trop grandes profondeurs ou placées dans des conditions défectueuses pour la germination.

Orge. — L'orge nécessite une quantité de semences relativement élevée : 250 à 300 litres à l'hectare pour les semis à la volée. La proportion de grains nécessaires est d'autant plus élevée que l'époque est plus tardive, le sol pauvre.

Sarrasin. — A la volée, on sème ordinairement 80 litres à l'hectare et 70 litres au semoir en lignes. Dans certaines régions de l'Allemagne, les praticiens dépassent 90 litres à l'hectare ; en Flandre, ces chiffres s'abaissent à 50 ou 75 litres. Ces semences sont recouvertes à la herse.

Maïs. — Le maïs se sème rarement à la volée ; l'éclaircissage et les binages demandent un semis en lignes, au plantoir ou au semoir. On espace ordinairement les lignes de 50 à 70 centim., suivant le sol, le climat, les variétés, et on laisse un écartement sur la ligne, entre les plants, de 35 à 50 centim. Ces modes de semis exigent une faible quantité de semences, le maïs, pour bien mûrir ses épis, devant être semé clair. La dose de 60 à 70 litres par hectare convient ordinairement.

Millet. — On sème également le millet, de préférence, en lignes espacées de 35 à 65 centim., suivant le développement des tiges. Le rayonneur aide à exécuter les semis à la main. En grande culture, on utilise le semoir mécanique, qui nécessite environ 12 à 15 litres par hectare. Lorsqu'on sème à la main et à la volée sur un sol bien ameubli et bien aplani, il faut 15 à 20 litres par hectare. La semence, enfouie légèrement à la herse, reçoit ensuite un coup de rouleau.

Betterave. — Afin d'obtenir une levée régulière et sans vides, on distribue une quantité de semences de betteraves plus forte que la quantité strictement nécessaire, c'est-à-dire environ 20 à 30 kilogr. à l'hectare. Les semis hâtifs demandent une proportion de semences élevée, à cause du déchet résultant du froid, de la fragilité des jeunes pousses, etc. En Allemagne, on sème très dru, parfois jusqu'à 40 kilogr. à l'hectare.

Chicorée à café. — En France, on sème ordinairement la chicorée à café en lignes, à la dose de 4 kilogr. à 4ᵏᵍ,5 de graine à l'hectare ; les lignes sont distantes de 20 à 25 centimètres.

Les semis à la volée (5 à 6 kilogr. par hectare) sont également employés en Belgique. On épand par deux fois en jets croisés, et un hersage léger, suivi parfois d'un roulage, enterre la semence à 2 ou 3 centim. de profondeur.

Pomme de terre. — Nous savons qu'il faut choisir les tubercules de grosseur moyenne provenant des touffes les plus vigoureuses et les mieux développées. La fragmentation des plants, si communément pratiquée, paraît être une coutume dangereuse, susceptible de diminuer les rendements en poids, en fécule à l'hectare, et exposant la pomme de terre à l'attaque de maladies cryptogamiques. Cependant certains expérimentateurs reconnaissent que quelques variétés peuvent être plantées sectionnées dans un *sol propre* et *bien préparé.*

La mise en germination avant la plantation corrige l'influence défavorable du sectionnement des tubercules (Lavallée) et permettrait d'utiliser cette dernière méthode les années où les tubercules de plant font défaut.

Lorsqu'on sectionne le tubercule, il convient de remarquer que la partie supérieure porte presque tous les bourgeons féconds. La région inférieure, du côté du point d'attache à la racine, ne présente que des yeux à germination mal assurée ou donnant des tiges grêles et peu vigoureuses. On divisera donc la pomme de terre de semence dans le sens de la longueur ; chaque fragment comprendra ainsi des bourgeons féconds.

Colza. Navette. — Les semences de colza seront avec avantage récoltées sur les pieds offrant la plus grande vigueur unie à la production la plus abondante. On éliminera les graines provenant des tiges bleu rougeâtre indiquant une tendance à la dégénérescence, ou des plants restés verts et fleurissant avec persistance en donnant des siliques partiellement avortées. Les graines sélectionnées, battues à part, fourniront des plants sains, prolifiques, et n'offrant aucun signe de dégénérescence.

La graine utilisée doit être pure, propre, grasse à l'écrasement. La quantité de semence à employer dépend du mode de semis : semis en place ou en pépinière, semis à la volée ou en lignes.

En pépinière, à la volée, on emploie 6 à 7 kilogr. de semence de colza à l'hectare et 3 à 5 kilogr. dans le cas de semis en lignes espacées de 25 centim.

On sème 6 à 8 litres de graines de navette d'hiver et 8 à 10 litres de navette de printemps à l'hectare.

Œillette. — La finesse des semences d'œillette et la faible quantité utilisée rendent les semailles difficiles. Les semis à la volée sont le plus communément employés ; on sème 4 à 5 litres, soit 2 ou 3 kilogr. de grains, à l'hectare, en les mélangeant parfois de sable, de terre sèche tamisée, qui aident à l'épandage. Les semis en lignes, qui permettent seuls l'exécution facile et économique des soins d'entretien, doivent être préférés. Un rouleau passant derrière le semoir recouvre les fines semences d'une couche de terre de 1 centim. à 1cm,5 largement suffisante. Avec les semis à la volée, on donne un léger hersage.

Lin. — La proportion de semence utilisée dépend de la variété cultivée et du but poursuivi. Avec les semis clairs, les plantes vigoureuses se ramifient abondamment et donnent une filasse grossière ; les semis trop drus fournissent des tiges étiolées à filasse peu résistante. Lorsqu'on veut obtenir la graine comme récolte principale, on ensemence seulement 50 à 60 kilogr. de lin par hectare. Ces quantités s'élèvent considérablement dans le cas du lin textile (300 litres ou 210 kilogr.), et peuvent atteindre même 350 kilogr. par hectare pour certains lins ramés. Dans le cas mixte de culture du lin pour la filasse et la graine à la fois, on sème par hectare de 70 à 130 kilogr. en Russie ; 150 à 200 kilogr. en Belgique et en France.

En règle générale, les semis très épais assurent des récoltes de *lin de fin*, et d'autant plus nettement que les semis se font hâtivement, en mars. Pour les lins de mai, on peut réduire légèrement la quantité de graine employée.

Les praticiens reconnaissent la supériorité des graines de lin tirées des Gouvernements russes voisins de la Baltique ; celles-ci semées en France donnent une graine dite *d'après tonne*, qui est encore excellente, mais qui dégénère très rapidement. En effet, cultivant le lin pour la filasse, nous n'attendons pas la complète maturité des graines pour la récolter. Parmi les marques les plus appréciées, signalons les lins *Riga marque Sellmer, Riga marque Rucker, Pskow amélioré russe de Vilmorin, Kostroma marque Chabanoff*, etc.

L'agriculteur a toujours intérêt à faire un essai de germination des graines de lin. Si les semences germent inégalement, on peut en conclure que les tiges se développeront d'une façon irrégulière ; les unes se ramifieront, d'autres resteront chétives : le lin n'aura pas de qualité. Si la germination est très régulière, on obtiendra des lins de même taille, à tiges simples fines, etc.

Dans nos régions, on sème le lin au printemps, de mars à la première quinzaine de mai. Les semailles de mars donnent des récoltes supérieures comme quantité et qualité de filasse. Le lin semé tôt a plus de chance de trouver dans le sol, pendant les premiers temps de sa végétation, l'humidité nécessaire, il

risque moins de souffrir de la sécheresse qui arrête la crois
sance, détermine la floraison et la brusque maturation.

L'exécution des semis exige des précautions particulières.
Il importe que le lin soit semé d'une façon très régulière. Dans
la petite culture, on sème le matin de très bonne heure ou
le soir à la chute du jour, lorsque le vent ne souffle pas, et on
confie le semis à un homme particulièrement habile, qui opère
à *jets croisés*, ou en *croisant les voies* (Voy. page 156). En
grande culture, on se sert d'un semoir en lignes, dont les extrémités des tubes — maintenues relevées — sont garnies de
palettes d'éparpillement.

Chanvre. — La proportion de semence dépend également,
pour le chanvre, de la qualité de la filasse qu'on veut obtenir ;
les chanvres de corderie se sèment moins drus que les chanvres
fins. On répand, en moyenne, en France, 200 à 250 litres par
hectare et même jusqu'à 300 litres pour les *filasses de filature*
d'Anjou.

La récolte d'une filasse fine et soyeuse exige un peuplement
de 200 à 250 pieds par mètre carré. Les chènevières auxquelles
on demande une filasse abondante et grossière présenteront 100 à 150 pieds à l'hectare.

Dans l'Anjou, c'est presque toujours à la main qu'on sème
le chanvre, la graine étant déposée dans le fond des rayons,
profonds de 4 à 5 centim., ouverts par une houe à 8 ou 9 centim. d'écartement. S'il s'agissait d'une culture étendue, on uti-
liserait avantageusement le semoir mécanique en espaçant les
lignes à 8 ou 15 centimètres.

Semis en sol aride. — En sol aride, le blé ne réussit pas
avec des semis superficiels, les racines ne peuvent pas prendre
un développement suffisant pour garantir la vigueur de la
végétation. On cherche donc une méthode qui permette de
provoquer, dès le début de la végétation, plusieurs étages de
racines, afin de déterminer la formation de tiges aussi nombreuses que possible ; le *tallage d'automne* assure ainsi la tension vitale de la plante.

On pratique deux opérations corrélatives : *semis superficiel*
et *enterrement progressif* à l'automne. On sème à 3 centim.
de profondeur au fond d'un sillon entre des billons écartés

à 40 centim., ouverts par une sillonneuse. Le semis superficiel assure une germination rapide, la formation de racines primaires et l'évolution immédiate de la gemmule. Le prisme de terre à côté des lignes de jeunes plantes fournira le matériel d'*enterrement* (D^r La Marca).

Fin novembre, dès que les plantes ont acquis quatre feuilles, on adosse aux lignes de blé la moitié de la terre des prismes des billons, à droite et à gauche. On recouvre ainsi le collet de la plante. Ce *premier enterrement* provoque le tallage d'automne et l'émission de nouvelles racines adventives au-dessus du collet. Un mois après, lorsque les tiges sont bien multipliées, on adosse le restant de la terre. Ce *second enterrement* s'accomplit fin décembre. Dès lors, les jeunes plantes, bien tallées, ont leurs collets enfouis de 8 à 10 centim. au-dessous de la surface du sol mis à plat. Une nouvelle émission de racines adventives se produit avec un tallage abondant.

En février et en mars, des sarclages sont opérés pour maintenir la réserve d'eau dans la couche superficielle du sol. Au printemps, le tallage achevé, l'activité végétative se borne uniquement à accroître la vigueur des tiges déjà formées.

Peu avant l'épiage, en avril, on opère un vrai buttage ou rechaussement qui met à la portée des racines la plus forte proportion de la réserve d'eau contenue dans le sol et protège des rayons solaires de l'été les dernières racines formées.

Au cours de la végétation, la vigueur des plantes, l'abondance des chaumes réguliers portant de nombreux épis permettent de prévoir une abondante récolte ; la maturité plus précoce, la longueur et la force des épis ne renfermant qu'une faible proportion d'épillets stériles, montrent la supériorité de la méthode. On peut obtenir ainsi en terre aride et térile une plus-value de 5 à 10 quintaux de blé à l'hectare.

CHAPITRE III

EXÉCUTION DES SEMAILLES

Généralités. — La semence sera distribuée soit *en pépinière,* soit *en place*. Dans le premier cas, le jeune végétal devra être transplanté ; dans le second cas, la plante poursuivra normalement son développement. Quel que soit le mode choisi, on peut effectuer ces semailles *à la volée, en lignes* ou *en poquets*. On emploie des machines pour leur exécution ou bien l'on sème à la main.

I. — SEMAILLES A LA MAIN

Ces semailles, pratiquées sur tous les terrains motteux ou aplanis, disposés en billons, en planches ou à plat, exigent un ouvrier adroit et habile.

Le procédé le plus courant est celui des semailles à la volée ; on les exécute cependant au plantoir, en poquets, sous raies et même en lignes.

En petite culture, on sème à la main, *au plantoir*, les grosses semences : fèves, pois, amandes. Parfois au plantoir est adapté un réservoir spécial d'où s'écoule la semence. Les cannes-semoirs (fig. 38) facilitent beaucoup le travail. Un homme et deux enfants peuvent ensemencer 20 à 30 ares par jour environ avec le plantoir ordinaire.

Le semis *en poquets* consiste à jeter plusieurs graines dans des trous régulièrement distants recouverts de la terre des bords, rabattue. Ces procédés, particuliers à la petite ou moyenne culture, exigent une main-d'œuvre considérable, en offrant

Fig. 38. — Canne-semoir pour culture potagère.

cependant l'avantage de réduire au minimum la quantité de semence employée. Le développement des plants est parfois contrarié par leur enchevêtrement, mais les binages sont faciles.

Pour semer *en lignes* à la main, on rayonne le terrain avec une houe ou un rayonneur à cheval ; la semence est répandue ensuite à la main dans les petits sillons tracés et recouverte ensuite au râteau ou à la herse légère. Lorsque les graines sont très fines, on les épand dans le sillon à l'aide d'une bouteille munie d'un bouchon percé d'un mince orifice.

Les semis *sous raies* sont parfois exécutés en terre gélive : un sillon est ouvert à la charrue, à la profondeur désirable ; on épand au fond du sillon la semence recouverte par la bande renversée par la charrue traçant le sillon voisin. Parfois la graine est répartie sur le sol à la volée et recouverte ensuite par la charrue ou le polysoc.

Semis à la main à la volée. — Ce mode de semis à la main est communément employé. Il s'agit d'épandre les graines le plus uniformément possible sur le sol en employant une quantité de semence déterminée.

Le semeur dispose ses graines dans un tablier spécial ou un semoir métallique, qui lui permettront d'épandre la semence alternativement avec l'une ou l'autre main.

Pour projeter la semence, on lui fait décrire une parabole sur le côté, en employant tout le développement du bras, qui décrit un arc de cercle et vient frapper de la main l'épaule opposée (Garola). Le semeur projette le grain *tous les deux pas* et lance la poignée à mesure que le pied, situé du côté de la main qui sème, s'avance pour se porter sur le sol ; cette correspondance entre le bras et la jambe est indispensable à obtenir pour la perfection du travail. Un bon semeur sait également prendre, selon les besoins, un tiers, deux tiers d'une poignée ou bien une poignée entière. Pour les petites graines, il prend des pincées plus ou moins fortes en y employant deux, trois ou quatre doigts. Ces soins et cette adresse ne se rencontrent que difficilement, et les bons semeurs deviennent rares. La main qui travaille ne lâche la semence qu'au moment où elle arrive en face de l'épaule correspondante, et la graine s'échappe suivant la tangente, abandonnée régulièrement par les doigts

successifs ; les jets doivent être égaux et les courbes parallèles (fig. 39).

Exécution du semis. — Il importe, au moment des semailles, d'observer la direction du vent ; la semence doit être
projetée *sous le vent*. Le semeur doit donc marcher dans une
direction perpendiculaire à celle du vent et épandre ainsi la

Fig. 39. — Semailles à la main à la volée.

semence dans la direction du vent. Il faut donc semer tantôt
de la main droite, tantôt de la main gauche, selon le sens des
trajets. Sans cette précaution, on épandrait la graine *sous le
vent* en allant et *contre le vent* en revenant, ce qui détermi-
nerait, au retour, une projection moins lointaine des semences
et, par suite, un semis irrégulier et défectueux.

On peut exécuter des semis *à un jet*, des semis *à trois jets*, etc.

Pour semer à un jet, l'ouvrier, marchant de A vers B, sème de la main droite et couvre tout le rectangle ABEF. Il se déplace en E, change alors de bras, sème de la main gauche et ensemence le rectangle EFHG, en marchant suivant la ligne EF ; nouveau changement de main pour couvrir le rectangle GHJI (fig. 40), et ainsi de suite, en changeant de main à l'extrémité de chaque *rayage*. La distance de deux rayages, c'est-à-dire la largeur du *train*, dépend du volume du grain pris à chaque poignée et de la longueur des pas. Le train est d'autant plus large que le pas est court et la poignée forte.

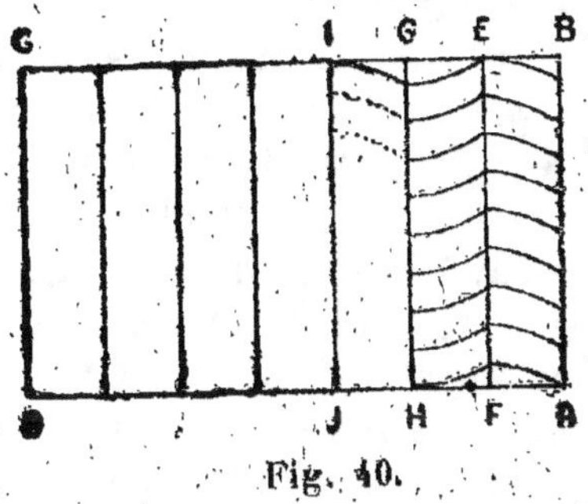

Fig. 40.

Cette méthode de semis est simple, mais imparfaite ; la projection des semences est, en réalité, irrégulière ; la main abandonne, au début de sa course, un nombre de grains plus élevé qu'au dernier stade de son mouvement. Les rayages AB, EF, sont semés plus drus que le milieu des trains ; le champ est ordinairement *barré* dans le sens du rayage. Pour augmenter la projection des grains épandus, ne pouvant aisément diminuer la longueur du pas ou accroître sans limites la poignée de semences prises, on est obligé de rétrécir la largeur du train en diminuant l'amplitude du mouvement du bras, ce qui exagère encore l'irrégularité du semis.

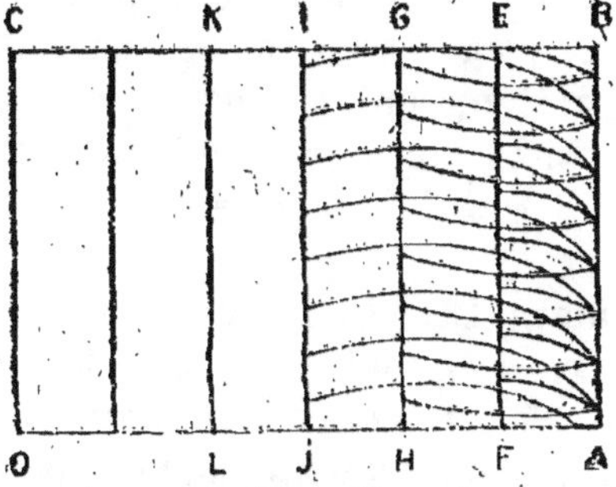

Fig. 41.

Afin d'éviter ces graves inconvénients, on sème par *semis croisés trois fois* ; chaque portion du terrain est recouverte ainsi par trois jets successifs (fig. 41).

Le semeur marchant de A vers B *engraine* le bord du champ

en jetant seulement un tiers de poignée sur le premier train. Arrivé en B, il change de main, revient *suivant le même rayage* BA, en jetant la semence de la main gauche sur les deux premiers trains et par deux tiers de poignée. En A, il reprend de nouveau *le même rayage* AB et projette la graine par poignées entières sur les trois premiers trains ABIJ. Lorsque l'ouvrier est arrivé de nouveau en B, le premier train a reçu trois tiers de poignée, le second : deux tiers, le troisième : un tiers. Changeant de main, il revient alors suivant EF, semant à poignée entière sur les trois trains EFKL; un nouveau train EFHG est ainsi semé à trois tiers de poignée, et les trains voisins ont reçu respectivement deux tiers et un tiers de poignée. Arrivé en F, le semeur repart suivant HG, revient suivant IJ, etc., en semant toujours à poignée entière sur trois trains, et en complétant ainsi les trains, qui reçoivent successivement trois tiers de poignée.

Peu à peu le champ se couvre ainsi de semences croisées par trois jets et, par suite, réparties uniformément. Il n'y a plus qu'à terminer le semis à l'autre extrémité de la parcelle, soit en diminuant, suivant les trois derniers rayages, d'un tiers de poignée chaque fois la quantité de semences épandue, soit en passant l'avant-dernier rayage et en semant suivant la lisière du champ et, par exception, contre le vent, en coulant la semence, d'abord deux tiers de poignée suivant CD, puis un tiers suivant DC. On évite ainsi d'épandre la semence sur la parcelle contiguë.

Les lisières latérales du champ, BC, AD, dénommées les *fourrières*, sont mal ensemencées, le début de la marche de l'ouvrier suivant ces rayages entraînant une certaine confusion. On *engraine* spécialement ces portions avant chaque départ sur les rayages. L'ouvrier guide sa marche rectiligne à l'aide de trois jalons et effectue ainsi un semis régulier et uniformément épandu.

Appareils divers. — Il existe des appareils permettant de semer à la volée. Ces instruments se composent d'un coffre en bois ou en métal surmonté d'une hausse de toile forte placé devant ou sur le côté.

Les graines contenues s'échappent par une vanne dans un

appareil de distribution : disque à ailettes animé d'un mouvement alternatif à l'aide d'un archet (fig. 42), ou tronc de cône à nervures mû par manivelle et engrenage.

Technique de l'épandage. — La répartition exacte d'un

Fig. 42. — Semoir à la volée à dos d'homme.

poids donné de graines par hectare s'assure en établissant une relation entre la largeur du terrain, la valeur de la poignée, la longueur du pas. Cette dernière longueur ne saurait être modifiée sans inconvénient, c'est donc entre les deux autres facteurs que se règle ce problème.

Pour les céréales semées en proportion élevée et à poignée entière, la poignée est une constante ; c'est donc la longueur du jet que l'on réglera judicieusement.

Un calcul très simple permettra de déterminer la largeur du train correspondant, par exemple, à un semis de 300 litres de blé à l'hectare. Le volume de la poignée de graine est d'environ $0^{lit},1$ et s'étendra sur une longueur égale à deux pas, — l'ouvrier jetant une poignée tous les deux pas, — soit $0^m,75 \times 2$. La largeur du train x sera donc déterminée par l'équation :

$$\text{Quantité de semence à l'hectare} = \frac{0^{lit},1}{0,75 \times 2 \times x} \times 10\,000 = 300\,\text{litres}$$

d'où

$$x = \frac{0,1 \times 10\,000}{0,75 \times 2 \times 300} = 2^m,22 ;$$

ou, sous une forme générale,

$$x = \frac{10\,000 \times m}{p \times 2 \times S},$$

m représentant la valeur de la poignée, p la longueur du pas, S la quantité de semence à l'hectare, x la largeur du train.

Le jet, dans le cas des semis à trois jets croisés, ayant l'amplitude de 3 trains, aura donc une longueur de ($2^m,22 \times 3 =$) $6^m,66$; un ouvrier d'une force normale peut d'ailleurs projeter à 8 ou 9 mètres une poignée de grains de blé.

Lorsqu'il s'agit de semences fines, comme celles des graminées et des légumineuses des prairies, leur légèreté, leur petitesse sont des obstacles à l'amplitude du jet, qui, dans le cas de la luzerne et du trèfle, par exemple, ne dépasse guère 4 mètres. Ici, c'est la largeur du train l que nous considérerons comme constante ; la valeur de la pincée seule m variera et se déterminera à l'aide de l'équation suivante :

$$\text{Quantité de semence à l'hectare} = \frac{m}{0,75 \times 2 \times l} \times 10\,000 = S,$$

d'où

$$m = \frac{0,75 \times 2 \times l \times S}{10\,000}.$$

Pour semer 30 kilogr. de trèfle à l'hectare à triple croisement avec un jet de 4 mètres, c'est-à-dire un train de ($4 : 3 =$) $1^m,33$, on devrait projeter tous les deux pas une poignée de semence d'une valeur de :

$$m = \frac{0,75 \times 2 \times 1,33 \times 30}{10\,000} = 5^{gr},98.$$

Ces simples calculs montrent la possibilité de déterminer les éléments du problème, dans tous les cas, avec la plus grande facilité.

En général, un bon semeur ensemence par jour :

2 hectares si le train a 1 mètre environ.
4   —   —   2 mètres   —
6   —   —   3   —   —

Les semailles à la main à la volée sont d'un usage immémorial et courant ; on peut leur reprocher divers inconvénients.

Il est parfois difficile de trouver un semeur habile et consciencieux. De plus, la proportion de graines placées dans des conditions défavorables à la germination étant élevée, on emploie un poids de semence beaucoup plus considérable que la quantité théoriquement nécessaire. Alors que le peuplement normal de 1 hectare de blé n'exigerait que 65 à 70 kilogr. de graines germant bien, soit 1 hectolitre environ, on a coutume cependant de semer à la volée 250 à 300 litres.

Pour parer à ces difficultés, on a été amené à créer, comme nous allons le voir, des semoirs mécaniques opérant l'ensemencement dans des conditions plus favorables.

Enfouissement de la semence. — Suivant la profondeur à laquelle la graine doit être placée, on recouvrira la semence épandue à la main à l'aide du rouleau, de la herse, du scarificateur ou de la charrue.

Pour les graines fines, il est simplement nécessaire de les rouler légèrement, à moins qu'on ne fasse usage d'une herse d'épines, de branchages ou de la herse-couleuvre. Lorsque le sol est sablonneux, on peut avoir recours au piétinement des moutons, qui enfouissent la semence et plombent le sol.

Le sol peut être d'une compacité telle que le moindre tassement de ces graines fines serait préjudiciable : les herses légères travaillant « en décrochant » suffiront à ce travail.

Les céréales sont ordinairement recouvertes par *deux dents de herse* ou par un scariflage ; sur les terres légères et sèches, on a recours à la charrue.

L'enfouissement achevé, il est souvent avantageux de rouler le terrain pour déterminer l'ascension de l'eau dans les couches superficielles du sol et mettre la graine en contact avec la terre. Cette opération est surtout recommandable pour les semailles de printemps et pour les semis de blé, cette céréale redoutant les sols creux et peu consistants. On utilisera avantageusement pour ces plombages le rouleau Croskill dans les terres moyennes ou légères. Il est indispensable de croskiller à l'automne les blés faits sur racines arrachées tardivement ou semés sur un défrichement de prairies artificielles. Les défrichements de prairies artificielles, la récolte des racines laissent toujours un sol soulevé qu'il importe de tasser avant les semailles.

Les petites graines, pour lesquelles la dessiccation est à craindre, exigent un roulage après leurs semailles, soit au rouleau de bois, soit au Croskill.

II. — SEMAILLES MÉCANIQUES

On peut faire usage, pour distribuer la semence sur le sol, d'instruments mis en mouvement par des animaux, et deux groupements d'appareils peuvent être distingués suivant la nature du travail accompli : les *semoirs à la volée* et les *semoirs en ligne*.

I. — Semoirs mécaniques à la volée.

Les *semoirs à la volée* permettent de répandre la graine avec régularité et rapidité. En principe, cet instrument se compose d'un coffre monté sur deux roues porteuses, qui reçoit

Fig. 43. — Semoir à la volée monté sur un cultivateur à dents flexibles.

70 litres à 1 hectolitre de graines. Certains dispositifs particuliers (1) facilitent l'écoulement de cette semence le long

(1) Voy. Coupan, *Machines de culture.*

d'un ou deux panneaux verticaux, munis de saillies, chevilles, clous, chargés de diviser les grains avant qu'ils arrivent au sol. Attelés d'un cheval et conduits par un seul homme, ces semoirs couvrent une largeur de 3 à 4 mètres environ et permettent d'ensemencer 8 à 10 hectares par jour (fig. 43).

Les distributeurs d'engrais à disques peuvent servir pour les semis à la volée. Dans ces appareils, utilisés également comme épandeurs d'engrais, les semences tombent sur des disques métalliques munis de palettes rayonnantes auxquelles les roues porteuses communiquent un mouvement de rotation très rapide. Les graines sont projetées par réaction centrifuge suivant une nappe de 2^m,75 à 10 mètres de large (fig. 44).

Les distributeurs à force centrifuge permettent de semer blé, avoine, orge, seigle, maïs, féverole, colza, lin, graines ou graminées et légumineuses fourragères.

Le plus petit débit est de 3 kilogrammes de trèfle par hectare avec une ouverture de vannes de 2 millimètres.

La largeur couverte varie de 2^m,75 à 10 mètres selon la nature des graines; elle dépend de la vitesse des plateaux distributeurs et de leur inclinaison. On peut compter sur les largeurs utiles suivantes : 2^m,75 avec les semis pour pâtures, — 4 mètres avec la minette en cosse, — 6 mètres avec le trèfle blanc, — 6^m,50 avec le sainfoin, — 7 mètres avec la luzerne et la minette écossée, — 7^m,50 avec l'anthyllide, les trèfles violet ou incarnat, — 8 mètres avec l'avoine, le lin, — 9 mètres avec le blé, l'orge, la lentille, — 10 mètres avec les féveroles. Plus la graine est lourde, plus la surface couverte est large.

Les semoirs mécaniques à la volée sont employés parfois à certaines époques, où l'humidité et la nature collante des terres s'opposent à l'emploi des semoirs en ligne.

Le travail s'effectue même pendant les grands vents sans difficulté, et on ne répand ainsi que la quantité de graines nécessaire ; ces procédés économisent environ un quart de la semence. Les graines sont recouvertes comme dans le cas des semis à la main à la volée.

II. — Semoirs en lignes continues.

La seconde catégorie d'instruments mécaniques de semaille est constituée par les semoirs en lignes. Ces appareils permettent de disperser la graine ou la semence suivant des *lignes équidistantes* et de l'enfouir à une *profondeur uniforme*. Ils

Fig. 44. — Semoir à force centrifuge.

diffèrent des semoirs à la volée par la présence des *appareils d'enterrage* liés au distributeur par les *tubes de descente* et qui ouvrent un petit sillon étroit pour l'enfouissement de la graine et par les *appareils de direction* qui permettent de tracer des lignes régulièrement équidistantes quelle que soit la marche des attelages (fig. 45).

On distingue les *semoirs à toutes graines* utilisés pour les céréales, les légumineuses, crucifères, betteraves, etc., et les machines destinées à des semences de grande dimension, comme les pommes de terre ou les fragments de végétaux, et appelés plus particulièrement *plantoirs*.

Avantage des semis en ligne. — L'avantage considérable de ces procédés se manifeste clairement. Cette répartition de la semence en lignes économise une proportion de graines voisine du tiers ou du quart de la totalité. Par suite de l'enfouissement uniforme, la germination s'e ectue régulièrement et la levée est partout parallèle. Les plantes, mieux éclairées, mieux aérées, résistent aux attaques des maladies cryptogamiques, à la verse, à l'échaudage et à la

Fig. 45. — Semoir en lignes.

rouille. Cette disposition particulière permet le nettoiement du sol et la destruction des mauvaises herbes par les houes, bineuses, etc. Grâce à ces méthodes perfectionnées, les semailles peuvent s'effectuer même par les vents les plus violents. On économise de plus le travail particulier de l'enfouissement, les semoirs en lignes répartissant la semence et déterminant son recouvrement.

Les jeunes plantes, moins serrées, poussent plus rapidement, et, dès les premières phases de leur développement, les végétaux semés en lignes apparaissent plus vigoureux : le tallage des céréales est plus **abondant, plus régulier.**

La verse des céréales provient surtout de l'étiolement de la partie inférieure des tiges par suite d'un mauvais éclairement ; la distribution des plantes en lignes successivement éclairées et parfaitement aérées évitera ces accidents. Les coutres des rayonneurs forment sur le sol de petits bourrelets de terre qui peuvent, dans une certaine mesure, protéger le jeune

Fig. 46. — Semoir à engrais.

végétal du froid (Hervé-Mangon) ; l'excédent des produits obtenus grâce à ces conditions plus parfaites peut aller jusqu'à 9 ou 10 p. 100.

Un des plus grands avantages des semis en lignes consiste dans l'exécution facile des binages. Les sarclages à la main dans les récoltes semées à la volée sont difficiles et coûteux ; au contraire, dans le cas des semailles en lignes, ce nettoiement du sol peut s'effectuer, à l'aide d'instruments attelés, d'une manière rapide et économique.

Il est d'ailleurs intéressant de noter que l'établissement des semis en lignes permet aux plantes adventices de se développer plus librement et nécessite d'une manière plus absolue les binages et les sarclages.

L'économie réelle de semence réalisée avec ces instruments n'implique pas l'obligation de réduire d'une façon anormale la quantité de graines employée. Il faut se défier des accidents divers pouvant survenir pendant le cours de la levée : germination défectueuse, attaque des insectes, gelées ; le tallage peut, en outre, être contrarié par diverses circonstances. Il conviendra donc de ne pas semer trop clair sur les lignes.

On pourra de plus, avec cette disposition, déposer dans le voisinage des plantes les engrais assimilables, au lieu de les répandre à la volée. Enfin, par la nécessité de préparer parfaitement le sol, de l'ameublir, de le niveler, les semoirs en lignes apparaissent comme des instruments de progrès agricole. Ces appareils n'affirment leur supériorité que sur des sols parfaitement ameublis et travaillés d'une manière homogène dans les deux sens : horizontalement et en profondeur. Il convient donc de veiller à un travail rationnel des terres ; par l'association des scarifiages, roulages, hersages, croskillage, on parvient à un ameublissement parfait du sol que vient achever, avant le passage du semoir, l'écrouteuse-émotteuse. Le fumier, pour ne pas gêner la marche de l'instrument, ne devra pas être enfoui tardivement, ni superficiellement.

On ensemence environ 4 hectares par jour avec un semoir à dix rangs. Afin d'assurer la réussite des semis en lignes, il importe d'observer, par un essai à blanc, sur une route, si le semoir épand la semence avec régularité. Lorsque la distribution des grains est défectueuse, les plantes trop serrées se nuisent, s'enchevêtrent, s'étiolent. A l'épiage, les tiges, trop faibles, se couchent sous les moindres orages. La distribution régulière des semences assure, au contraire, la levée de plantes vigoureuses et saines.

Classification des appareils. — Nous ne pouvons donner ici que les principes de ces instruments.

Les organes des semoirs en ligne sont le *mécanisme de dis-*

tribution, les *appareils d'enterrage*, de *recouvrement*, les *appareils de direction*.

Tout semoir comporte un coffre ou trémie, caisse à section trapézique en bois ou en métal. Les distributeurs extraient les graines du coffre. On distingue la *distribution par orifice* où la semence s'écoule plus ou moins librement, et la *distribution forcée* où des organes spéciaux projettent à l'extérieur une quantité déterminée de graines.

Distribution par orifice. — La distribution par orifice

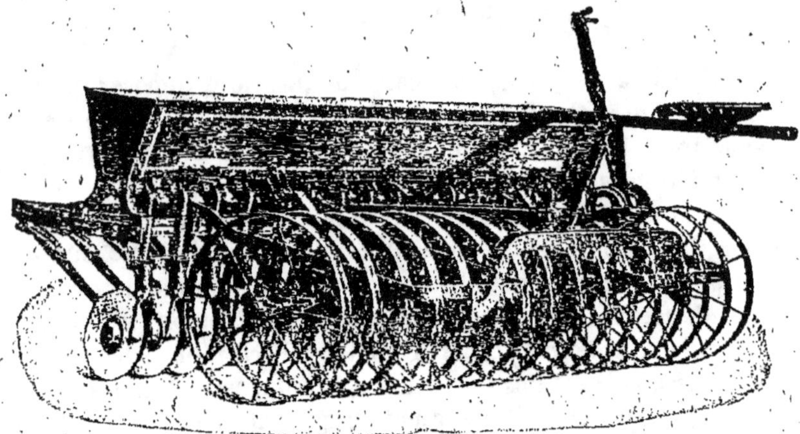

Fig. 47. — Semoir en lignes, à disques et à rouleaux compresseurs pourvu d'un siège.

nécessite, par suite du tassement des graines, un agitateur.

La dimension des orifices est modifiée au moyen d'une bande métallique percée d'ouvertures et qui dégage plus ou moins les orifices de chute. Chaque orifice peut être bouché par un obturateur.

Les agitateurs sont à mouvement circulaire continu, munis de palettes elliptiques en tôle placées au-dessus des orifices et facilitant l'écoulement des graines (fig. 47).

D'autres agitateurs sont garnis de palettes radiales, brosses, palerons et pinceaux, montés sur des disques, brosses métalliques, palettes obliques, etc.

Quelques petits semoirs portatifs à la volée sont munis 'agitateurs à mouvement alternatif.

Distribution forcée. — Un cylindre présentant de profondes cannelures se meut dans un berceau métallique fixe à la base de la trémie. Chaque cannelure se remplit de graines et le cylindre, en tournant, isole ces graines jusqu'à ce qu'elles s'échappent par une ouverture spéciale. Afin d'éviter de concasser les semences (2 à 3 p. 100 à peine), le fond du berceau métallique est réglable ou à ressort.

Pour faire varier le débit, on diminue ou augmente la capacité des cannelures en modifiant leur longueur utile.

Citons encore les *distributeurs à tiroir*, les distributeurs à *vis d'Archimède*, etc.

Distributeurs latéraux. — Dans ces systèmes, la graine tombe de la trémie principale sur un berceau où des dispositifs spéciaux agissent. Les distributeurs à *cuillères* comprennent des disques munis, sur la périphérie, de petites cuillères qui puisent une certaine quantité de graine, l'élèvent, puis la déversent dans des conduits qui la font tomber sur le sol.

Les semoirs dits *hongrois* sont munis de cuillères extensibles.

Un autre système comporte des disques *à alvéoles* qui puisent la graine, l'élèvent et la laissent retomber dans un entonnoir placé tangentiellement.

Ces dispositifs offrent un inconvénient : les secousses de l'appareil, au voisinage des roues, font tomber les graines des cuillères ou les tassent irrégulièrement dans les alvéoles, de sorte qu'aux extrémités la quantité de semence est moindre (cas des cuillères) ou trop grande (cas des alvéoles). La déclivité du sol fait également tomber trop tôt les graines. On remédie ce défaut au moyen d'appareils automatiques qui donnent au coffre une position fixe.

Réglage de la distribution. — Les distributeurs à cannelures permettent de régler facilement le débit. On modifie la capacité des cannelures en faisant varier leur longueur utile, soit en faisant coulisser un manchon qui recouvre plus ou moins les cannelures, soit en déplaçant les distributeurs eux-mêmes entre deux plaques métalliques fixes et en réduisant ainsi la cavité offerte aux semences. D'autres dispositifs plus compliqués modifient directement la capacité des cannelures.

Les distributeurs à cuillères ou à alvéoles se règlent soit en modifiant la vitesse de rotation des disques au moyen d'engrenage de rechange, soit en faisant varier la capacité des cuillères et des alvéoles. Dans les alvéoles réglables, des bouchons métalliques sont vissés au fond.

Travail des semoirs mécaniques. — Relativement au résultat obtenu, on distingue : 1° les *semoirs à la volée* à dos d'homme ou à traction animale ; 2° les *semo rs*

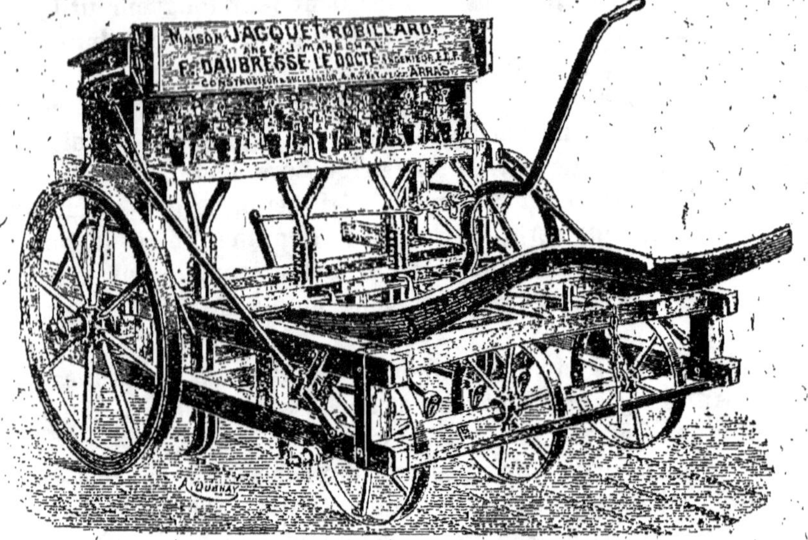

Fig. 48. — Semoir pourvu de coutres fixes.

en bandes, dans lesquels la graine, distribuée par un mécanisme, est conduite par un tube de descente jusqu'à une trémie triangulaire où les semences s'éparpillent avant d'être recouvertes par deux petits butoirs ; 3° les *semoirs en lignes continues* ; 4° les *semoirs en poquets*.

Dans les semoirs en lignes continues, les graines distribuées sont conduites par des cylindres (tubes de descente) dans l'*appareil d'enterrage* constitué par un coutre d'enterrage qui ouvre le sol. Ces coutres sont fixes (fig. 48), ou mieux, pour suivre les dénivellations du sol, ils sont indépendants et fixés sur des leviers articulés autour d'une traverse horizontale. Des ressorts, des contrepoids règlent la profondeur d'enterrage.

Fig. 49. — Disques d'enterrage.

Parfois les coutres d'enterrage sont constitués par deux disques d'acier entre lesquels passe le tube de descente ; le grain est ainsi déposé à la profondeur de pénétration des disques et il est inutile de compléter l'enfouissement (fig. 49).

Certains modèles américains utilisent les disques de pulvériseurs qui ameublissent le sol au moment où tombe la graine recouverte encore par des anneaux de traînage.

Afin de parfaire l'ensemencement et assurer la parfaite germination des graines, la

Fig. 50. — Semoir en lignes à brancards,
à roues articulées.

levée régulière des plants, on ajoute parfois au semoir des *rouleaux articulés* pour tasser le sol ou des *rouleaux compresseurs*.

III. — Semis en poquets.

Principe. — Les plantes-racines semées en lignes ou en lignes discontinues doivent être ensuite éclaircies de façon à ne laisser qu'une seule plante à des distances variables ; on a songé à faciliter ce travail en disposant les semences sur les

Fig. 51. — Semailles de betteraves.

lignes en touffes ou petits paquets équidistants, appelés *poquets*.

La quantité de graines juste nécessaire est ainsi épandue, les plantes voient leur développement favorisé par un éclairement propice et une aération maxima. Les binages peuvent s'effectuer dans diverses directions ; enfin il est possible de disposer les engrais dans le voisinage des poquets et de faciliter ainsi leur absorption immédiate.

Cette disposition offre néanmoins quelques inconvénients.

En admettant que les plantes en touffes arrivent plus aisément à soulever la croûte durcie du sol, il n'en reste pas moins à craindre que l'enchevêtrement des racines, au moment de l'éclaircissage, n'expose la plante conservée à être mutilée. Pour les betteraves, les poquets à graines réunies donnent naissance à des plants aux racines enchevêtrées qu'on blesse au démariage. Les poquets peuvent servir de refuge aux insectes, qui détruiront parfois la touffe ; il est alors plus difficile

Fig. 52. — Semoir à alvéoles pour semis en poquets.

de remédier à ces *manques* que dans le cas des semis en lignes.

Appareils. — En petite culture, ces procédés s'emploient souvent, et leur exécution au plantoir ou à la main est des plus faciles. En grande culture, les semailles en poquets sont réalisées à l'aide d'instruments disposant la semence d'une manière intermittente (fig. 52).

En général, on utilise pour cette opération les semoirs en lignes ordinaires. Les cuillères ou les alvéoles sont alors espacés sur le disque de telle manière qu'il s'écoule un certain temps avant le renversement de deux poquets de grains.

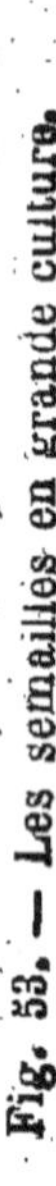

Fig. 53. — Les semailles en grande culture.

On peut, d'autre part, associer aux appareils d'enterrage des organes interceptant la descente des graines pendant un certain temps : vanne mue par une came, trappe commandée par une tringle.

Le plus souvent des dispositifs ingénieux permettent de semer en poquets avec les semoirs ordinaires. On substitue alors aux coutres d'enterrage des organes de distribution, les *distributeurs supplémentaires*. Ces distributeurs sont commandés soit par les rouleaux compresseurs, soit par les roues du semoir elles-mêmes.

En fait, la chute des graines ayant lieu graduellement, ces appareils, sauf quelques exceptions, sèment, non pas en *poquets*, mais en *lignes discontinues* de quelques centimètres de longueur séparées par des espaces vides. Cette circonstance est d'ailleurs favorable : le poquet proprement dit enchevêtre les racines, empêche de respecter au démariage le plant vigoureux pour arracher les autres. Sur les lignes discontinues ce choix est facile, les plants sont espacés régulièrement avec la même économie de semences. Plus l'organe poqueteur est élevé au-dessus du sol, plus ces lignes élémentaires seront allongées.

Il importe d'observer que ces semis, pour réussir, exigent un sol *parfaitement préparé* et nécessitent l'emploi d'une graine *absolument indemne d'impuretés*.

Chaque trou ne devant recevoir que trois à six grains, il est indispensable qu'aucun détritus : débris, fétu de paille, pierre, etc., ne vienne obstruer les orifices de distribution du semoir et causer un certain nombre de « manques » sur une grande longueur.

Ces conditions assurées au préalable et l'instrument employé étant d'une marche parfaite et régulière, les semis en poquets peuvent présenter certains avantages, particulièrement une économie sensible de semences et parfois un plus fort rendement de sucre à l'hectare.

La récolte totale en poids de racines semble peu favorisée par les semis en poquets, mais la richesse saccharine est plus élevée ainsi que le quotient de pureté. La moyenne de produit en sucre à l'hectare peut être supérieure, dans les parcelles semées en poquets, de 200 à 220 kilogr. par hectare (Pluchet).

Il en résulterait, d'après des expériences, un peu discordantes d'ailleurs, une plus-value assez intéressante à l'hectare.
Reconnaissons cependant que ces procédés se sont peu diffusés en grande culture, sans doute à cause de leur difficulté
d'exécution et de la minutie qu'ils exigent. d'un personnel
assez peu disposé actuellement, à ce zèle et à cette vigilance.

Le nombre de graines déposées dans chaque poquet varie
selon le débit du semoir. L'écartement de ces graines dépend
de la largeur de la raie ouverte par les organes d'enterrage et
de la place du distributeur supplémentaire ; plus cet organe
est placé bas, plus le poquet est condensé, les graines n'ayant
pas le temps de s'éparpiller.

IV. — Semoirs mixtes ou combinés.

Principe. — Il y a quelques années, on avait eu l'idée
de distribuer à l'aide du semoir, en même temps que la graine,

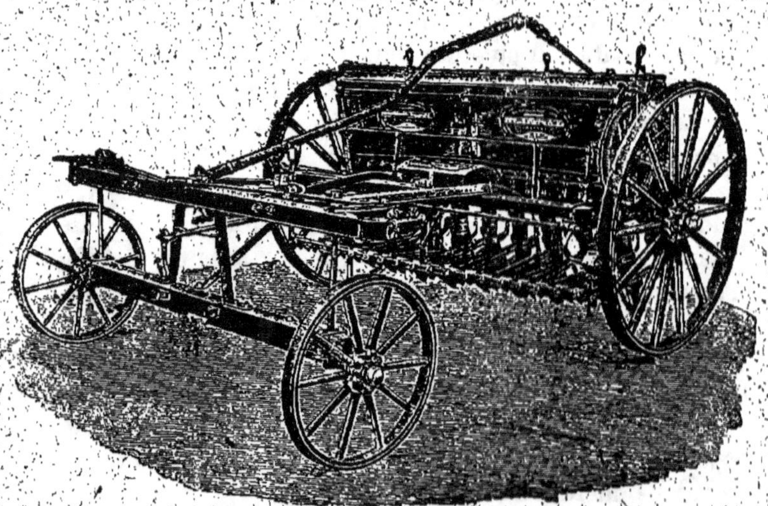

Fig. 54. — Semoir combiné ou mixte enterrant ensemble l'engrais
et les graines.

des engrais destinés à subvenir aux premiers besoins du jeune
végétal. Derôme avait construit un *semoir à double effet,*
comprenant un tube placé à l'avant du semoir et distribuant

l'engrais à la surface du sol ; de petits versoirs de charrue formaient un léger ados sous lequel était enfoui l'engrais ; un rouleau concave, muni d'une nervure, imprimait sur le sol un rayon à fond ferme qui recevait la semence épandue par les rayonneurs du semoir ; enfin un traîneau recouvrait la graine d'une quantité suffisante et uniforme de terre meuble. Actuellement, dans le nord de la France, ces procédés légèrement modifiés semblent en faveur, et l'on utilise parfois un semoir à double effet semant la graine et enterrant, *dans l'intervalle des lignes*, les engrais.

Dans d'autres systèmes, les engrais et la semence contenus dans deux coffres accolés sont épandus par le même tube de descente et le même coutre d'enterrage (fig. 54).

Résultats pratiques. — Les grandes cultures du Vermandois employèrent les semoirs combinés pour la culture de la betterave.

La construction était conçue alors suivant un type unique : deux trémies, l'une pour l'engrais, l'autre pour la graine ; deux rangées de socs avec affectation spéciale.

Les engrais employés étaient pulvérulents : phosphates, tourteaux en poudre. Le nitrate de soude par les temps humides se distribuait irrégulièrement. On mélangea alors au nitrate des matières maintenant la division : scories, son, cendrées, sciures très fines. La répartition était satisfaisante. La conduite de ces semoirs combinés exigeait une grande attention et il en résultait quelque lenteur dans le travail. Ils ne pouvaient être des instruments à grande action, et cet inconvénient fut pour beaucoup dans leur défaveur, bien que leur traction avec deux chevaux seulement fût aisée.

L'engrais était distribué par la première rangée de socs, qui le logeaient sous la graine avec un centimètre de terre empêchant tout contact entre la matière fertilisante et la semence. Cette condition était indispensable, certains engrais contrariant la germination.

Les résultats parurent satisfaisants. La plante débutait avec une grande vigueur qu'elle conservait pendant les deux premiers mois de sa croissance.

Cette végétation précipitée fut même, avec la lenteur des

opérations, la cause principale qui fit délaisser le semoir combiné. La betterave prenait un développement si rapide que le planteur ne pouvait plus, à moins de disposer d'une main-d'œuvre exceptionnelle, arriver à faire à temps l'espacement du plant. La ligne de betteraves se présentait alors comme une haie et les plantes, trop serrées, affaiblies, passaient par une crise qui compromettait leur avenir. Un semis moins serré, voire avec interstices vides, aurait pallié à cet inconvénient. Mais le planteur, qui vend son produit à la densité, même à la richesse saccharine, se décide difficilement à risquer ces semis clairs, toujours contraires à la bonne qualité industrielle.

A l'exemple des Hongrois, Russes et Allemands, on est revenu cependant, au moins pour la mise en terre de la betterave, sucrière ou fourragère, à cette opération qui donne à la plante, dès sa naissance, une vitalité exceptionnelle, prélude d'une récolte abondante si l'isolement du plant peut se faire à temps (E. Robert).

V. — Semoirs spéciaux.

Pour compléter cette étude, signalons enfin les *semoirs-brouettes*, à vis d'Archimède ou à barillet (fig. 55), travaillant sur un seul rang, soit en lignes, soit en poquets, et actionnés à bras par un seul homme.

Les *semoirs à bras* sont des réductions de semoirs en lignes ; il existe des types de un à cinq rangs. Un homme tire à l'avant l'instrument qu'un aide dirige à l'arrière au moyen de mancherons.

On connaît encore les *caisses à petites graines* adaptées au semoir en lignes pour semer à

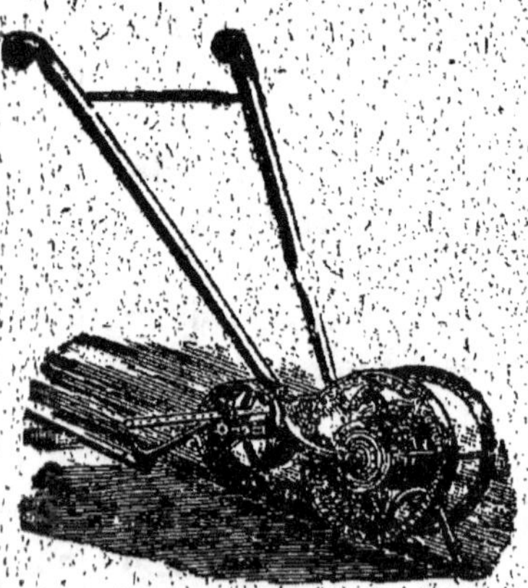

Fig. 55. — Semoir-brouette à barillet.

la fois la céréale et la légumineuse qui continuera l'assolement.

VI. — Conclusions pratiques.

Résumons ici les appréciations qu'on professe actuellement au sujet des divers semoirs.

1° SEMOIRS A GRAINS EN LIGNES.

A. — *Semoirs en lignes à cuillères ou à alvéoles.*

Ces semoirs ne concassent jamais le grain. Par contre, ils sont d'un réglage de débit un peu plus difficile et un peu

Fig. 56. — Distributeur d'engrais pouvant être utilisé comme semoir à la volée.

plus long que les modèles à cannelures. Les secousses dues aux irrégularités du sol, la pente du terrain nuisent à la régularité de la distribution.

B. — *Semoirs en lignes à cannelures.*

Le débit de tous ces instruments se règle instantanément par la manœuvre d'un levier ou d'un volant. Etant à distribution forcée, il se produit parfois un peu de concassage dont la proportion ne dépasse pas 2 à 3 p. 100 dans les bons modèles. La régularité du semis est assurée quelle que soit la nature du terrain.

2° Semoirs a graines a la volée.

Ce genre d'instrument convient pour semer en terrains humides, à l'époque des pluies continuelles. La distribution est régulière, mais on ne profite pas évidemment des avantages des semis en lignes.

3° Instruments pouvant jouer le rôle de semoir pour toutes graines et de distributeur d'engrais.

A. — *Appareils centrifuges.*

Les distributeurs à disques sont très en faveur en Angleterre ; ils permettent de semer la graine ou l'engrais sur une largeur de $2^m,75$ à 10 mètres. Ils font beaucoup de travail. Certains modèles sont étudiés pour répandre le sulfate de fer déshydraté pour la destruction des sanves.

B. — *Appareils à hérisson semant à la volée.*

Les distributeurs d'engrais à hérisson peuvent être utilisés comme semoirs à grains à la volée (fig. 56). Certains appareils ont été construits pour semer en dehors de l'engrais toutes les graines, même les plus fines, ce qui est parfois difficile avec les modèles ordinaires.

VII. — Écartement des lignes.

Généralités. — La nature du végétal cultivé, les conditions de son développement règlent l'écartement qu'on doit fixer aux semis en lignes. L'état du sol, sa fertilité, l'époque des semailles, les conditions climatologiques exercent également une influence considérable sur ces déterminations.

Certains végétaux possèdent la propriété de taller, c'est-à-dire d'émettre des jeunes tiges partant du collet primitif en émettant des racines adventices. Le tallage se manifestera avec d'autant plus de netteté que le terrain est riche, bien ameubli, la saison humide, la température chaude et les plants espacés. Les céréales d'automne en particulier tallent plus que les céréales de printemps.

Les chiffres suivants résument, pour les principales plantes de grande culture, quelques données relatives aux espaces occupés.

Plante.	Surface nécessaire au complet développement (centim. carrés).	Nombre de plants nécessaires théoriquement par hectare (1).
Blé	68	1 470 588
Seigle	55	1 818 181
Orge	48	2 083 333
Avoine	60	1 666 660
Millet	68	1 470 588
Maïs (en lignes)	2 000	50 000
Sarrasin	68	1 470 188
Trèfle	27	3 703 703
Luzerne	48	2 083 336
Sainfoin	27	3 703 723
Choux	2 000	50 000
Lin	6	16 666 666
Chanvre	82	1 249 512
Colza	110	909 909

Selon les procédés de binage employés, l'écartement pourra varier. Lorsque la terre est fertile ou que la céréale talle fortement, les lignes sont plus distantes.

Principales cultures. — *Blé.* — Pour les céréales, on conseille les écartements de 18 à 20 centimètres, qui réalisent toutes les conditions désirables d'économie de semence et de sarclages faciles. En terres sèches, on peut rapprocher à 14 ou 15 centimètres; les binages à la houe à cheval sont

(1) En comptant en moyenne 3 talles par pied, on parvient au chiffre cité plus haut de 4 000 000 d'épis de blé à l'hectare.

alors impossibles. Lorsque le sol **est** excessivement fertile et s'enherbe facilement, l'écartement peut atteindre exceptionnellement 25 à 30 centimètres, comme dans certaines cultures du Grésivaudan.

Une distance trop considérable des lignes ne permet pas de garnir suffisamment le champ et diminue les rendements. Les résultats suivants ont été obtenus par MM. Berthaut et Bretignières à l'École de Grignon.

Mélange de blé Goldendrop, blé Japhet et blé de Saint-Laud.

Rendements à l'hectare.

Semis à la volée.	Lignes à 14 cent.	Lignes à 18 cent.	Lignes à 20 cent.
35 quintaux.	39 quintaux.	44 quintaux.	40 quintaux.

Certaines variétés de blé, le Dattel notamment, ont un tallage abondant ; on pourra donc espacer davantage les lignes et réduire la semence en proportion.

Prairies. — Les prairies sont de véritables « forêts herbacées », et les semis drus doivent simplement permettre à chaque plante d'occuper sa place et de lutter contre le développement des mauvaises herbes.

La durée des prairies artificielles étant bornée, on évitera les semis serrés, qui ne permettraient pas aux légumineuses de parfaire rapidement leur croissance.

Betteraves. — Les plantes-racines, les tubercules, se sèment à des écartements variables d'après leurs exigences et les caractères spéciaux de leur culture. Il faut noter en général l'avantage des semis en lignes rapprochées : les racines obtenues, nourries moins intensément, sont plus petites, le rendement en poids à l'hectare fléchit, mais ces racines sont moins aqueuses, plus nutritives, et le rendement en matière sèche, en sucre ou fécule à l'hectare se montre toujours supérieur.

Nous devons considérer l'espacement des lignes et celui des pieds sur la ligne. L'idéal serait d'obtenir le même espacement entre les plants que sur les lignes, mais, malgré les dispositifs employés, les semoirs mécaniques ne permettent pas de résoudre pratiquement ce problème.

Pour les plantes-racines, il faut remarquer qu'en resserrant les lignes au delà des intervalles indiqués par l'épanouissement maximum des racines, on gênera leur développement et on obtiendra des racines de plus faibles dimensions. Il convient donc de se régler sur cette remarque pour réaliser le but poursuivi : obtention de racines fourragères volumineuses ou de racines de poids moyen, riches en sucre, selon les cas.

Il est difficile de fixer les limites de cet espacement, qui se trouve sous la dépendance étroite de la fertilité du sol, des engrais et surtout de l'humidité du sol. On se rend compte de l'importance de ce dernier point en observant les coutumes locales des divers pays betteraviers. Sur les sols secs, à sous-sols perméables, relativement peu profonds, de la plaine de Laon, avoisinant la Champagne, on compte six à huit betteraves au mètre carré. Dans les Wateringues, entre Calais et Dunkerque, dont la fraîcheur est entretenue par les fossés pleins d'eau, on trouve douze à quinze betteraves au mètre carré. Certaines cultures du Nord en sols fertiles abondamment fumés et drainés à cause de l'humidité excessive supportent quatorze à seize betteraves au mètre carré.

Ce même rapport entre la densité des semis et la fraîcheur du sol s'observe également en Saxe, bien que, d'une manière générale, les semis de betteraves soient, en Allemagne, plus serrés qu'en France.

Il existe, en résumé, pour chaque terrain, une limite au delà de laquelle le rapprochement des lignes devient désavantageux, l'accroissement de la richesse saccharine individuelle ne pouvant plus compenser la diminution du rendement en poids. Certaines variétés de betteraves, d'ailleurs, supportent un rapprochement plus étroit que des variétés voisines.

L'expérience agricole donnera donc au cultivateur les meilleurs renseignements à ce point de vue. D'une manière générale, sur les sols à betteraves, on réalise un espacement de 40 centimètres entre les lignes et de 25 centimètres sur les lignes, ce qui donne dix betteraves environ au mètre carré. Si, tout en respectant l'écartement de 40 centimètres, on éloigne un peu plus les plants, on obtiendra de six à huit betteraves au mètre carré, conditions assurant, dans certains cas, la meil-

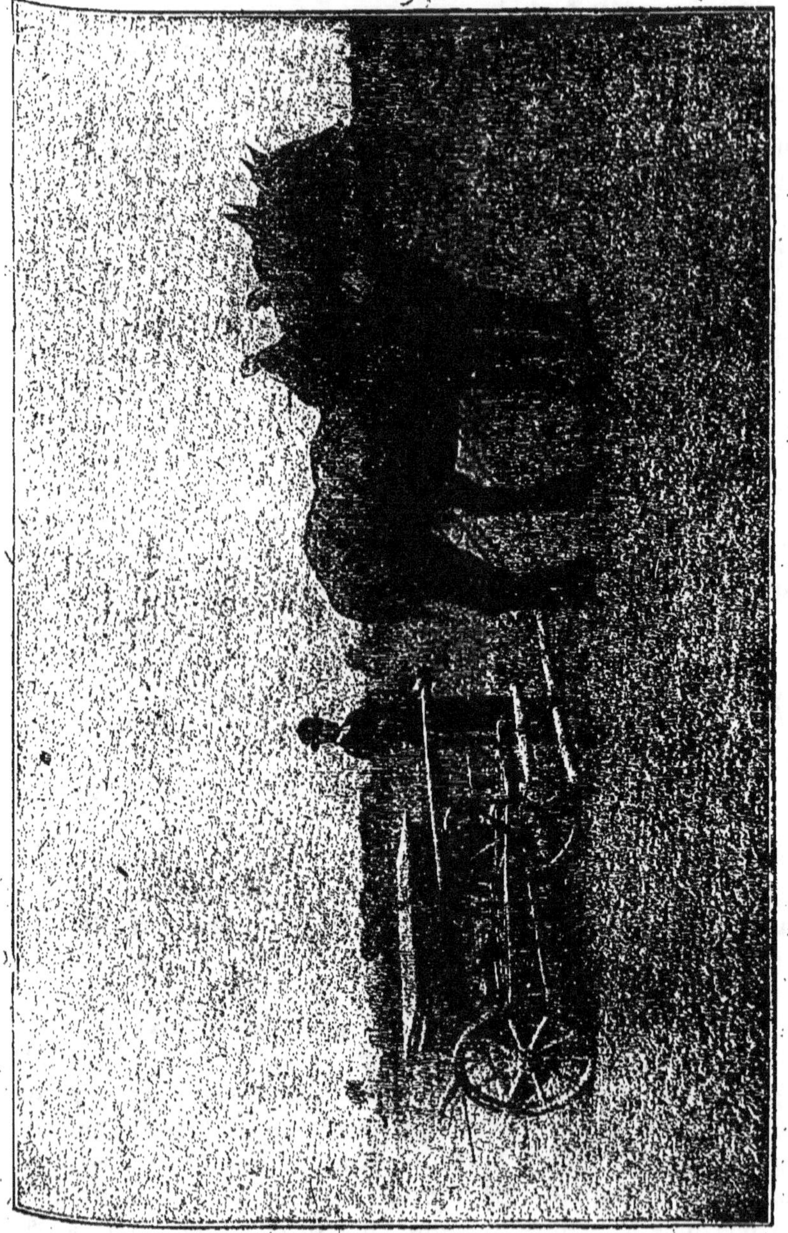

Fig 57. — Les semailles en lignes.

leure richesse et le plus fort rendement. Notons enfin que les betteraves rapprochées mûrissent plus facilement et plus rapidement ; l'arrachage peut avoir lieu hâtivement, ce qui est d'une importance capitale pour la fabrication du sucre et l'ensemencement des céréales d'automne, qui succèdent aux racines.

Le seul inconvénient des espacements réduits est la difficulté d'effectuer les diverses façons aratoires : binage, sarclage, démariage, sans briser ou abîmer un certain nombre de plants.

Lignes inégalement distantes. — Vers 1880, M. Derôme, de Bavay (Nord), proposa un mode particulier de semis *en lignes inégalement distantes.* On dispose les rayonneurs en les rapprochant de deux en deux ; on crée ainsi des intervalles inégaux. Par exemple, au lieu de laisser aux rayonneurs du semoir l'écartement normal (40 centim.), nous rapprocherons deux rayonneurs à 30 centim. ; les lignes seront ainsi constituées : chaque groupe de deux lignes distantes de 30 centim. sera séparé par un espacement de 50 centim. Ainsi peut-on obtenir tous les avantages des rayons à écartement de 50 centim. tout en augmentant le nombre des plants au mètre carré. Les opérations culturales sont facilitées et, à l'arrachage, en attaquant le sol sur une largeur de 40 centim. seulement, deux lignes de betteraves sont soulevées.

Colza Œillette. — Les plantations serrées donnent pour le colza les résultats les plus avantageux; on espacera les lignes de 40 à 50 centim., les plants étant distants entre eux de 20 à 30 centim. Dans quelques localités des Flandres, on ne craint pas de resserrer encore l'espacement et d'atteindre 120 à 130 000 pieds à l'hectare.

Pour l'œillette, on conseillait autrefois un écartement voisin de 30 à 40 centim. ; la plante se ramifie alors à l'excès, les têtes n'arrivent pas toutes en même temps à maturité, la récolte est difficile à effectuer et donne des produits peu homogènes. D'autre part, lorsque l'écartement est trop faible, on obtient des pieds à têtes petites renfermant une faible quantité de grains plus fins et moins huileux.

L'espacement de 20 centim. entre les pieds semés en lignes

Fig. 58. — Semailles en lignes des betteraves.
L'écroûteuse-émotteuse, passant avant le semoir en lignes, ameublit parfaitement la terre.

distantes de 30 à 40 centim. assure les meilleurs résultats. On obtient, par plant, cinq à six capsules de même pousse et de maturité simultanée.

VIII. — Réglage et essai des semoirs.

Chaque appareil comporte un tableau explicatif indiquant les engrenages à choisir, les ouvertures à régler pour distribuer régulièrement telle quantité de semences de telle nature. Mais il est prudent de régler soi-même son semoir.

Tout d'abord l'agriculteur s'assurera par l'*essai aux petits sacs* — en attachant, au-dessous des coutres soulevés ou des distributeurs, des sacs de papier ou de toile, — que les différentsdistributeurs débitent tous la même quantité de graines. Il fait ensuite fonctionner l'appareil sur un champ et pèse le contenu des différents sacs ; les écarts individuels ne doivent pas s'écarter de la moyenne de plus de 5 p. 100, en plus ou en moins.

On vérifie ensuite l'uniformité de répartition à l'aide de panneaux de bois, cartons quadrillés par décimètres et enduits d'une couche de colle qui fixe les grains épandus. On examinera attentivement la répartition des graines ainsi collées.

Pour régler le débit du semoir, on récolte dans une bâche accrochée en dessous des coutres ou des distributeurs les graines épandues sur une distance de 100 mètres. Supposons que l'on veuille semer 250 kilogr. de blé par hectare (10 000 mètres carrés) avec un semoir de 2m,10 de largeur. La surface couverte par les 100 mètres de déplacement est de (2,10 × 100 =) 210 mètres carrés ; elle devra recevoir un poids de graines égal à $\dfrac{250 \times 210}{10\,000}$ soit 5kg,25.

On modifiera donc les engrenages et les appareils de réglage jusqu'à ce que le poids recueilli dans la bâche soit exactement de 5kg,25.

III. — ASSOCIATION DES SEMIS

Généralités. — Bien que le semis d'une seule variété dans un champ soit la règle générale, il est des cas où l'association des semis peut présenter quelque intérêt.

On peut mélanger ainsi deux céréales différentes, blé et seigle, avoine et orge, et constituer, sous le nom de *méteil*, des cultures convenant à des sols particuliers ou à des conditions spéciales.

Parfois on associe dans la production des fourrages verts une céréale et une légumineuse : blé et vesce d'hiver, avoine et vesce de printemps (*hivernage*, *dravière*, etc.), ou des légumineuses et des graminées fourragères.

Mélanges de blés. — Les cultures de méteil disparaissent à mesure que les méthodes agricoles se perfectionnent ; mais il est une pratique très recommandable qui consiste dans le mélange de deux ou plusieurs variétés de blé.

L'excellence de cette méthode peut s'expliquer ainsi : ces variétés de blé n'ont pas des exigences absolument semblables, ni des conditions de végétation tout à fait analogues ; elles se développeront donc côte à côte sans se nuire mutuellement. La floraison n'a pas lieu à la même époque, et la *coulure*, c'est-à-dire la mauvaise fécondation des ovaires, ne peut se produire simultanément sur toutes les variétés. Sous l'influence des pluies continues, le pollen parfois ne parvient pas à féconder l'ovaire, et le grain ne se forme pas ; mais les variétés plus tardives seront normalement fécondées. Il y a cependant dans les époques de maturation assez peu de différence pour que la récolte puisse s'effectuer en une fois. Enfin des blés versant facilement peuvent être cultivés avec des blés à paille forte et très résistante qui les soutiendront. On obtiendra en général du grain de plus belle apparence, surtout si l'on mélange un blé à grain jaune ou blanc à un blé à grain rouge, ou une variété à grain tendre avec une autre à grain corné ou glacé. Ces mélanges, appelés *blés panachés*, se vendent bien en général sur les marchés.

Dans la Haute-Saône, on sème ensemble des blés de pays rustiques et vigoureux, mélangés à des variétés importées : blé d'Altkirch, blé de Noé, blé Hunter, blé Hallett.

Près de Lunéville, M. P. Genay emploie un mélange de blé de Lorraine (150 litres), blé de Hallett rouge (15 litres), blé Hunter (35 litres), blé rouge d'Écosse (10 litres). Nicolas, à Arcy-en-Brie, obtenait des rendements de 29 à 36 hectolitres à l'hectare en semant un mélange de blé rouge de Bordeaux (40 p. 100), blé de Noé (40 p. 100), Dattel (20 p. 100) ; cette association donnait une pièce de céréales dont les épis étaient étagés, ce qui facilitait la maturité. Le choix des variétés à mélanger s'inspire évidemment des circonstances locales ou des conditions météorologiques ; 'le blé de Noé, sujet à la rouille, devra être remplacé, lorsque cette maladie est à craindre, par le Chiddam d'automne à épi rouge.

Dans la Somme, on associe le Victoria d'automne au blé à épi carré. Le mélange : Goldendrop, — Chiddam d'automne, — Victoria est également très apprécié.

Il semble que, mélangées, certaines variétés tardives ou semi-tardives arrivent à maturité à peu près en même temps que les plus précoces. Ayant semé deux parcelles égales et contiguës, l'une en variétés isolées (Hâtif inversable, Rouge barbu prolifique, Perle du Nuisement, Pétanielle noire) et l'autre avec des variétés mélangées (les précédentes, plus les blés Rieti, Bon Fermier, Trésor, Barbu à gros grains), on a constaté que les maturités dans la première parcelle étaient échelonnées suivant les variétés. Le Nuisement mûrissait cinq jours après le Hâtif et le Rouge barbu, la Pétanielle noire douze jours après ; au contraire, il a été possible de couper la seconde parcelle à une date moyenne (15 juillet) sans qu'aucune des variétés n'ait eu à en souffrir, les tardives étant nettement plus avancées. Il est donc possible de mélanger des variétés de maturité très différente (Jaguenaud).

En Maine-et-Loire, on mélange par parties égales le Bon Fermier, le rouge de Bordeaux ou le Japhet ; ou bien on associe par moitié le Blé des Alliés ou le Blé de la Paix.

On peut recommander, en Seine-et-Marne, l'association : blé rouge de Bordeaux, 40 p. 100 ; Vilmorin 23 : 40 p. 100 ; blé de la Paix, 20 p. 100.

En Haute-Saône, on recommande le mélange blé Hunter et blé Bleu de Noé, etc...

Dans le Sud-Ouest, sur les sols d'alluvions profonds et riches, on emploie avec avantage l'association :

I. **Bon Fermier**. — Perle d'Or. — Perle du Nuisement. — Pétanielle noire (1/4 de chaque variété).
II. **Trésor**. — Perle d'Or. — Japhet. — Perle du Nuisement. — Pétanielle noire (1/5 de chaque variété).

Sur les terres moins fertiles ou moins bien préparées il sera bon d'adopter un mélange de variétés plus rustiques :

I. Perle du Nuisement. — Rouge barbu prolifique. — Pétanielle noire. — Rieti. — Japhet (1/5 de chaque variété).
II. Rouge barbu prolifique. — Bordier. — Pétanielle blanche. — Bluette de Besplas. — Rieti (1/5 de chaque variété).
III. Bordeaux. — Rouge barbu prolifique. — Rieti.

On cultive toujours séparément et pures les variétés qui doivent être mélangées ; la réunion a lieu seulement au moment du semis, car l'emploi, comme semence, d'un blé mélangé détermine presque toujours la prédominance de l'une des espèces sur l'autre. Une excellente pratique consiste à mélanger les blés de pays, résistants et rustiques, aux blés améliorés, plus délicats et moins bien adaptés au milieu. Les hivers les plus rigoureux laissent toujours assez de plantes pour donner une récolte moyenne dans les terres bien fumées ; le tallage remplit en partie les vides occasionnés par les gelées.

Prairies. — Les semis associés sont normalement employés dans le cas de création de prairies artificielles ou d'herbages. Les légumineuses fourragères sont ordinairement semées dans une plante-abri à développement plus rapide : céréales, lin, féveroles, etc. Les cultures choisies comme plante-abri doivent être résistantes à la verse, croître activement et ombrager modérément le sol. Cette pratique permet de faire bénéficier deux cultures d'une seule préparation de la terre et donne une récolte fourragère l'année même de l'établissement.

Il faut cependant reconnaître que la plante-abri entrave le développement de la légumineuse en prenant pour elle l'humidité du sol et la majeure partie des ressources nutritives. Chaque fois que la propreté du terrain et ses conditions naturelles le permettent, il sera préférable de semer les prairies artificielles ou naturelles en sol nu. Lorsqu'il s'agit de l'établissement de prairies et d'herbages et que l'on adopte les semis associés, il faut semer clair la céréale-abri et veiller à une juste répartition des semences de graminées et de légumineuses fourragères, répartition souvent difficile à cause de la légèreté et de la faible dimension de ces dernières graines.

Enfin, comme nous allons le voir, les semis pour prairies, herbages ou pâtures sont des mélanges constitués avec la plus scrupuleuse attention.

Par exemple, dans la Crau, on obtient de bons résultats avec le mélange :

1er lot : 70 kilogr. *fromental des Alpes*; 11 kilogr. *houlque laineuse*; 12 kilogr. *ray-grass anglais*; 8 kilogr. *brome des prés*; 8 kilogr. *dactyle pelotonné*; 6 kilogr. *flouve odorante*; 4 kilogr. *crételle des prés*; 2 kilogr. *canche flexueuse* (G. Robert).

2e lot : 4 kilogr. *fétuque ovine*; 4 kilogr. *fétuque traçante*; 4 kilogr. *fétuque élevée*; 3 kilogr. *paturin des prés*; 3 kilogr. *paturin des bois*.

3e lot : 2 kilogr. *agrostis*.

4e lot : 4 kilogr. *trèfle blanc*; 2 kilogr. *trèfle violet*; 0kg,5 *trèfle hybride*. On ensemence chaque lot d'après son numéro d'ordre, et on recouvre les semences, suivant la grosseur des graines, avec la herse, le rouleau ou un fagot d'épines.

CHAPITRE IV

ENSEMENCEMENT DES PRAIRIES

I. — PRAIRIES NATURELLES

Choix des semences. — Des trois modes d'ensemencement des prairies : engazonnement naturel, épandage de balayures de greniers, semis de graines judicieusement choisies, le dernier seul est rationnel. Il importe de déterminer avec soin les espèces favorables au sol, au climat, et, la proportion des mélanges établie, on ensemencera le terrain convenablement préparé et fumé (1).

Les balayures de greniers contiennent peu de semences de bonnes espèces tardives et presque exclusivement des graines précoces et des graines de plantes nuisibles ; on s'expose ainsi à constituer des prés mal équilibrés ou constitués au hasard. Le praticien adroit compose toujours ses mélanges de semences en donnant un léger avantage aux légumineuses qui donnent un fourrage nutritif, hâtif, abondant, et enrichissent, de plus, le sol aux dépens de l'azote atmosphérique.

Mélanges. — La proportion des diverses graines dépendra du climat, du sol, du but poursuivi, etc. Nous donnons ici quelques exemples typiques :

Sol d'alluvion riche en calcaire.

Paturin des prés	10 kilogrammes.
Fléole	10 —
Ray-grass anglais	10 —
Fétuque des prés	10 —
Trèfle blanc	10 —

(1) Voy. DIFFLOTH, *Agriculture générale, Le sol et les labours.* — GAROLA, *Plantes fourragères* (ENCYCLOPÉDIE AGRICOLE).

Prairie à faucher en sol de richesse moyenne.

Paturin commun	10	kilogrammes.
Ray-grass anglais	10	—
Fromental	10	—
Dactyle	10	—
Trèfle blanc	2	—
— commun	4	—
— hybride	2	—
Luzerne	2	—
Sainfoin	10	—
Minette	2	—

Prairie à faucher sur sol frais et fertile.

Ray-grass anglais	10	kilogrammes.
Paturin commun	10	—
Fléole	5	—
Fromental	5	—
Dactyle	5	—
Fétuque	5	—
Trèfle blanc	2	—
— commun	4	—
— hybride	3	—
Minette	2	—

Sol calcaire de richesse moyenne.

Fromental	10	kilogrammes.
Avoine jaunâtre	10	—
Ray-grass anglais	10	—
Dactyle	5	—
Sainfoin	30	—
Trèfle blanc	2	—
— commun	4	—
Anthyllide	4	—
Minette	4	—

Sol sablonneux léger.

Ray-grass anglais	10	kilogrammes.
Fétuque ovine	5	—
Houlque laineuse	2	—
Dactyle	6	—
Trèfle blanc	3	—
— hybride	1	—

Sol calcaire sec.

Fromental......................... 15 kilogrammes.
Brome des prés.................... 10 —
Fétuque ovine..................... 5 —
Trèfle blanc...................... 3 —
Sainfoin.......................... 20 —
Anthyllide........................ 2 —
Minette........................... 2 —
Pimprenelle....................... 2 —

Les semences de graines fourragères, légumineuses ou graminées, sont souvent de dimensions réduites, ou d'une très faible densité ; pour épandre uniformément ces semences, on les divise en trois lots.

Fig. 59. — Fétuque durette.

Fig. 60. — Fétuque hétérophylle.

Le premier lot comprendra les graminées d'assez gros volume, qu'il faut enfoncer assez profondément [*ray-grass, fromental, brome, fétuque* (fig. 59 et 60)].

Le second lot réunira les petites semences, qui doivent à peine être recouvertes de terre [*avoine jaunâtre, dactyle, oulpin, paturins* (fig. 61), etc.].

Le dernier lot associera la *fléole* aux graines de *légumineuses* (fig. 62). Le sainfoin doit toujours être semé seul.

A poids égal, les semences d'un même lot présentent des différences de volume, de constitution, de forme, etc. ; il importe, dans l'épandage de chaque groupe, de mélanger intimement les diverses graines. Le premier lot est recouvert à la herse, les deux autres par un roulage ; une pluie persistante suffirait même à assurer l'enfouissement du dernier lot.

Exécution des semis. — On sème la prairie en terre nue ou dans une céréale. Le premier procédé, nous l'avons vu, doit les terrains fertiles et bien net-

Fig. 61. — Paturin des prés.

être préféré pour toyés, car la céréale prélève non seulement les principes nutritifs utiles aux plantes fourragères, mais surtout la dose d'humidité indispensable au développement rapide des légumineuses et graminées.

Dans les régions méridionales, on sème à l'automne, mais sous les climats septentrionaux il est préférable de semer au printemps, en mai ; les gelées d'hiver pourraient être nuisibles aux jeunes plantes.

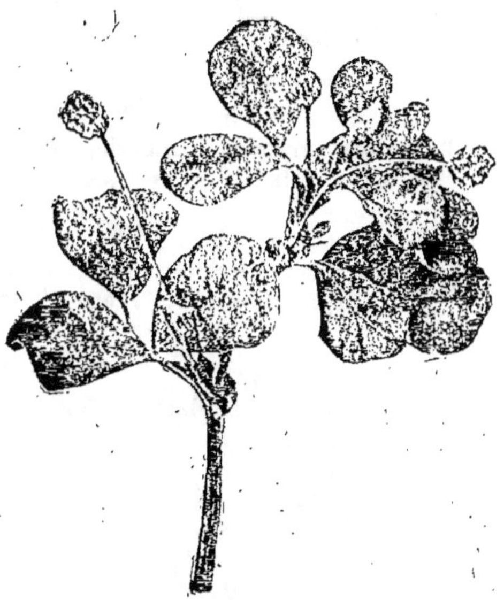

Fig. 62. — Minette ou lupuline.

II. — PRAIRIES TEMPORAIRES

Généralités. — Les prairies temporaires doivent donner une récolte nutritive et abondante tout en permettant à la fin de leur exploitation un défrichement aisé.

Ces prairies durent plusieurs années et l'association des plantes choisies doit assurer un développement luxuriant pendant cette durée. Le choix des espèces dépend de la destination de la prairie : pâturage, fauchage, mode mixte, prairie d'élevage ou d'engraissement, bovidés, ovidés, etc. Afin d'avoir un rendement assuré, on associe les espèces précoces aux espèces tardives.

La connaissance du sol, le climat, la destination de la prairie, l'observation de la flore spontanée, aident à constituer judicieusement les mélanges à semer.

Mélanges. — Cette association varie suivant la durée de la prairie permanente. Nous donnons ces quelques exemples à titre d'indication :

Durée : 1 an.

Ray-grass d'Italie, Dactyle, Brome élevé, Trèfle commun, Trèfle blanc, Minette.

Durée : 2 ans.

Dactyle, Fléole, Brome élevé, Fétuques, Ray-grass anglais et d'Italie, Vulpin, Sainfoin, Trèfles blanc et hybride, Minette.

Durée : 4 ans (*terres légères*).

Ray-grass anglais	10 kilogrammes.
Fétuque	3 —
Vulpin	2 —
Paturin	3 —
Minette	2 —

Durée : 4 ans (*sol calcaire*).

Ray-grass anglais	15 kilogrammes.
Brome	10 —
Sainfoin	25 —
Minette	4 —
Anthyllide	2 —

Durée : 5 ans (sol sableux).

Avoine élevée.................... 30 kilogrammes.
Ray-grass anglais............... 10 —
Fétuque durette................ 6 —
Minette .... 4 —
Trèfle blanc .... 2 —
Millefeuille .... 1 —

On sème soit sur terre nue, soit dans une céréale-abri, orge, avoine ou blé. Lorsque l'on ensemence sur sol nu, la proportion de graines doit être majorée.

III. — PRAIRIES ARTIFICIELLES

Nous indiquerons ici les particularités relatives aux prairies artificielles.

Luzerne. — Sous les climats méridionaux, on sème la

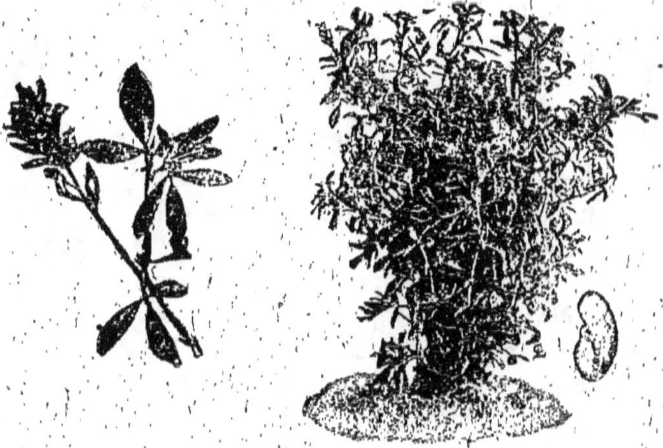

Fig. 68. — Luzerne de Provence.

luzerne à l'automne, assez tôt pour que la jeune plante puisse résister à l'hiver (mi-septembre). Dans les régions septentrionales, cette opération a lieu de préférence au printemps, lorsque les gelées tardives ne sont plus à craindre ; le moment des semailles est parfaitement indiqué par la floraison de l'aubépine (Garola).

Les semailles d'automne se font ordinairement sans céréale-abri : la luzerne (fig. 63), moins gênée, prend un développement plus net, couvre mieux le sol et donne, dès l'année suivante, une récolte appréciable.

On sème à raison de 30 à 40 kilogr. à l'hectare à la volée, ou en lignes distantes de 12 à 15 centim. Un hersage à la herse d'épines recouvre la graine.

Les semis épais sont préférables ; l'envahissement de la luzerne par les mauvaises herbes, seul obstacle à la durée des luzernières, est moins à craindre. De plus, les pieds étant rapprochés, la luzerne verse moins facilement, devient moins ligneuse et donne un fourrage de meilleure qualité.

Au printemps, on sème ordinairement dans une céréale : orge ou avoine. Le semis se pratique en deux opérations : la céréale, tout d'abord épandue à faible dose à la volée ou en lignes distantes de 18 à 20 centim., est recouverte à la herse ; puis la luzerne, semée, est enterrée par un coup de rouleau.

La céréale protège les jeunes pousses de luzerne contre le froid et les rayons du soleil, mais elle absorbe à son profit l'humidité du sol. Il faut cependant tenir compte de la coupe de céréale en vert, qui augmente le bénéfice tiré de la terre.

Trèfle violet. — La première croissance du trèfle étant très lente, on le sème ordinairement dans une céréale qui le protège contre l'envahissement des plantes adventices, contre les gelées tardives ou les ardeurs du soleil. Comme pour la luzerne, cette récolte de fourrage vert assure le loyer de la terre pour l'année du semis (fig. 64).

Fig. 64. — Trèfle violet.

Lorsque l'on ensemence en automne, on sème le trèfle plutôt dans un seigle que dans un blé qui talle parfois trop abondamment. Le seigle, d'un développement plus rapide, ombrage plus tôt le jeune plant et, récolté prématurément, assure le parfait développement du trèfle avant l'hiver.

Dans le cas d'un semis de printemps dans une céréale, orge ou avoine, l'orge, hâtive, offre les mêmes avantages que le seigle. Mais la difficile dessiccation de l'orge récoltée dans les jeunes trèfles diminuant la valeur du grain de la céréale, on a recours ordinairement à l'avoine, dont la paille ainsi mélangée de jeunes trèfles est consommée avec avantage par les moutons et les chevaux.

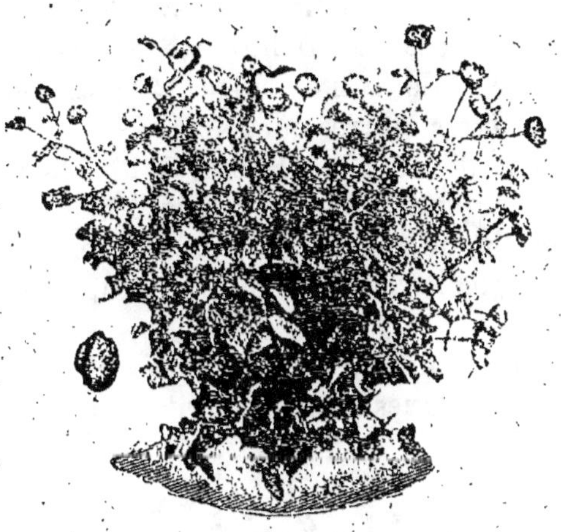
Fig. 65. — Trèfle hybride.

Le semis du trèfle violet dans les céréales de printemps est la règle sous nos climats ; mais il sera bon néanmoins de semer dans une céréale d'automne si le sol est sec. Dans les régions à printemps peu humide, on sème parfois dans un sarrasin ou une navette.

Le développement de la céréale-abri doit être modéré ; on suivra attentivement les prescriptions suivantes : semis clairs, emploi modéré d'engrais azotés pour éviter la verse.

Sous le climat parisien, on sème le trèfle au printemps, de février à avril. Épandus dans une céréale d'automne, les jeunes trèfles, délicats, seraient exposés à être déchaussés par les gelées ou à être détruits.

Lorsque l'on veut obtenir rapidement un rendement rémunérateur, on peut semer le trèfle dès février, « sur la neige », dans une céréale d'hiver, hersée et roulée après semailles du trèfle ; on obtiendra ainsi une coupe dès l'automne. La plupart du temps, les semis de printemps ont lieu dans une céréale de printemps semée au préalable, recouverte à la herse et par le rouleau. On enterre la graine de trèfle, épandue ensuite, par la herse d'épines. La parcelle est roulée lorsque la jeune céréale atteint quelques centimètres de hauteur.

Ces deux semis ne sont pas obligatoirement successifs ; on peut attendre huit à quinze jours après le semis de l'orge avant de semer le trèfle.

Le procédé d'épandage simultané du trèfle à la volée et de la céréale en lignes, à l'aide du même semoir, donne des résultats avantageux ; un coup de rouleau achève l'opération.

Quel que soit le mode préconisé, il importe de recouvrir très légèrement la semence de trèfle, entre 15 millimètres (sols légers) et 30 millimètres (terres fortes).

On sème ordinairement de 15 à 25 kilogr. à l'hectare de semence de trèfle de bonne qualité, épurée de cuscute, de plantain lancéolé, de camomille, de chardon, de petite oseille, etc.

On sème moins épais dans les céréales de printemps, en sol frais, riche ou bien fumé.

Trèfle blanc ; trèfle hybride. — Les prescriptions à suivre pour le semis sont analogues à celles décrites au sujet du trèfle violet. On sème le trèfle blanc dans une céréale d'hiver ou de printemps ; la semence étant plus fine, 8 à 10 kilogr. par hectare sont suffisants. On enterre très légèrement la semence. Cette proportion de grains semés est également de 10 à 15 kilogr. par hectare pour le trèfle hybride (fig. 65 et 65 *bis*).

Fig. 65 *bis*. — Trèfle blanc.

Le trèfle jaune des sables ou anthyllide vulnéraire se sème soit hâtivement au printemps dans une céréale, soit à l'automne, ou même dès fin août, pour que la plante, suffisamment développée, résiste à l'hiver. La quantité de 20 kilogr. de grains suffit, ordinairement, par hectare.

Sainfoin. — En principe, on pourrait semer le sainfoin pendant toute la durée de la belle saison ; la levée serait assurée, pourvu qu'une sécheresse persistante ne succède pas au semis.

Les semailles d'automne dans une céréale, si les hivers

rigoureux ne sont pas à craindre ou le sol gélif, assureront une récolte dès la fin de l'année suivante.

Dans les conditions ordinaires de la pratique agricole, on sème communément le sainfoin au printemps dans une céréale d'automne ou de printemps, dans une navette d'été. S'il s'agit d'une céréale d'automne, on la herse avant d'épandre la semence de sainfoin. Les prescriptions à suivre pour l'ensemencement dans une culture de printemps sont du même ordre que pour la luzerne. On enterre le sainfoin par un hersage qui assure un enfouissement modéré, parfois difficile à réaliser, étant donnée la légèreté de cette graine. Les herses articulées et le rouleau Croskill permettent de réaliser ces conditions.

La qualité du fourrage, l'abondance des récoltes sont assurées par un semis très dru, qui empêche l'envahissement des mauvaises herbes. Il faudra épandre de 5 à 6 hectolitres à l'hectare, soit 160 à 190 kilogr. de grains, selon la pureté de ces semences.

CHAPITRE V

PLANTATION DES POMMES DE TERRE

I. — Choix des semences.

Généralités. — La pomme de terre se plante depuis la fin de mars jusqu'au commencement de mai ; l'époque la plus favorable varie avec le climat, la nature et l'état de préparation du sol. On plante plus tôt dans le Midi que dans le Centre ou le Nord, et dans un terrain léger, perméable, plus ou moins sec et chaud, que dans une terre fraîche, d'une certaine compacité et froide.

Les plantations les plus précoces sont généralement les meilleures, mais il faut cependant craindre les gelées qui détruisent les jeunes pousses. La germination des tubercules ne s'effectue d'ailleurs qu'à une température voisine de 10° C.

Choix des semences. — Le choix des tubercules de semences présente une grande importance. Au point de vue du rendement et de la richesse de la pomme de terre en fécule, on a avantage à employer des tubercules de *grosseur moyenne.*

Les petits tubercules doivent être rejetés, parce qu'ils ne renferment pas une quantité suffisante de matériaux utiles au développement normal des yeux et n'émettent que des pousses grêles, chétives, plus exposées aux maladies. Les gros tubercules ne présentent aucun avantage particulier sur les moyens et doivent être consommés directement.

Autant que possible, il faut donner la préférence aux tubercules entiers. Si l'on est obligé de les sectionner, il importe de faire cette opération quelques jours avant la plantation, de façon à laisser à la plaie le temps de sécher. Les fragments de tubercules fraîchement coupés sont exposés à s'altérer et donnent un plant peu vigoureux et peu fertile. La section doit se faire dans le sens de la longueur.

Quand on est obligé de sectionner sans méthode les semenceaux, il vaut mieux employer d'abord les couronnes dont les yeux, plus jeunes et plus précoces, donnent des pousses plus fortes, et utiliser en dernier lieu les talons ; le reste est distribué aux animaux.

Les tubercules sains, exempts de toute trace de maladie, présentant des yeux bien constitués, doivent être seuls employés comme semences. Ceux qui possèdent un grand nombre d'yeux émettent des tiges nombreuses et produisent des tubercules plutôt petits ; ceux qui n'ont que trois ou quatre bourgeons donnent des tubercules plus gros, mais moins abondants ; les meilleurs sont ceux qui possèdent un nombre d'yeux intermédiaire.

Les semences bien ressuyées sont meilleures que celles qui sont retirées des caves ou silos au moment de la plantation ; si elles poussent plus lentement par un temps sec, elles regagnent vite leur retard. Il importe donc de placer les tubercules-plants dans un local sec, aéré, mais pas trop chaud, quelques jours au moins et même quelques semaines avant de les confier à la terre.

La sélection des semences, si rarement pratiquée, au double point de vue de la productivité et de la richesse en fécule, devrait se généraliser. En choisissant, au moment de l'arrachage, en vue de la reproduction, des tubercules provenant des touffes les plus fertiles, les plus luxuriantes, présentant de nombreux tubercules, en sélectionnant, parmi ces tubercules, les plus riches en fécule, on augmenterait sensiblement la valeur des récoltes.

Le cultivateur qui produit des pommes de terre destinées à l'alimentation du bétail ou à la féculerie réservera ses préférences aux variétés à grands rendements à haute teneur en fécule. L'agriculteur qui produit des pommes de terre destinées à l'alimentation de l'homme devra satisfaire les exigences particulières du consommateur.

Le choix des semences de pommes de terre, basé sur la grosseur *moyenne* des tubercules, leur richesse en fécule,

CHOIX DES SEMENCES.

le nombre de leurs yeux et même sur leurs caractères d'hérédité, est insuffisant s'il n'est complété par ce que l'on peut appeler « l'état de santé ».

Altérations des semences. — Des tubercules peuvent en effet sembler parfaits pour la reproduction et ne constituer que de médiocres semences, donnant des rendements peu élevés. Les défauts de ces semences proviennent de ce qu'elles sont atteintes de diverses altérations, de la « filosité » notamment, surtout dans l'Ouest et le Sud-Ouest.

Filosité des pommes de terre et sélection des tubercules. — Le terme de *filosité* désigne une tendance à développer des bourgeons qui s'allongent considérablement et restent grêles. Plantés dans le sol, ces tubercules donnent des pousses malingres qui ne prennent aucun développement et se dessèchent bientôt. Parfois les pousses n'arrivent même pas à sortir du sol. Si ces rameaux aériens parviennent à une taille ordinaire, ils ne produisent que des plantes faibles, déformées, montrant le caractère de là frisolée, avec des feuilles vert pâle, gaufrées, appliquées contre la tige.

D'autres fois, dans les sols riches, avec un arrosage suffisant, les fanes de pommes de terre paraissent à peu près normales, mais, dans aucun cas, les tubercules obtenus ne sont sains. Ils reproduisent toujours des tubercules filants ; généralement la récolte est nulle. Les organes voués à une telle évolution ne présentent à l'arrachage aucun caractère particulier ; au bout de peu de temps, cependant, ils ont très souvent un aspect ramolli, ridé, ratatiné, ou bien une consistance plus molle ou plus dure qu'à l'état ordinaire.

La levée est plus lente avec les tubercules atteints de filosité et désignés sous les noms de « mâles » dans l'Ouest, de « mules » dans le Sud-Ouest, que pour les tubercules ordinaires, indemnes, qualifiés de tubercules « femelles ». Il y a beaucoup plus de vides, de manques.

A la récolte, les tubercules femelles fournissent des rendements supérieurs à ceux obtenus avec les tubercules mâles.

L'utilisation des semences anormales détermine une diminution de production approchant de 50 p. 100. Il faut donc *proscrire les mâles des plantations.*

Ces tubercules anormaux ont tous des petits yeux, des pousses fines, allongées, filamenteuses. Parfois, cependant, ces pousses grêles sont renflées à leur extrémité ou sur une partie de leur longueur et forment de petits tubercules ou *tuberculoïdes* atteignant ordinairement 5 à 10 millimètres de diamètre, rarement plus.

Les semences normales ou femelles, au contraire, offrent, quelle que soit leur grosseur, des yeux volumineux et produisent des belles pousses de plusieurs millimètres de diamètre. Elles sont d'apparence solide, trapue et généralement dures.

On rejettera donc les tubercules qui présentent les caractères extérieurs des mâles pour ne conserver que ceux à type de tubercule femelle bien accentué. Les pousses constituant le meilleur caractère distinctif, on activera le développement par une germination préalable.

On trouve fréquemment, dans ces tubercules filants, des organismes divers : le *Bacillus caulivorus* (*Bacillus putrefaciens liquefaciens* Flugge), qui amène la gangrène de la tige de pomme de terre ; le *Bacillus solanincola*, ou bien un saprophyte, le *Fusarium solani*, auquel un affaiblissement marqué du tubercule a permis de s'introduire et de vivre à l'état de demi-parasite. C'est à cette espèce qu'on doit attribuer la dureté au toucher de certains tubercules filants.

Ces organismes, pourtant, *n'existent pas toujours* dans les tubercules atteints de filosité et ne peuvent être considérés comme la cause directe de ce trouble physiologique. On a accusé aussi la sécheresse du sol ; cette opinion n'est pas fondée, il n'y a là qu'une circonstance accessoire. La cause réelle de la filosité doit être recherchée autre part. La présence de certains organismes dans le tubercule et la production de filosité sont des manifestations d'apparence très différente d'une cause unique, cause qui réside dans l'état de déchéance et d'infériorité vitale dont peuvent être atteintes nombre de variétés de pomme de terre (G. Delacroix).

Cette déchéance est amenée par le procédé exclusivement employé pour la multiplication de la pomme de terre, procédé qui n'est en somme qu'un bouturage perfectionné et dont la reproduction sexuée est totalement absente. De ce fait, la variation est réduite à son minimum et ne peut provenir que des conditions extérieures à la plante : le terrain ou les agents atmosphériques. Or ces conditions peuvent être défavorables; dans ce cas, elles modifient insensiblement le milieu interne de la plante, c'est-à-dire la composition chimique de la cellule, membrane et contenu.

Dans la série des **générations** successives, l'action de la cause étant incessante, ces caractères acquis peuvent devenir héréditaires. Dès lors, l'accession d'organismes qui, à l'état normal, sont peut-être sans action sur la plante, devient de ce fait facile et fréquente. On peut, en affaiblissant des tubercules de pommes de terre, les faire parasiter par des races de bactéries banales (E. Laurent). Dans de telles conditions, le tubercule mal muni de réserves, par suite de la végétation défectueuse de la plante mère, incapable d'élaborer les diastases destinées à une convenable utilisation de ces réserves, le tubercule, organe de multiplication, végète d'une façon misérable et devient inapte à perpétuer l'espèce.

Il est un palliatif à cet état de choses : c'est, en même temps qu'une culture bien entendue, la *germination anticipée des tubercules à la lumière avant la plantation*, qui permet de rejeter les tubercules filants. Mais ce n'est qu'un palliatif, car il n'est pas rare de voir, en pareil cas, la filosité reparaître après plusieurs générations.

Il faut alors user d'un remède plus puissant : le semis de la graine de pomme de terre suivi d'une sélection méthodique des pieds ainsi obtenus. On fera les essais de sélection dans le sol où le plant, régénéré par le semis, est appelé à vivre.

Semis de graines de pommes de terre. — Les pommes de terre dégénèrent, ce tubercule replanté indéfiniment n'étant, en somme, qu'un bouturage perpétuel. Il est facile de reconstituer la variété à l'aide du semis.

Dans un jardin, en terre meuble et saine, dès que les baies mûres de pommes de terre sont tombées des tiges, on doit les ramasser et les mettre en cave isolément dans du sable. La cave sera fraîche, sans communication avec une pièce chauffée. Les graines qui sont dans les baies doivent rester dans un milieu humide ; on évitera de les laisser dessécher ou fermenter. Au jardin, après l'hiver, on préparera des sillons, dont le fond sera garni de terreau. Les baies seront alors broyées dans un récipient rempli d'eau, et les graines nettoyées par décantation. On les sèche en les roulant dans de la terre sèche, et on pratique aussitôt un semis très clair dans les sillons.

Une légère couche de terreau assure la germination. Dès que les jeunes pousses sortent de terre, on éclaircit et on recommence ce travail jusqu'à ce que les plants soient à 30 centimètres l'un de l'autre. On continue les sarclages et les binages entre les lignes. Le buttage se fera à 15 centimètres environ lorsque les tiges auront une élévation du double. On ne laissera pas fleurir ces pommes de terre, mais on note cette floraison, si elle se produit, afin de pouvoir distinguer les pommes de terre hâtives ou tardives.

Lorsque les tiges se fanent, on rafraîchit les buttes, en ayant soin de les distinguer par un bâtonnet, afin de reconnaître leur place. A la première gelée, on renforce les buttes ; les pommes de terre, qui seront très petites alors, devront rester en terre jusqu'au mois de mars. Il est évident qu'il y aura du déchet au moment de l'ouverture des buttes, mais la plupart auront résisté et elles seront saines.

Arrivé à cette période, on prépare, dans le champ, des trous à 40 centimètres l'un de l'autre, et on y transporte les jeunes pommes de terre d'un an, en séparant les catégories de floraison. On en met deux si elles sont de la grosseur d'un œuf de pigeon, trois si elles sont plus petites, et une seule si elles atteignent la grosseur d'un œuf de poule (Ch. Wendelen).

Cette plantation sera suivie de soins particuliers et, à la floraison, on prendra encore note de leur apparition hâtive ou tardive. Il faut laisser bien mûrir ces tubercules de semence et ne procéder à leur arrachage que très tardivement. La régénération simple dure donc deux ans.

Si l'on est embarrassé pour trouver des graines fertiles, car souvent les variétés qui dégénèrent ont des fleurs stériles ou caduques, on trouvera un adjuvant précieux dans le métis-

Fig. 66. — Plantation des pommes de terre en grande culture.

sage entre deux pieds différents ou dans l'hybridation entre variétés voisines.

Ces faits sont d'ailleurs connus depuis longtemps. Parmentier, dans un remarquable rapport, présenté le 30 mars 1786 à la Société royale d'agriculture, préconisait le semis comme le seul moyen de remédier à la dégénérescence des tubercules. Toutes les fois où cette méthode est appliquée avec intelligence, elle donne les meilleurs résultats. L'apparition fréquente de variétés nouvelles, douées souvent d'excellentes qualités, en est la meilleure preuve.

Il existe d'ailleurs d'autres causes à la filosité, notamment, comme nous le verrons plus loin, les procédés de conservation défectueux et l'influence de l'acide carbonique des silos (Parisot).

II. — Plantation.

Plantation à la main. — On doit planter les pommes de terre de semence avec la régularité la plus parfaite, si l'on veut assurer les rendements les plus élevés. L'emploi d'un *rayonneur*, sorte de herse triangulaire en bois guidée en avant

Fig. 67. — Rouleau marqueur à couronnes mobiles.

par une petite roue et dont la traverse arrière est garnie, de 60 en 60 centim., de quatre fiches de fer ou de bois traçant sur le sol des lignes distantes de 60 centim., est avantageux. Après avoir ainsi rayonné le champ, on déplace les fiches du rayonneur et on les fixe dans les trous disposés à cet effet à 50 centim. d'intervalle dans la même traverse arrière de la herse. Le rayonneur trace ainsi, dans une direction perpendiculaire, un réseau de lignes espacées de 50 centim. Les points de croisement déterminent la place des paquets, les plants étant ainsi disposés à l'écartement (60 centim. entre les lignes, 50 centim. sur les lignes) qui semble le plus favorable. Un coup de bêche ou de croc donné à chaque point de croisement permet de semer ainsi régulièrement les tubercules.

Lorsqu'on sème à la main dans la raie ouverte par la charrue, il convient d'avoir recours aux *marqueurs*, sortes de rouleaux à couronnes amovibles qu'on fixe sur la périphérie d'un rouleau ordinaire ou cannelé (fig. 67), en les espaçant de la longueur choisie comme écartement des lignes. Il suffit ensuite de faire passer ce rouleau dans une direction perpendiculaire.

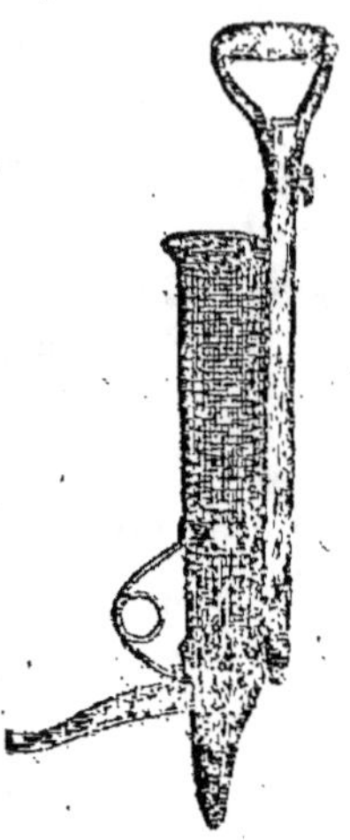

Fig. 68. — Canne-plantoir pour pommes de terre.

Les ouvriers placent les pommes de terre au point d'intersection à la main ou à l'aide d'une canne-plantoir (fig. 68).

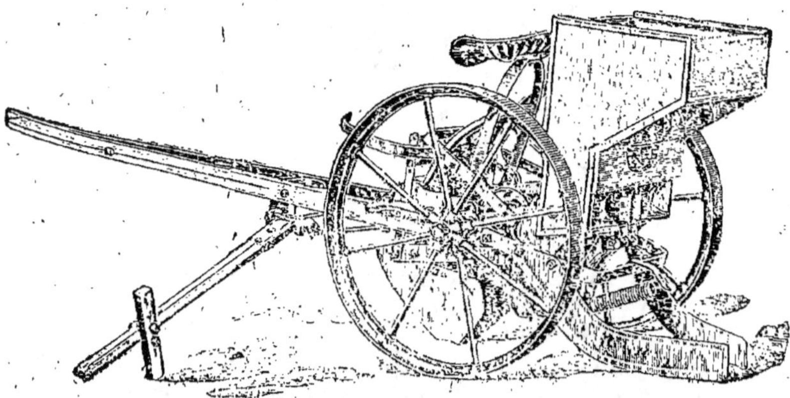

Fig. 69. — Plantoir de pommes de terre à pinces.

Plantoirs. — Il existe des semoirs mécaniques dits *plantoirs* ou *planteuses*. La dimension variable des tubercules et leur fragilité rendent la marche de ces instruments délicate et oblige à trier au préalable les tubercules de semence.

Les distributeurs sont *à tiroir rotatif* ou *à godets* ou *à pinces* (fig. 69), *à tablier sans fin* (chaînes, palettes, etc.).

Ces semences ainsi distribuées sont enfouies par un petit

Fig. 70. — Plantoir pour tubercules germés.

corps de buttoir, et recouvertes ensuite par deux corps de charrue placés en arrière et qui referment la raie ouverte par le buttoir.

Parfois un ouvrier, monté sur la machine, place, dans les tubes de descente, les tubercules qu'un dispositif de vannes, d'alvéoles laisse tomber à intervalles réguliers.

Des plantoirs à tubercules germés comprennent un distributeur à godets, un buttoir pour ouvrir le sol et des rasettes pour recouvrir la semence (fig. 70).

Dans les distributeurs à tiroirs rotatifs, un disque, percé de cavités, tourne autour d'un axe vertical. Les tubercules tombent de la trémie dans les cavités et sont amenés par le mouvement de rotation au-dessus d'un tube de descente.

Parfois ce sont des godets ou une chaîne sans fin qui puisent les tubercules dans le coffre, les élèvent et les déversent dans le tube de descente. Dans les modèles américains, des pinces spéciales effectuent ces déplacements grâce à des cames, mais en blessant légèrement les pommes de terre.

La planteuse *Cyclope* se compose d'une trémie contenant

Fig. 71. — Planteuse de pomme de terre
conduite par un ouvrier.

les pommes de terre, portée par un bâti à quatre roues et traversée par une chaîne sans fin munie de palettes formant entre elles une série de compartiments. Un aide, assis derrière, dépose les tubercules un à un dans cet organe distributeur. Par suite du mouvement de la chaîne, les semences tombent dans un conduit qui les dépose au fond d'un sillon ouvert par un soc fixé à l'avant de l'appareil. Elles sont recouvertes par deux rasettes (1). La vitesse de la chaîne et, par suite, la distance de plantation peuvent être modifiées.

Pour ne pas craindre la négligence de l'ouvrier oubliant de déposer semelance dans chaque godet ou compartiment, on

(1 Fontan, *La Vie Agricole*

cherche à prendre automatiquement le tubercule à l'aide de dispositifs spéciaux. Un seul ouvrier agit, l'aide qui conduit l'attelage surveille en même temps le fonctionnement du mécanisme

Un autre type de planteuse comprend une chaîne sans fin à godets, traversant la trémie qui contient les tubercules.

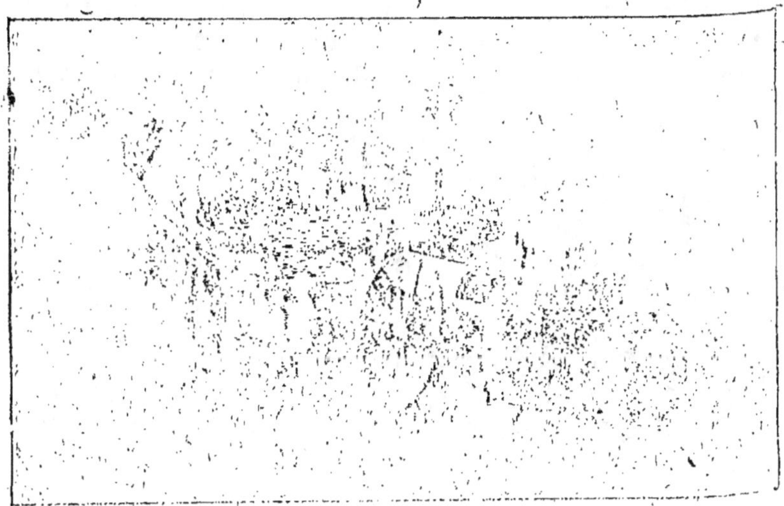

Fig. 72. — Planteuse nécessitant deux ouvriers.

Chaque godet prend un de ces tubercules et le dépose, par l'intermédiaire d'un conduit, sur un plateau horizontal sur lequel tourne un disque à palettes formart poches. Quand ces poches atteignent le tuyau de décharge, le tubercule tombe dans un sillon ouvert par un buttoir et refermé par deux socs circulaires.

La machine *Columbia* plante deux rangs à la fois à 60 centim. d'intervalle et dépose dans chacun des rangs des pommes de terre à 35 centim. de distance (fig. 73).

Elle se compose d'une grande trémie en bois dont les parois inclinées à droite et à gauche forment deux conduits. Le fond de ces conduits est constitué par deux tringles dentelées animées par les roues d'un mouvement d'oscillation qui amène les pommes de terre à un tambour. Un levier placé à gauche et à droite de ce tambour commande une trappe dont l'ouverture donne l'entrée à une quantité plus ou moins grande de tubercules.

Sur le pourtour du tambour sont fixés des doigts articulés formant pince qui prennent les tubercules et les élèvent jusqu'à un conduit renfermant une chaîne à palettes qui dépose les pommes de terre au fond d'un sillon refermé par un buttoir et deux coutres circulaires (fig. 73).

En grande culture et à cause du coût de la main-d'œuvre

Fig. 73. — Planteuse de pommes de terre américaine travaillant sur deux rangs.

on sème parfois à la charrue. Il faut veiller à ce que les tubercules soient placés régulièrement dans les raies et non jetés au hasard au fond du sillon. L'ouvrier placera le plant et l'enfoncera un peu afin que les animaux marchant dans la raie ne le déplacent ni ne l'écrasent. Dans les fermes importantes, deux charrues se suivent : l'une ouvre la raie où l'on place les tubercules, l'autre recouvre les semences ; on plante ainsi toutes les deux raies.

Que la plantation se fasse à la charrue, à la houe ou à la bêche, il faut avoir soin d'opérer par beau temps, quand le sol est bien ressuyé. On enterre les semences régulièrement et à une profondeur qui varie de 5 à 6 centimètres pour les terres plus ou moins compactes et froides, à 12 ou 15 centimètres pour les terres légères, sèches et perméables, soit, en moyenne, de 8 à 10 centimètres.

Écartement des lignes. — L'écartement entre les pieds influe beaucoup sur le rendement. Les plantations à grands espacements donnent des tubercules plus volumineux, mais relativement peu abondants, moins estimés sur le marché que ceux de moyenne grandeur. Les plantations serrées produisent des tubercules plus petits, mais plus nombreux; pour une surface donnée, les rendements sont plus élevés dans le deuxième cas que dans le premier.

Les meilleures distances à observer sont de 50 à 60 centimètres environ entre les lignes, écartement permettant d'utiliser pour les façons culturales les instruments attelés; on écartera de 40 à 50 centimètres environ les plants sur les lignes.

On a tendance communément à planter la pomme de terre à intervalles distants comprenant un ou deux plants seulement par mètre carré. Ces pratiques, justifiées dans une culture extensive au travail peu soigné du sol et aux fumures précaires, doivent être abandonnées dans les centres à culture rationnelle. L'espacement doit permettre un développement radiculaire et foliacé normal sans laisser découverte ou inutilisée la moindre parcelle du sol. L'écartement dépendra donc de l'abondance des appareils foliacés des solanées; mais, *en règle générale*, l'espacement de 60 centim. entre les lignes et 50 centim. sur les lignes paraît le plus avantageux et correspond à 330 poquets environ à l'are.

Pour définir l'influence des variétés, M. Garola (1) établit que les pertes de rendement dues à l'espacement s'accentuent lorsque la grosseur des tubercules mis en terre diminue; l'écartement le plus favorable serait de 70/60 centimètres pour la variété *Chardon*, 60/60 centimètres pour *Magnum Bonum*, 50/60 centimètres pour la variété *Blanchard*.

M. Florimond Desprez adoptait pour la *Géante bleue*, à développement foliacé considérable, l'écartement 60/50 centimètres; pour la *Richter's Imperator*, à développement fo-

_____

(1) Voy. Garola, *Céréales* (Encyclopédie agricole).

liacé abondant, l'écartement de 60/40 centimètres ; pour la variété *Fleur de Pêcher* à feuillage moyennement développé, l'écartement 60/30 centimètres.

Il faut évidemment plus de semence pour les plantations serrées, mais l'excédent de récolte compense largement cette dépense. Lorsqu'on dispose d'un *sol bien fumé*, il y a tout intérêt à diminuer l'écartement : la récolte est plus abondante, la maturité plus hâtive, les tubercules plus beaux, de forme plus régulière, et plus riches en fécule (Hitier) (1). La végétation couvrant entièrement le sol empêche l'envahissement des plantes adventices et réduit les façons aratoires.

A la ferme de Cappelle (Nord), où la culture de la pomme de terre est parfaitement établie, on procède de la manière suivante : le sol, convenablement travaillé et ameubli, est rayonné en lignes à espacement de 60 à 65 centim. Sur chacune de ces lignes, on fait passer, quelques jours avant la plantation, un buttoir (charrue à deux versoirs), qui creuse les sillons à 12 centim. de profondeur. Au fond de ces sillons, des femmes déposent les tubercules en réglant l'espacement uniforme de 45 centim. à l'aide de leurs pas. On recouvre le même jour en fendant les ados qui séparent les sillons, et, quelques jours après, on régularise la surface du sol par un léger hersage. Cette méthode rapide, économique, facilite l'aération et l'échauffement du sol et assure une levée régulière.

Pommes de terre de primeur. — Dans le sud de la France, ainsi que dans le nord de l'Afrique, on plante des variétés de pommes de terre précoces dès les mois d'août et septembre, et même en octobre. Pendant l'hiver et aux approches des gelées, on abrite les jeunes tiges d'une couche de paille.

Plus régulièrement, cependant, la culture printanière ne commence guère qu'en février dans le Midi et successivement en mars-avril, au fur et à mesure qu'on remonte vers le Nord.

Les pommes de terre de semence subissent une méthode spéciale de conservation et de préparation, condition indispensable du succès de cette spéculation.

(1) Voy. Hitier, *Plantes sarclées* (Encyclopédie agricole).

Au moment de l'arrachage, les semences sont choisies parmi les tubercules de grosseur moyenne présentant exactement les caractères de la variété cultivée. Ces plants sont récoltés mûrs et disposés, aussitôt la récolte, debout sur une rangée, dans des clayettes et de manière que leur extrémité la plus petite, qui ne renferme pas d'yeux, soit placée inférieurement. Ces clayettes sont des boîtes légères rectangulaires de 10 centim. de profondeur sur 70 centim. de long et 50 centim. de large. Dans chacune d'elles, on dispose une centaine de plants. Ces boîtes peuvent se superposer sans nuire à la conservation des tubercules. On les range empilées les unes au-dessus des autres sous un hangar, à l'air et à la lumière. Les pommes de terre ainsi placées se dessèchent et verdissent sans qu'il y ait lieu de s'en préoccuper ; toutefois, aux approches de la saison froide, on les rentre en cave pour les préserver des gelées.

Dès l'automne, on voit les yeux supérieurs des tubercules se développer ; lentement, ces germes s'allongent et se fortifient pendant l'hiver. On les aère le plus possible en les maintenant à une température basse, mais au-dessus de zéro. Au moment de la plantation, ces jeunes pousses sont épaisses, trapues, colorées, avec des radicelles à leur base ; elles atteignent 1 ou 2 centim. au plus de hauteur. On plante les tubercules ainsi préparés à la main, dans les sillons tracés à la houe et en prenant les précautions nécessaires pour laisser intacts les germes pendant la mise en terre.

Ces plantations de primeur sont faites naturellement à l'aide de plants récoltés l'année précédente.

CHAPITRE VI

SEMIS EN PÉPINIÈRE ET REPIQUAGE

I. — SEMIS EN PÉPINIÈRE

Généralités. — Certaines plantes, le colza, le chou, le tabac, etc., doivent être semées en pépinière (fig. 74) avant

Fig. 74. — Abris pour semis en pépinières.

d'être mises en place. Diverses nécessités peuvent justifier cette pratique.

Parfois le temps fait défaut pour préparer convenablement le sol réservé à ces cultures. Il existe, d'autre part, des plantes très délicates pendant la première phase de leur végétation et qui n'auraient pas le temps d'arriver à maturité si l'on attendait, pour confier leurs graines à la

terre, l'époque où la température est assez élevée pour
assurer leur germination ou les préserver des gelées tardives.

Les semis en pépinière permettent de semer épais des
plantes qu'on transplantera ensuite sur une étendue de terrain
beaucoup plus considérable, et la pépinière occupant une
étendue restreinte, on pourra donner aux végétaux tous les
soins qu'ils réclament, fumer abondamment le sol et les
sauvegarder de l'attaque des insectes. Il est même facile de
favoriser le développement rapide des jeunes plants par l'établissement de châssis vitrés, de paillassons, etc. (fig. 74).

Établissement d'une pépinière. — En petite culture,
on choisit ordinairement pour la pépinière une pièce de terre
exposée au sud. Une fosse est creusée et remplie de fumier en
pleine fermentation jusqu'à une hauteur de 25 à 30 centim. au-
dessus du niveau du sol. On recouvre ensuite de 25 à 30 centim.
de terre mélangée de terreau.

Il est recommandable d'incliner la surface de la couche vers
le midi et d'établir, du côté du nord, un abri de paille pour
protéger des vents froids. Les refroidissements nocturnes sont
souvent préjudiciables ; on les évite en élevant au-dessus de
la pépinière, à la hauteur de 20 centim., un toit factice de paillassons. Lorsqu'il s'agit de végétaux très délicats, on les entoure
de planches de bois formant un châssis vitré ou garni de toile
de coton huilée. Les semis s'effectuent lorsque la fermentation
du fumier est devenue régulière, et le développement des plantes
se poursuit activement jusqu'à l'époque de la transplantation.

*Influence du repiquage sur le développement des
plantes.* — En grande culture, le repiquage permet d'effectuer les semis sur des espaces limités, qu'on peut choisir et
disposer de manière à pouvoir leur accorder facilement et
économiquement tous les soins désirables. Il est alors possible de gagner du temps et d'obtenir des récoltes plus hâtives,
car la préparation du plant peut être entreprise avant que
la température ne soit favorable à la germination, en pleine
terre, de la graine à semer ou encore avant que le terrain
ne soit libre pour la recevoir.

Le repiquage, en occasionnant la rupture de la racine principale et de ses premières ramifications, favorise le dévelop-

pement du chevelu, et rend moins périlleuse une transplantation ultérieure. Il faut néanmoins examiner avec soin
l'influence du repiquage sur la croissance des plantes et
sur les rendements.

M. Petit s'est livré aux expériences suivantes :

Rendements :

Laitue palatine (semis 16 mars, récolte 27 juin).

Plantes non repiquées............ 337 kilogrammes.
— repiquées................. 181

Laitue romaine verte maraîchère (semis 16 mars, récolte 6 juillet).

Plantes non repiquées............. 872 kilogrammes.
— repiquées................. 581

Le rendement des plantes repiquées a donc été plus faible
que celui des plantes non repiquées. Elles étaient d'ailleurs
en retard sur ces dernières et n'avaient pas encore atteint
leur complet développement au moment de la récolte.

Le repiquage a donc pour effet de retarder la croissance
de la plante, qui privée, par l'arrachage, de la plupart de ses
extrémités radiculaires, ne peut, malgré des arrosages répétés,
poursuivre son développement. Elle s'épuise, car, son activité
assimilatrice étant extrêmement réduite ou nulle, elle est
astreinte à vivre aux dépens de sa propre substance, qu'elle
doit, en outre, utiliser à la reconstitution de son système radiculaire. Le repiquage occasionne donc, en résumé, un temps
d'arrêt dans le développement du végétal. La plante souffre
d'autant plus de cette opération qu'elle est plus âgée et que
sa surface foliaire, par laquelle elle transpire surtout, est plus
étendue. C'est ce que vérifie, en effet, l'expérience suivante :

Rendements :

Laitue palatine (semis 16 mars, récolte 27 juin).

Plantes non repiquées............. 337 kilogrammes
— repiquées le 23 avril... 240
— — le 10 mai... 181
— — le 25 mai... 105

Que se passe-t-il maintenant dans la pratique où l'on attend
que les plantes repiquées aient atteint leur entier dévelop-

pement et leur maximum de valeur? Pour répondre à cette question, la récolte des salades n'eut lieu que lorsque leur pomme fut complètement formée. Les rendements obtenus furent les suivants (à l'are) :

Laitue palatine (semis 18 mai).

			Kilogr.
Plantes non repiquées, récoltées le 23 juillet.......			309
Plantes repiquées le 6 juin, récoltées le 26 juillet..			278
— le 15 juin, — le 28 juillet..			297
— le 23 juin, — le 1er août...			184
— le 30 juin, — le 3 août.....			156

Le repiquage n'a donc pas pour effet d'accroître les récoltes, mais plutôt de les amoindrir. Toutefois, lorsqu'il est effectué à un certain moment, son influence sur les rendements est relativement faible. Ce moment propice s'est présenté, dans les expériences, lorsque les feuilles de la laitue palatine avaient, au maximum, 8 à 9 centimètres de longueur et celles de la laitue romaine 10 centimètres environ.

Laitue romaine verte (semis 16 mars).

			Kilogr.
Plantes non repiquées, récoltées le 6 juillet.........			872
Plantes repiquées le 23 avril, récoltées le 6 juillet.			760
— le 15 mai, — le 12 juillet.			788
— le 25 mai, — le 17 juillet.			727

Le repiquage n'est donc réellement préjudiciable que *s'il est pratiqué trop tôt et surtout trop tard*. Dans le premier cas, la petite plante, obligée momentanément de vivre et de produire de nouvelles racines aux dépens de sa substance, s'épuise beaucoup. Dans le second cas, en raison du développement du feuillage, c'est-à-dire de la surface d'évaporation, la reprise est plus difficile et plus lente.

On remarque enfin que la date de la récolte est d'autant plus reculée que le repiquage est plus tardif. Toutefois, le retard n'est pas très important : trois jours pour la laitue palatine. Ce retard étant relativement faible, le repiquage permet, en résumé, de gagner du temps, même lorsque le semis est fait en pleine terre. En repiquant de la laitue palatine le 10 mai, sur un terrain qui pouvait ne pas être libre jusqu'alors, on a obtenu la récolte 12 jours plus tard seulement que si on avait semé cette plante directement en place 55 jours plus tôt. Mais c'est surtout à la fin de l'hiver et au début du printemps que le repiquage gagne du temps et permet d'obtenir des récoltes plus hâtives, lorsqu'on procède au semis sur

Fig. 75. — Repiquage au plantoir en pépinière.

couche et sous abri vitré, de manière à accélérer la germination de la graine et le développement du plant par l'élévation artificielle de la température.

II. — PRATIQUE DU REPIQUAGE

En petite culture ou en sylviculture, on repique à la main soit *au plantoir* (fig. 75), soit *à la planche* (fig. 76).

Il existe des machines à repiquer constituées par des disques garnis de pinces s'ouvrant automatiquement à des intervalles donnés. La pince ouverte à la partie supérieure du disque reçoit le plant la racine en l'air, l'abaisse par le mouvement rotatif et l'abandonne à la partie inférieure. Des rouleaux passent autour du plant qui peut également être arrosé.

D'autres appareils comprennent une pièce de scarificateur qui ouvre le sol; un ouvrier place dans ce sillon, au moyen d'un guide, le plant recouvert ensuite au moyen de

Fig. 76. — Repiquage à la planche en pépinière.

deux corps de charrue. On utilise particulièrement ces instruments dans la reconstitution des vignobles.

En grande culture, nous citerons comme exemples la technique opératoire du repiquage du chou, du colza, du tabac.

Repiquage du colza. — On repique le colza vers fin septembre, commencement d'octobre. Les plants sont extraits de la pépinière par un temps humide ; on arrache les pieds à la main ou à l'aide d'une houe fourchue, d'une bêche ; les plants arrachés sont réunis en bottes liées avec un lien de paille et transportés au champ. Les pieds les plus vigoureux, courts, trapus, seront seuls choisis. C'est de préférence sur un labour récent que l'on repique, et la mise en place s'ef-

Fig. 77. — Repiquage de choux en grande culture.

fectue au plan simple ou double, à la bêche, à la charrue.

L'emploi de la charrue est le plus rapide, le plus économique ; on commence par faire un *endos* en renversant l'une contre l'autre deux bandes de terre.

Sur les revers de cet endos, des ouvriers déposent les plants de colza en les inclinant légèrement pour qu'ils ne tombent pas dans les raies ouvertes. La charrue, à son retour, recouvre les plants en renversant une nouvelle bande de terre ; puis on effectue un second endos garni comme le premier.

Les ouvriers doivent surveiller le recouvrement des plants et redresser les pieds enfoncés. Il est bon d'atteler les animaux à la charrue en file, afin de les faire marcher tous deux sur la terre à labourer, en évitant ainsi le déplacement des tiges par leurs sabots. Une charrue travaille en moyenne de 50 à 65 ares par jour, aidée de six ou sept ouvriers qui placent les plants.

Repiquage du chou. — Pour le chou, on peut parfois faire un second repiquage dit *repiquage d'attente*.

Dès que les jeunes plants ont deux ou trois feuilles, cotylédons non compris, on les repique dans une nouvelle pépinière sur une planche parfaitement ameublie et terreautée.

L'arrachage se fait à la bêche ou à la fourche à dents plates, après mouillage préalable du sol. Les plants sont placés dans des trous ouverts au plantoir, en lignes distantes de 10 à 15 centim. ; on laisse entre eux le même écartement. On a soin de les enfoncer en terre jusqu'à la base des premières feuilles ; puis on les borne, en comprimant la terre à l'aide du plantoir (1).

Lors de cette transplantation, on rejette les choux *borgnes*, c'est-à-dire ceux dont le bourgeon terminal est avorté. Le repiquage fait, on donne au sol quelques arrosages copieux, dans le but de favoriser la reprise (fig. 78).

Le repiquage d'attente avant la mise en place est une opération de jardinage, incompatible avec la main-d'œuvre de la grande culture.

Au lieu de repiquer en pépinière d'attente, comme nous venons de l'indiquer, on plante parfois directement en place à la même époque ; avec cette méthode,

____

(1) Voy. BUSSARD, *Culture potagère* (ENCYCLOPÉDIE AGRICOLE).

certains plants montent à graine prématurément (Bussard).

En Vendée, on ne sème en pépinière que des graines de chou fourrager provenant des pieds vigoureux et forts.

Le semis se fait fin février et mars. Les praticiens vendéens, fidèles aux vieilles coutumes, sèment le premier vendredi de mars. Il faut 150 à 200 grammes de graine par are, pour obtenir les plants nécessaires à l'emblavement d'un hectare.

Fig. 78. — Repiquage du chou.

Il serait préférable de semer 250 grammes sur 1ª,50 ou 2 ares. On sème en bandes de 8 à 10 centim. de largeur séparées par un espace vide de 10 à 15 centimètres.

Le semis se fait parfois au jardin, pratique qui offre l'avantage de pouvoir facilement arroser et de surveiller les attaques des insectes, surtout de l'altise; mais le plus souvent on sème en plein champ. Si le sol du jardin est trop fertile, les plants poussent vite, mais sont peu résistants à la sécheresse et surtout aux insectes si on les sème aux mêmes endroits ; ils sont alors fréquemment attaqués par les pucerons des racines ou les altises.

Un peu de nitrate de soude active la végétation et permet les plantations hâtives.

La plantation se fait, dans la plaine vendéenne, du commencement de juin à fin juillet ; les plantations hâtives donnent les meilleurs résultats. Dans le Bocage, on opère un peu plus tard, en juillet et jusque mi-août.

Cette plantation se fait en lignes à des distances variables suivant les régions et la fertilité du sol.

Souvent, on plante immédiatement après le second labour suivi d'un roulage, au milieu d'une raie de charrue sur deux, ce qui évite de rayonner. La distance entre les lignes est alors de 65 à 70 centim., et sur la ligne on plante de 50 à 55 centim., ce qui demande environ 30 000 pieds à l'hectare. Le plus souvent, on plante entre les lignes à 80 centim. et même 1 mètre, et sur la ligne de 60 à 80 centim., ce qui donne en moyenne de 18 000 à 20 000 pieds par hectare.

Ordinairement on repique sur billons, ce qui supprime le buttage, mais rend plus difficiles les binages ultérieurs.

On « habille » le plant s'il est trop fort, en coupant un peu les racines et les feuilles. Il ne faut pas planter les choux trop gros. On ne doit pas dépasser la grosseur d'un porte-plume ordinaire : la reprise est plus certaine.

La plantation en Vendée se fait rarement à la charrue ou au plantoir, qui a l'inconvénient de lisser la terre, mais plus souvent à la *pielle*, sorte de petite houe à main, à manche très court. D'un coup vigoureux, l'ouvrier entr'ouvre la terre, dépose son plant, enlève l'outil, borne le plant de deux coups du dos de sa pielle (Bonnetat) (1). Un bon ouvrier peut faire 15 à 20 ares par jour suivant l'état de la terre et la densité de la plantation ; il est avantageux de faire porter les plants par un enfant.

La plantation en carré, en rayonnant, à une distance moyenne de 70 centim., facilite beaucoup les binages.

Repiquage mécanique. — Le repiquage mécanique des plants a été étudié aux États-Unis où il existe des machines

____

(1) BONNETAT, Le chou fourrager en Vendée (*La Vie agricole*).

pour le repiquage du tabac. Il fallait deux chevaux pour tirer une machine à deux rangs sur le sol fraîchement labouré et hersé par d'autres attelages. On a abandonné ces appareils trop délicats. D'ailleurs, il faut examiner s'il n'y aurait pas intérêt, en présence de la diminution de la main-d'œuvre, à abandonner le repiquage et à procéder, comme pour les betteraves à sucre, à un semis en lignes, puis à un démariage.

Au repiquage, on place 25 000 plants de choux environ par hectare. Un décimètre cube de graines de choux pèse environ 700 grammes. Il y a 400 graines de choux dans un gramme. La graine de choux vaut 3 francs le kilogramme. Les 25 000 plants représentent 62 grammes et demi de bonnes graines ; on peut admettre, avec les pertes, qu'il faut 100 grammes de graines pour faire la pépinière nécessaire à un hectare, soit 0 fr. 30. Les jeunes plantes, rapprochées dans la pépinière, sont sujettes à de nombreuses causes de destruction (insectes, sécheresse, etc.), et nécessitent des soins. Il faut enfin compter les frais du repiquage.

A l'écartement de 60 centimètres, un hectare de choux compte une longueur de 16 600 mètres de lignes. En supposant un petit semoir à brouette, plaçant les graines à 5 centimètres d'écartement les unes des autres sur les lignes, il faudrait, par hectare, 332 000 graines, représentant 830 grammes ; en admettant 1 kilogramme, cela représente une somme de 3 francs par hectare, à laquelle il faudrait ajouter les frais du démariage. Dans les fermes à betteraves des environs de Paris, on paye 25 francs par hectare pour le démariage et 15 francs par hectare pour le binage à bras qui précède ou qui suit le démariage. La dépense totale serait de (3 + 25 + 15 =) 43 francs. On pourrait diminuer ces frais avec des houes attelées. Aux États-Unis, où l'on établit des cultures maraîchères sur de grandes étendues, oignons, choux, poireaux, carottes, tomates, etc., on sème en place avec des semoirs à bras et l'on fait les sarclages avec des houes à bras.

Il serait intéressant de faire, sur une petite surface, un essai de semis en place des choux vers le milieu du mois de mars (le semis en pépinière ayant lieu vers fin février, mars ou pendant la première quinzaine d'avril, afin de voir si, dans les conditions actuelles, l'opération ne serait pas plus économique que l'achat et le repiquage des plants (M. Rugelmann).

Pour repiquer à la main, il faut 4 ouvriers repiquant des betteraves ou 3 repiquant des choux pour suivre un brabant double tiré par 3 chevaux faisant environ 50 à 60 ares par jour, soit comme dépense :

1 charretier........................	3 francs.
3 chevaux à 5 francs..............	15 —
3 ouvriers et ouvrières à 2 francs....	6 —
Total........	24 francs.

ce qui représente 40 francs par hectare. Soit, en ajoutant le prix des graines, 40 fr. 30.

Envisageons une machine conduite par un homme et un cheval, sur laquelle sont montées deux femmes ayant, devant elles, des paniers contenant le plant à repiquer, qu'elles placent pied par pied dans chacun des plantoirs rotatifs qui tournent devant elles. On aurait le prix de revient suivant :

Un plantoir à cheval à deux raies, écartées de 60 centimètres, faisant environ 3 500 mètres par heure pendant dix heures, soit 35 kilomètres de long sur 1^m,20 de largeur, c'est-à-dire environ 4 hectares, par jour, exigerait :

1 charretier........................	3 francs.
1 cheval...........................	4 —
2 femmes à 2 francs................	4 —
Total........	11 francs.

qui, divisé par 4 hectares, donne 2 fr. 75 par hectare.

Comme résultats, on aurait avec cette machine : travail fait dans un jour : 4 hectares au lieu de 50 ares.

Économie sur les frais de plantation par hectare : 2 fr. 75 au lieu de 40 francs.

Le plantoir mécanique pourrait être en même temps distributeur d'engrais; l'économie des frais d'épandage s'ajouterait à l'avantage de la plantation mécanique.

Repiquage du tabac. — Le tabac est également semé en pépinière, soit sur couches sous châssis, soit en plates-bandes abritées. On sème dès que les grands froids sont passés, en mars, et ces semis sur couche sont échelonnés afin d'avoir du plant pendant toute la durée de la transplantation ; 1 mètre carré de semis produit mille plants de choix. Ces semis en pépinière sont surveillés avec sollicitude ; on arrose, on sarcle, et on éclaircit dès que la planche a quelques feuilles, en laissant entre chaque plante environ 2 à 3 centimètres.

Le tabac se développant lentement, il faut attendre deux à trois mois pour obtenir des plants susceptibles d'être repiqués. On transplante donc en mai-juin sur un sol convenablement préparé et fumé.

Les jeunes pieds de tabac, dont on a dégagé avec précaution les racines de la terre qui les entoure, sont mis en terre au plantoir, en évitant que les racines mères ne soient ni refoulées, ni recourbées. On arrose, afin d'assurer la repousse, visible au bout de trois à quatre jours. Pendant les premiers temps, le tabac végète lentement et doit être sarclé et biné avec soin. L'espacement des plants est réglé administrativement ; mais le planteur bénéficie d'une tolérance, fixée par la loi, de un cinquième en plus de la quantité de pieds, tolérance qu'il a grand avantage à utiliser. Le nombre des pieds à l'hectare varie, suivant les départements, de 30 000 à 40 000 pour le tabac à fumer. Pour le tabac à priser, l'écartement est plus considérable et assure seulement 10 000 pieds à l'hectare.

L'espacement des pieds favorise le développement des feuilles et détermine une augmentation de la proportion de nicotine.

Repiquage en sylviculture. — En sylviculture, le placement des plants dans les lignes de repiquage se fait de deux manières :

1° *Au plantoir* en bois, à manche recourbé, avec pointe garnie en fer : le plant est placé dans le trou fait au plantoir, de telle sorte que les racines ne soient pas relevées (1). Puis le trou est rempli de bonne terre à l'aide du plantoir et refermé en ouvrant avec le plantoir le trou suivant. Le plant doit être

(1) Voy. A. FRON, *Sylviculture* (ENCYCLOPÉDIE AGRICOLE).

suffisamment serré latéralement pour qu'il ne puisse pas se soulever par un léger tirage. Ce procédé convient pour de petits plants, et dans des sols qui ne sont pas trop compacts.

2° *En rigoles.* On creuse à la houe un sillon assez profond pour que les racines puissent s'allonger dans leur position naturelle ; on dresse un des côtés de cette rigole à peu près verticalement et on applique les plants sur le côté vertical dans leur position naturelle en étalant le mieux possible les racines. Le sillon est ensuite rempli avec de la terre tassée fortement avec la main. Ce procédé est assez généralement employé dès que les plants doivent être enterrés de plus de 4 à 5 centimètres.

Dans cette méthode, on se sert parfois de planches à repiquer préparées spécialement pour placer en même temps, à des distances convenables (fig. 76), un certain nombre de plants le long des parois de la rigole, dans leur position naturelle.

Dans tous les cas, les plants doivent être enterrés jusqu'au collet de la racine ; ils occupent à la fin de l'opération une position identique à celle qu'ils présentaient naturellement en pépinière avant l'arrachage ; un enfouissement trop considérable du plant est nuisible.

Aussitôt après le repiquage, il est bon d'arroser copieusement les lignes repiquées, surtout si l'on opère à une époque un peu tardive de l'année.

QUATRIÈME PARTIE

SOINS D'ENTRETIEN

CHAPITRE PREMIER
HERSAGE. — ROULAGE

1. — HIVERNAGE DES SEMIS D'AUTOMNE

Rôle de la neige. — Pendant les hivers froids, où la neige est rare, les jeunes plantes sont souvent détruites par la gelée. La gelée ne tue pas la plante en brisant la paroi cellulaire, mais plutôt en déterminant une transformation dans la constitution de la membrane cellulaire. Après le dégel, le suc des cellules, qui, sous l'influence de la gelée, s'est retiré dans les espaces intercellulaires, ne peut plus traverser à nouveau les membranes mortes; les cellules ne peuvent plus se nourrir et la plante meurt.

Il est rare que les céréales gèlent sous notre climat ; le seigle est, à ce point de vue, plus résistant que le blé. Ce sont les plantes riches en eau, les racines et les tubercules qui sont le plus facilement atteints. Les jeunes plantes à végétation trop exubérante sont plus sensibles au froid. Les plantes cultivées sur des champs ayant reçu comme fumure, peu de temps avant les semailles, du fumier pailleux ou des engrais verts gèlent facilement parce que le sol n'a pas eu le temps de se rasseoir suffisamment avant l'apparition des premiers froids, et laisse des espaces vides permettant à la gelée d'atteindr les racines des plantes. Ces champs doivent être fortement roulés avant l'hiver.

La neige est le meilleur abri naturel des plantes contre la gelée; il est utile de veiller à ce que la surface du sol ne soit pas trop aplanie et présente des mottes qui retiennent la neige et l'empêchent de s'envoler au vent.

On peut même parfois recouvrir les jeunes trèfles et les prairies nouvellement créées avec du fumier pailleux ou tout autre résidu économique. Cette couverture ne doit pas cependant être trop épaisse, pour ne pas nuire à la pénétration de l'air. On dégagera les plantes dès le début du printemps. Pour éviter les ravages des petits mammifères, mulots, campagnols, etc., qui se réfugient sous cet abri, on répartit sur la surface de la prairie un poison approprié. En outre, il faut éviter le plus possible une coupe tardive des jeunes trèfles et prairies, car il ne reste plus un temps suffisant pour la repousse des nouvelles feuilles nécessaires pour abriter le cœur du végétal contre les basses températures. Le praticien enfin recherche les variétés résistantes à la gelée et n'emploie que de bonnes semences, donnant des végétaux précoces, plus vigoureux et plus résistants au froid.

Il ne faudrait pas croire cependant que la neige ait toujours une influence favorable sur la végétation ; elle peut, dans certaines conditions, devenir nuisible. Lorsqu'elle repose, pendant un temps assez long, sur un sol non gelé, il arrive qu'une grande partie des jeunes plantes soit détruite par un champignon du genre *Fusarium*, qui se développe particulièrement dans ces conditions. On se met en garde contre ses ravages en aspergeant la semence avec une solution de sublimé à 1 p. 100.

Si le tapis de neige est trop épais ou que la neige est gelée en surface, les plantes ne peuvent plus trouver l'oxygène dont elles ont besoin pour leur respiration et meurent asphyxiées. Si, de plus, le sol n'est pas gelé et s'il est humide, les feuilles commencent à pourrir, puis les racines, d'autant plus rapidement que le sol est plus actif et plus chaud. On doit herser la surface de neige congelée, ou faire passer sur le champ un troupeau de moutons.

Déchaussement. — Pendant l'hiver, les semailles d'automne souffrent du *déchaussement*. L'eau renfermée dans la couche arable passe à l'état de glace, se dilate et soulève la surface du sol. S'il survient des journées chaudes, le sol

Fig. 79. — Hersage après un labour d'incorporation des engrais au sol. Culture du tabac dans la Gironde

dégèle petit à petit, en commençant par la partie supérieure, et s'abaisse, mettant à nu, sur une plus ou moins grande longueur, les racines des plantes. Peu à peu la plante est déterrée complètement et les racines les plus faibles sont brisées. Il faut alors, le plus tôt possible, rouler ces plantes déchaussées, pour reprendre contact avec le sol et permettre ainsi aux végétaux de se fixer et de se nourrir à nouveau. Une petite dose de nitrate de soude ou de sulfate d'ammoniaque (100 à 200 kilogrammes à l'hectare) est un utile adjuvant. L'engrais, en modifiant la composition du suc cellulaire, augmente également la résistance des plantes contre la gelée.

Les végétaux croissant sur des sols humides, peu perméables, souffrent plus du déchaussement que les plantes cultivées sur des terrains secs et bien ressuyés. Il faut donc chercher à enlever par le drainage l'excès d'humidité du sol. Pour la même raison, les plantes se déchaussent facilement dans les terrains meubles, poreux, qui aspirent l'eau rapidement et en grande quantité.

Il est nécessaire d'effectuer le plus tôt possible le labour d'hiver, afin que le sol soit suffisamment rassis en profondeur dès l'apparition des premières gelées. Si le champ doit être fumé tardivement avec du fumier pailleux ou des engrais verts, on le roulera fortement avant l'hiver afin que la terre soit convenablement tassée en surface.

Travaux d'hiver. — Lorsque l'hiver est doux et humide, les semis d'automne succombent souvent sous l'influence simultanée de l'excès d'eau contenu dans le sol et du manque d'air qui en est la conséquence. Après de fortes pluies ou une fonte rapide de la neige, l'eau ne s'écoule plus, séjourne un certain temps à la surface des champs et submerge les cultures. Elle s'infiltre plus ou moins vite dans la terre arable, chassant complètement l'air du sol. Par suite du manque d'oxygène et de l'excès de gaz carbonique, il se produit une véritable fermentation intracellulaire qui amène rapidement la pourriture des racines, puis des organes aériens.

Le drainage et les travaux superficiels qui peuvent faciliter l'écoulement de l'eau (rigoles, fossés, etc.) sont recommandables. Parfois les dégâts subis sont tels qu'il faut laboufer et ensemencer à nouveau. Notons qu'on pourra, dans certaines conditions, conserver un champ de blé assez fortement endommagé, alors qu'il faudrait retourner le même champ s'il était ensemencé en seigle. Le blé, en effet, ne talle qu'au printemps, alors que le seigle fait son pied avant l'hiver. Mais, en général, même si l'on peut, en favorisant le tallage des pieds restants, obtenir un nombre suffisant d'épis au mètre carré, il est encore préférable de labourer le sol à la fin de l'hiver et de l'ensemencer avec une céréale de printemps, à condition que ce nouveau semis soit fait en temps voulu (G. Ménard).

Certaines cultures craignent particulièrement l'humidité excessive. Durant la saison hivernale, parfois dès la fin des semailles, on ouvre, à l'aide du buttoir, des raies d'écoulement dirigées suivant les pentes naturelles du sol et conduisant l'eau vers une rigole d'évacuation située au fond du thalweg. On répandra uniformément, de chaque côté de ces raies, la terre soulevée par le soc, qui risquerait, sans cette précaution, d'arrêter les eaux d'orage ou la fonte des neiges.

En sol argileux, à sous-sol imperméable, on creuse des *dérayures* parmi les cultures de colza. La terre, rejetée en mottes au pied des plants, rechaussera les jeunes tiges à la fin de l'hiver ; dans quelques régions, on butte même parfois le colza à l'automne.

Soins à donner aux blés d'hiver, au printemps. — Parfois les blés gelés présentent des touffes petites et grêles plus ou moins aplaties au ras du sol, les unes grillées et roussies, les autres montrant une teinte violet rougeâtre, caractéristique d'un blé qui a souffert. Cependant si les touffes et les tiges adhèrent solidement au sol, la récolte peut être sauvée.

L'emploi d'un engrais azoté actif, directement assimilable, nitrate de soude ou nitrate de chaux, ranime les blés, leur donne le coup de fouet nécessaire pour les faire partir vigoureusement (50 à 75 kilogr. de nitrate par hectare). Fin mars, début d'avril, si certains blés conservent leurs feuilles plus ou moins jaunes, il sera bon de répandre à nouveau 50 kilogr. de nitrate par hectare.

Même dans les terres riches, l'emploi du nitrate est avantageux. Si le sol est particulièrement froid, après les gelées intenses et prolongées, l'activité des ferments de la terre est à peu près nulle, le blé ne trouve pas, dans le sol, le nitrate dont il a besoin, surtout quand l a souffert. Au nitrate de soude, on pourra mélanger avantageusement 200 à 300 kilogr. de superphosphate par hectare.

Des façons aratoires, appropriées aux diverses natures des terres, compléteront les heureux effets de ces engrais.

Dans les sols légers, dans les terres de craie, par exemple, la gelée a fait foisonner le sol qui se soulève. Au dégel, sous l'action de la pluie, la terre se tasse à nouveau peu à peu, le plant de blé ne suit pas ce mouvement, et les racines de la plante restent à nu, découvertes au-dessus de la surface du champ : le blé est presque certainement perdu. Pour ces terres où le blé se déchausse facilement, il sera utile, aussitôt que le temps le permettra, dès que le dégel sera complet et que les attelages pourront, sans gâcher le sol, pénétrer sur les parcelles, de rouler et mieux de croskiller énergiquement les blés.

Sur les terres fortes, plus ou moins compactes, dans les terres de limon même, les conditions sont très différentes. Là, le sol est déjà trop serré, il faudra, au contraire, l'aérer, l'ameublir, activer la nitrification, lui permettre d'emmagasiner de nouvelles quantités d'eau pour la période de l'été, détruire les germes des mauvaises plantes qui commenceraient à sortir, etc. (H. Hitier).

Aux beaux jours, courant de mars et avril, lorsque les blés auront déjà pris quelque développement, les binages et les hersages devront être multipliés ; les herses dites *émotteuses* fournissent un travail excellent sur les blés au printemps.

Le travail des blés en mars et avril est encore beaucoup trop peu répandu dans nombre de régions. Cependant, en Brie, en Beauce, dans le Vexin, dans le Soissonnais, les plaines du nord de la France, dans les fermes aux forts rendements, les praticiens habiles assurent que les belles récoltes dépendent, en grande partie, des façons aratoires nombreuses données aux blés au printemps.

Fig. 80. — Le hersage.

Par ces façons, par l'épandage des engrais, on favorise le développement de racines nouvelles chez le blé. Ces racines, partant du collet, donnent au blé de la vigueur, lui permettent de résister aux attaques des maladies, aux accidents, à l'échaudage, et assurent des rendements élevés.

II. — HERSAGE

Il est donc utile, indispensable même, de herser certaines cultures.

Céréales. — Lorsqu'un printemps sec succède à un hiver humide, il se forme à la surface du sol, sous l'influence du hâle, une croûte dure, sèche, imperméable, s'opposant à la pénétration dans la terre des racines qui poussent au collet des blés d'hiver. Un hersage donné au blé, dès le mois de mars, lorsque la terre est ressuyée, assure les meilleures conditions de végétation, en brisant la couche imperméable, en rechaussant la plante et en détruisant les plantes adventices. Thaër recommandait même de donner, à cet effet, un hersage très énergique. On hersera avantageusement les blés clairsemés, qui talleront plus abondamment.

Le hersage des avoines au printemps, lorsqu'elles ont la hauteur du doigt et présentent trois ou quatre feuilles, est une opération avantageuse. Ce travail, qu'on appelle *regratter, réveiller, reherser* l'avoine, favorise le tallage, aère les couches superficielles du sol et contrarie le développement des plantes adventices, de la moutarde des champs et de la ravenelle notamment, qui causent parfois des dommages sérieux parmi ces cultures. L'emploi des herses légères à dents courtes et larges est particulièrement recommandable.

Plantes-racines et tubercules. — En général, les semoirs à betterave portent, à l'arrière des tubes distributeurs, de petits rouleaux qui plombent le sol au-dessus des semences. Parfois, l'agriculteur, jugeant cette action insuffisante, fait passer après les semailles un rouleau Croskill et un rouleau ordinaire.

Ces façons culturales, resserrant la terre autour de la semence, facilitent la germination, mais favorisent égale-

ment la levée des plantes adventices. De plus, si une pluie
continue bat le sol après le roulage, il se forme bientôt une
croûte dure, nuisible aux jeunes plants. Il importe donc de
briser cette croûte à l'aide d'une herse légère, une herse
émotteuse au besoin (fig. 82). La succession et l'importance

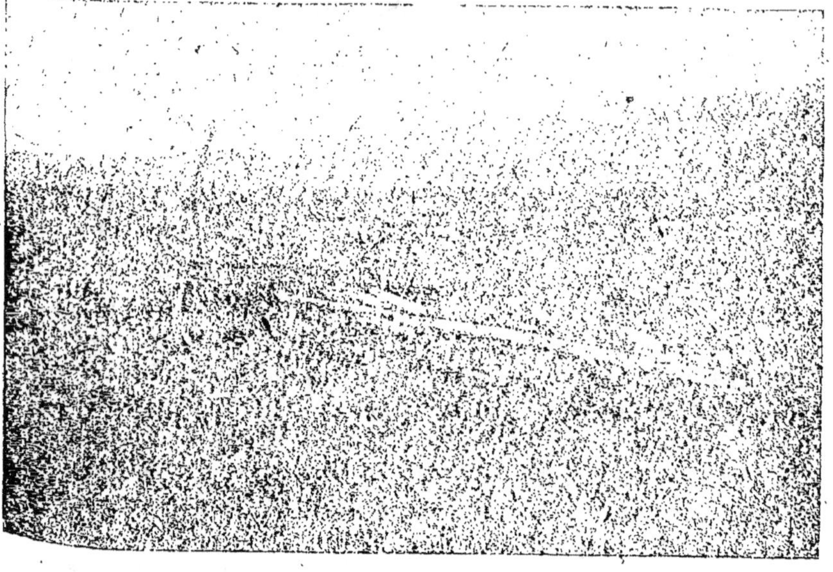

Fig. 84. — Herse utilisée en Macédoine.

de ces deux façons : roulage et hersage, dépendront d'ailleurs de la nature du sol, de la température, du temps, etc.

Il est indispensable de herser les champs de pommes de
terre après la plantation, avant l'apparition des mauvaises
herbes. On répétera avec avantage ces façons aratoires même
après la sortie des jeunes pousses ; dès que les lignes seront
visibles, on effectuera des binages.

Cultures diverses. — Un hersage donné lorsque la navette a quatre ou cinq feuilles permet, dès l'automne (fin
septembre), d'éclaircir les semis trop drus. Sauf des cas ex-
ceptionnels d'envahissement du terrain par la moutarde,
la ravenelle, on ne sarcle pas les navettes.

Lorsqu'une pluie abondante a, dès la semaille du chanvre, durci la surface, on détruit cette croûte imperméable nuisible à la levée des plantes à l'aide d'instruments aratoires passant à travers les lignes : c'est ce que les cultivateurs appellent *décitrer* les soles de chanvre.

On utilise, pour ces divers travaux, suivant les cultures, les

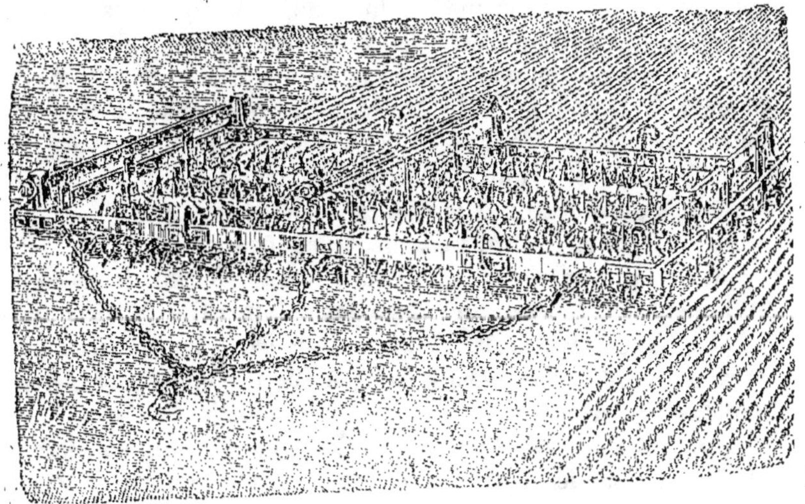

Fig. 82. — Herse écroûteuse-émotteuse.

sols et les saisons, les divers modèles de herses plus ou moins perfectionnées, rigides, accouplées, souples, norvégiennes, émotteuse (fig. 82), à dents flexibles (1), etc.

III. — ROULAGE

Au lieu de diviser le sol, de le soulever, il est des circonstances où l'on doit au contraire le tasser, le plomber.

Céréales. — Lorsque les blés ont été déchaussés par l'hiver, il convient de donner un coup de rouleau. Le croskill passant

(1) Voy. P. DIFFLOTH, *Le sol et les labours* (14ᵉ mille).

sur ces terrains, vers la fin de mars, rétablit le contact entre le sol et les racines, en couchant les tiges et en appliquant sur la terre les jeunes plants de blé. Il se forme, à chaque nœud, des rejets nouveaux qui assurent un tallage abondant. C'est dans ce but que l'on roule les blés de printemps vers la fin d'avril, lorsqu'ils ont 8 à 10 centimètres de haut. Les autres céréales bénéficient également des roulages de printemps.

Les céréales possèdent en effet la propriété de développer, dans un milieu favorable et humide, de nouvelles racines au-dessus du collet. Cette action est si nette qu'on a pu baser sur ce fait, nous l'avons vu, une méthode de culture en sol aride (système du D^r La Marca). Les blés semés à 3 centimètres de profondeur reçoivent deux légers buttages ou « rechaussements » qui développent chacun un nouvel étage de racines permettant à la plante de se développer.

Le roulage, en outre, tasse la terre, égalise le sol, enfonce les pierres et permet ainsi la coupe rez terre des céréales ; le rendement en paille augmentera sensiblement.

Cette opération est si avantageuse aux cultures de céréales qu'on roule parfois le blé sur les lignes dès les semailles.

Roulage sur les lignes. — Cette opération consiste à faire passer sur les lignes de céréales, immédiatement derrière le semoir, un rouleau formé de disques cannelés de 10 centim. de large ; en les remplissant de sable ou d'eau, on peut encore augmenter la charge. N'étant pas calés sur l'axe du rouleau, les disques épousent parfaitement la surface du sol. Le rouleau, très lourd, trace un sillon assez profond pour protéger la plantule dès la levée et atténuer l'effet des vents desséchants. L'augmentation des rendements due à ce roulage énergique est des plus sensibles.

Les expériences entreprises démontrent d'une façon très nette les avantages de l'emploi du rouleau pour les ensemencements de blé d'automne. Si la terre est trop peu serrée, soit par suite d'enfouissement tardif des fumiers, ou de l'emploi de fumiers pailleux, le blé semé se trouve dans de mauvaises conditions, et il faut avoir recours au rouleau pour raffermir le sol.

On a souvent remarqué que le blé situé dans les lignes tracées par les roues du semoir ou le passage des voitures se comporte mieux pendant la période de végétation et durant l'hivernage que les plantes qui n'ont pas été pressées. Cette observation a suggéré l'idée d'employer des rouleaux spéciaux pour le tassement de chaque ligne de blé. On a utilisé des rouleaux pesant environ 5 kilogrammes pouvant être adaptés sur les semoirs en lignes. Il convient évidemment d'éviter de niveler ultérieurement la terre par un hersage.

La neige s'accumule et se conserve dans les raies dirigées du nord au sud ; on crée ainsi de véritables réservoirs d'humidité, et la plante est protégée. Dans le cas de dégel suivi de temps chaud, les jeunes végétaux ont moins à redouter une évaporation plus intense et la sécheresse du sol.

Les raies peuvent jouer également un rôle utile, lorsque, vers la fin de l'hiver, les nuits étant très froides, les journées sont relativement chaudes ; les plantes souffrent alors des changements brusques de température. Or, l'humidité étant plus abondante dans les parties tassées et l'eau étant mauvaise conductrice de la chaleur, les transitions entre les températures du jour et de la nuit sont moins brusques.

On a réalisé des expériences culturales en passant une ligne sur deux à l'aide d'un rouleau spécial. Au mois d'avril on constatait un état de végétation différente entre les lignes roulées et non roulées. Le blé paraissait avoir été semé à un très grand écartement, car la ligne non roulée disparaissait presque complètement entre le blé des raies tassées par les rouleaux.

Dans le milieu du champ d'expérience et sur une longueur de 3 mètres, on établit exactement le nombre de plantes, de feuilles, de tiges, le poids des racines, le développement de ces organes sur des tiges roulées et non roulées.

Les résultats obtenus pour une longueur de 1 mètre figurent dans le tableau suivant :

Blé.

	DANS LES LIGNES NON ROULÉES.	LIGNES ROULÉES.	EN PLUS (+) DANS LES LIGNES ROULÉES.
Nombre de plantes sur 1 m. de longueur.....	25	34	+ 9 = 36 p. 100.
Poids des plantes sur 1 mètre.............	124^{gr},1	204^{gr},5	+ 80^{gr},4 = 64,79 p. 100.
Poids de chaque plante séparée.............	4^{gr},964	6^{gr},015	+ 1^{gr},051 = 21,17 p. 100.
Nombre des tiges sur 1 mètre.............	116,73	162,5	+ 45,77 = 39,21 p. 100.
Tallage.............	4,669	4,78	+ 0,111 = 2,38 p. 100.
Hauteur.............	13^{cm},07	15^{cm},79	+ 2^{cm},72 = 20,81 p. 100.
Poids des racines séchées pour chaque plante.............	0^{gr},152	0^{gr},181	+ 0^{gr},029 = 19,40 p. 100.

En outre de l'augmentation du nombre des plantes, on observe une végétation vigoureuse, un plus grand dévelop-

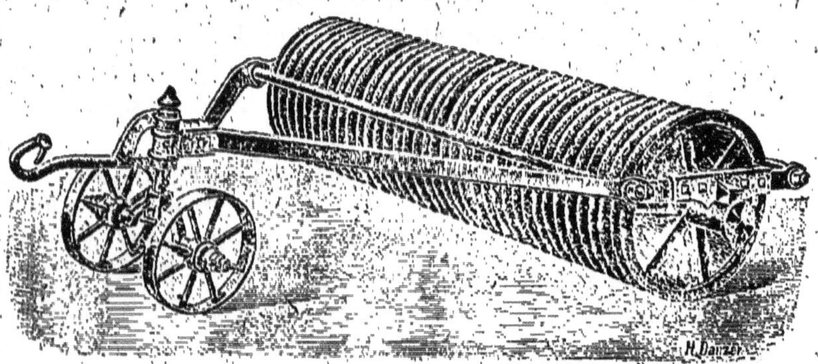

Fig. 83. — Rouleau ondulé.

pement, conséquence de l'augmentation de poids des racines séchées (19,40 p. 100).

Les plantes non roulées accusèrent une teneur en matière sèche de 20,03 p. 100 contre 19,18 p. 100 pour les plantes roulées. Mais bien que ces dernières fussent plus riches en eau, leur teneur absolue en matière sèche fut cependant plus grande, en raison du poids plus élevé des organes végétatifs ; on trouva 39gr,22 contre 24gr,85 pour les plantes non roulées sur 1 mètre de long. Les analyses révélèrent sur les lignes non roulées 3gr,75 de cendres par mètre de plants ; on obtint 6gr,34 pour les lignes roulées. Pour l'absorption de l'azote, le mètre courant de lignes roulées donna 1gr,25 et pour les blés non roulés 0gr,78.

Aux dates des essais, la hauteur des plantes était la suivante :

Le 26 avril, les lignes roulées avaient 2cm,72 en plus.
Le 10 mai,   —   —   4cm,29   —
Le 24 mai,   —   —   5cm,01   —
Le 7 juin,   —   —   7cm,10   —
Le 21 juin,   —   —   4cm,20   —
Le 4 juillet,   —   —   0cm,87   —

La moisson fut effectuée à la faucille le 21 juillet ; la récolte, pesée, donna, rapportée à 1 hectare, les résultats suivants :

	Lignes non comprimées. Quintaux.	Lignes comprimées. Quintaux.	Différences en faveur des lignes comprimées. Quintaux.
Rendement en grains........	20,25	33,42	+ 13,17
— en paille.........	31,53	52,56	+ 21,03
— en balles.........	1,75	7,28	+ 2,53
Valeur totale de la récolte.	56,53	93,26	+ 36,73

On put réunir en outre les renseignements suivants à la récolte :

	En lignes non comprimées.	En lignes comprimées.
Nombre de plantes sur 1 mètre de long...................	16,09	22,73
Nombre d'épis................	37,76	64,52
Nombre de talles par pied......	2,26	2,83
Poids moyen d'un épi..........	1gr,18	1gr,22

On trouve à la récolte, dans les lignes comprimées, des plantes plus nombreuses, plus vigoureuses, des talles plus abondantes, des épis plus lourds. L'analyse chimique du blé récolté donne un dernier élément d'appréciation :

	Lignes non comprimées.	Lignes comprimées.
Azote...................	2,861 p. 100	3,049 p. 100
Cendres.................	2,010 —	3,280 —

ıl semble résulter de ces expériences que la compression des lignes, sur une largeur de quelques centimètres seulement, est un moyen pratique et efficace de protéger les blés contre les rigueurs de l'hiver, de lutter contre la sécheresse et d'augmenter les rendements:

Plantes-racines et tubercules. — On roule avec avantage les jeunes plants de betteraves après leur levée, dès la fin du premier binage, par exemple, quelquefois même avant

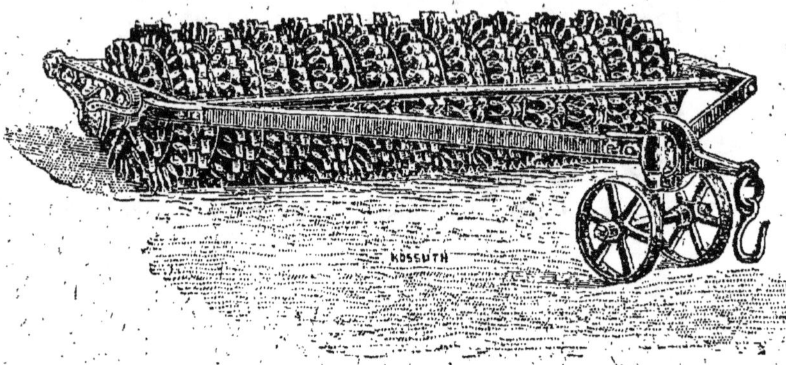

Fig. 84. — Rouleau Croskill.

ou après le démariage. Les jeunes plants, qui paraissent d'abord souffrir de ces façons aratoires, reprennent bientôt une nouvelle force.

Après la plantation des tubercules (pommes de terre, topinambours...), on roule les sols légers. Parfois même, en terre un peu consistante, et lorsque la plantation s'est faite à la charrue, le croskill est nécessaire pour briser les mottes, aplanir les bandes, et deux croskillages sont même indispensables afin d'ameublir superficiellement la terre, d'empêcher son durcissement par les sécheresses et de permettre la bonne exécution des hersages ultérieurs.

Les roulages s'exécutent avec les divers instruments convenant à chaque cas particulier (rouleaux plombeurs, rouleaux à disques tranchants, croskills, rouleaux ondulés, rouleaux squelettes, etc.) (1).

(1) Voy. COUPAN, *Machines de culture.*

CHAPITRE II

SARCLAGE. — BINAGE

I. — UTILITÉ DES SOINS D'ENTRETIEN

Binage. — Le binage a pour but d'ameublir la surface du sol par un travail superficiel et de détruire les mauvaises herbes.

Cette opération, usitée depuis un temps immémorial en horticulture et en culture maraîchère, est devenue d'un emploi courant dans les régions à culture intensive où l'on bine non seulement les plantes sarclées, mais encore les céréales semées en lignes.

Le sol, ameubli par les labours et les hersages, ne reste pas en cet état. Sous l'action des agents atmosphériques, vent, chaleur, rosée, etc., il se raffermit, se tasse, et, lorsqu'il a été détrempé par la pluie, forme à sa surface une croûte imperméable, qui s'oppose à la pénétration de l'air et de l'eau, tout en entravant la croissance des jeunes plantes.

Les couches inférieures du sol peuvent conserver pendant longtemps leur ameublissement, et les labours profonds ne se renouvellent qu'à des époques éloignées ; la surface du sol, au contraire, soumise directement à l'influence des agents extérieurs, se tasse très vite.

Le binage permettra de briser cette couche superficielle et de déterminer un nouvel ameublissement de la surface du sol.

Cette opération exerce, en outre, une influence considérable sur la circulation de l'eau dans le sol : *les terres binées restent plus fraîches que les terres non travaillées.*

En rompant les fins canaux capillaires formés par les espaces interstitiels des éléments du sol, on entrave, en effet, l'ascension de l'eau par capillarité et sa perte par évaporation. La couche superficielle ameublie se desséchera sans doute plus rapidement, mais la fraîcheur du sol se maintiendra dans les couches moyennes et profondes, c'est-à-dire à proximité des racines. Une terre ameublie à la surface perd une quantité bien moindre d'eau par évaporation qu'une surface tassée au niveau du sol. C'est pour ces raisons que les binages ont toujours été employés dans les contrées méridionales exposées aux sécheresses (fig. 85).

Bien que confirmé par des expériences de Nessler, Wagner

Fig. 85. — Binage à la main.

Grandeau, Wollny, le rôle de l'influence du binage sur la capillarité semble être mis en doute actuellement par certains techniciens. Quelle que soit la cause déterminante, il n'en demeure pas moins démontré que ces opérations entretiennent l'état d'humidité du sol.

L'ameublissement du sol, l'été, permet de plus la facile pénétration des eaux pluviales à une époque où les végétaux peuvent souffrir des premières chaleurs. L'eau stagnante nuit à la végétation ; les eaux d'infiltration, au contraire, apportent aux racines des éléments nutritifs solubles.

La couche superficielle ameublie est rendue mauvaise conductrice de la chaleur, par l'air interposé ; la partie inférieure reste donc plus fraîche. Les racines, qui se dirigent toujours vers les parties humides, s'enfoncent profondément, donnent aux végétaux plus de solidité et prennent une forme régulièrement pivotante.

Le sol biné est plus aéré, et les réactions chimiques et biologiques s'y exercent plus activement. La nitrification est plus intense, et la couche ameublie se montre favorable à la formation et à l'absorption des rosées qui l'enrichissent de l'ammoniaque et de l'acide nitrique puisés dans l'air.

Les binages enfin aident à la division mécanique des éléments insolubles du sol et facilitent par suite leur assimilation.

Sarclage. — Ces travaux d'entretien permettent enfin de lutter contre les mauvaises herbes. Le travail superficiel des terres cultivées, en vue de détruire les mauvaises herbes, porte plus particulièrement le nom de *sarclage*.

La propreté des terres arables est une des conditions premières de leur productivité ; les plantes adventices, souvent d'un développement plus rapide que les végétaux cultivés, absorbent les éléments fertilisants du sol et retiennent l'humidité disponible. Il n'est pas rare de voir les mauvaises herbes profiter largement des engrais chimiques bien avant la plante cultivée. La lutte contre les plantes adventices est donc une opération indispensable, et les binages, sarclages, facilitent leur destruction.

D'après Dehérain, le rôle améliorateur du binage, du sarclage, relativement à l'humidité du sol, s'expliquerait surtout par la destruction des plantes adventices qu'il provoque. Les plantes herbacées sont en effet de puissants appareils d'évaporation ; elles présentent aux radiations solaires une surface infiniment plus grande que celle des terres qui les portent, et leurs racines puisent l'eau à diverses profondeurs pour la rejeter dans l'atmosphère « avec une tout autre énergie que la capillarité ne fait monter l'eau souterraine jusqu'aux couches superficielles ».

Le binage et l'humidité du sol. — On peut avoir une idée de la différence des proportions d'humidité d'une terre nue ou cultivée par les chiffres suivants (Dehérain) :

	Humidité.
Terre nue non binée..................	16,7 p. 00
Culture de vesce (arrosée)...............	12,0 —
— (non arrosée)...........	9,4 —
Culture de luzerne (arrosée)............	9,0 —
— (non arrosée).......	8,5 —

Fig. 86. — Binage à la poussette.

Les terres emblavées renferment, dans cette expérience, au plus 12 centièmes d'humidité quand elles ont été arrosées et 9 centièmes quand elles ne l'ont pas été, tandis que les terres nues contiennent 16 à 17 centièmes d'humidité. L'influence des plantes dans la déperdition de l'eau du sol par évaporation — par conséquent le rôle défavorable des mauvaises herbes dans les cultures — est donc manifeste.

Que le binage, le sarclage doivent leurs effets bienfaisants à
l'amoindrissement de l'ascension capillaire de l'eau ou à la
destruction de ces puissants appareils évaporants que sont
les plantes adventices, leur rôle favorable se révèle néanmoins
avec une netteté frappante, et les cultivateurs disent fréquemment : « deux binages valent un arrosage ».

Dans les sols travaillés, les pertes se réduisent à l'évaporation de l'humidité du sol dans les vides formés dans la
couche ainsi ameublie et, consécutivement, à la diffusion de
cette vapeur d'eau dans l'atmosphère.

Si une pluie survient après le binage, elle opère un tassement et rétablit ainsi une pellicule d'eau continue du sous-
sol à la surface ; un nouveau travail du sol est alors indispensable. On observe parfois qu'une ondée, survenant au cours des
sécheresses, peut activer la dessiccation du sol, précisément par
suite du rétablissement de la continuité entre les assises superficielles et l'eau des couches profondes. Le sol ameubli par le binage joue donc le même rôle que le « paillis » employé en jardinage.

L'influence des binages sur la bonne répartition des réserves
d'eau du sol peut se démontrer par le fait suivant : une récolte
de turneps, grâce à de fréquents binages, peut presque se
passer de fumure azotée, bien qu'elle exporte en moyenne
100 kilogr. d'azote par hectare. Au contraire, une récolte
de blé, qui en exporte moins de la moitié, exige des engrais
azotés, parce qu'elle végète durant la partie la plus froide
de l'année sur un sol non travaillé (Hall).

La différence de perte journalière d'humidité sur un sol
biné à 7 centimètres et un sol non travaillé peut atteindre
7 tonnes et demie par hectare (Wolny).

La conservation de l'humidité du sol n'est pas la seule
action bienfaisante du binage ; il faut noter également, outre
l'aération du sol, la nitrification plus active, la répartition des
microorganismes, l'échauffement des assises superficielles, etc.

II. — TECHNIQUE DU BINAGE

Généralités. — On doit commencer les binages dès la
levée des mauvaises herbes ou même avant leur apparition.

Fig. 87. — Binage à la main des betteraves.

Dès que les lignes de jeunes betteraves se montrent à la surface du sol, il est utile de biner. Cette opération est d'autant plus recommandable que le sol est durci à la surface. On détruit ainsi les plantes adventices avant qu'elles aient prélevé au sol l'humidité ou les éléments nutritifs. La circulation est d'ailleurs plus facile dans les champs à cette époque.

La terre doit être travaillée sur une épaisseur variant de 2 à 8 centim. Ordinairement, on donne plusieurs binages, et le nombre en est déterminé par les circonstances météorologiques, la nature du sol, la culture envisagée, etc. Le premier binage est superficiel et n'intéresse que les 2 ou 3 centim. de couche arable ; il exige beaucoup d'attention, étant donné le faible développement des végétaux cultivés. Les binages suivants attaqueront une profondeur plus considérable du sol.

Sur les terrains lourds et compacts, il faut éviter de biner par un temps sec : la terre durcie laisse difficilement pénétrer les instruments, les plantes adventices rompues et non arrachées peuvent émettre de nouvelles tiges. L'opération sera également difficile par les temps pluvieux, sauf en terres légères. Il importe d'attendre un temps approprié et de choisir de préférence le lever du jour, avant la disparition de la rosée.

Les semis en lignes facilitent les binages, et les cultures sarclées se prêtent parfaitement à ces travaux ; pour les plantes-racines ou les tubercules, on donne des binages plus profonds. Le hersage des céréales semées à la volée joue le rôle d'un binage ; il faut éviter d'effectuer cette façon aratoire trop énergiquement dans les sols légers ou sur les terres soulevées par la gelée.

Les binages sont pratiqués soit à bras, soit à l'aide d'instruments attelés.

I. — Binages à la main.

Houes à bras. — Ce travail s'effectue à l'aide de divers instruments : houes pleines ou à dents, binettes, ratissoires, etc.

Il existe des houes emmanchées munies de dents élastiques (fig. 88), amovibles, à écartement variable, etc.

Si l'instrument, pour faciliter le travail, est muni de roues supports et de mancherons, on obtient les *houes à bras* ou binettes, poussettes (fig. 86), les *charrues à bras* munies de petits socs et de versoirs, de lames d'extirpateur, etc. Dans certains modèles, l'ouvrier marche à reculons (appareils dits *rétro-force*) ; à l'aide d'une chaîne fixée à la ceinture par l'intermédiaire d'un amortisseur, il exerce un effort plus grand et ne piétine pas la surface travaillée ; le rendement comme travail semble supérieur.

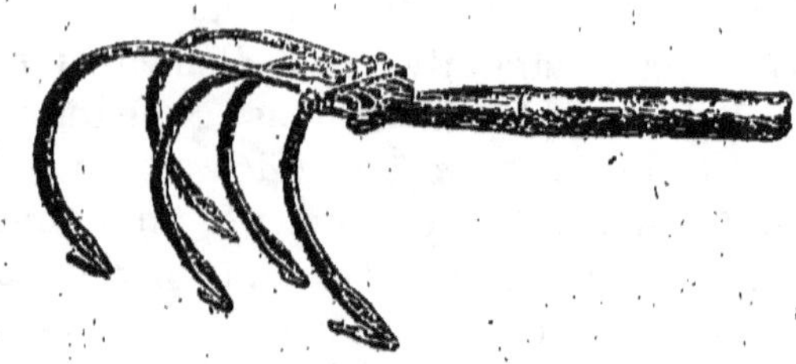

Fig. 88. — Petite houe à bras à dents élastiques.

La houe peut recevoir les pièces les plus variées : coutres, lames, socs, versoirs, griffes, qu'on adapte au bâti suivant la nature du travail à effectuer.

Le binage à la main permet d'approcher le plus près possible des plantes cultivées et d'ameublir régulièrement le sol. Mais le travail avec ces instruments est lent et coûteux. L'ouvrier avance graduellement entre les lignes, en évitant de tasser avec ses pieds le terrain parcouru et de recouvrir de terre les plants cultivés.

En Allemagne, les binages à la main s'effectuent d'une manière générale dans toutes les fermes à culture intensive. Des femmes, armées d'un échardonnoir et dirigées par un surveillant, passent à travers les lignes des végétaux cultivés, détruisant les plantes adventices (fig. 87). Ces méthodes sont adoptées également dans les régions à culture intensive du Nord et des environs de Paris où l'on peut voir les ouvriers biner, dès le mois de mai, les blés d'hiver.

II. — Houes à cheval.

Généralités. — Les houes à cheval, utilisées dans les cultures en lignes, permettent une exécution plus rapide et par suite, une répétition plus fréquente des binages. Certains instruments ne travaillent qu'un nombre limité d'interlignes; d'autres binent simultanément plusieurs raies. Employés dans es cultures de céréales semées en lignes, ces instruments peuvent nettoyer 4 à 5 hectares par jour (fig. 90).

Les pièces travaillantes des houes sont des coutres, des ver-

Fig. 89. — Houe à expansion parallèle.

soirs, des pièces de scarificateurs, d'extirpateurs ou de cultivateurs montées sur des bâtis spéciaux. On distingue les *houes à un rang* qui travaillent dans un seul interligne, parmi les cultures semées en lignes distantes, et les *houes multiples* qui travaillent plusieurs interlignes.

Houes à un rang. — La largeur des interlignes étant variable, le bâti de ces instruments est à expansion, soit *à expansion angulaire*, soit *à expansion parallèle.*

Dans le premier type, les pièces travaillantes ne conservent pas leur position normale par rapport à la ligne de traction, bien que certaines houes permettent un redressement de ces pièces, à l'aide de dispositifs souvent compliqués ou délicats. *L'expansion parallèle* n'offre pas cet inconvénient, mais il y

Fig. 90. — Binage à la houe à cheval.

a lieu de craindre le porte-à-faux du montage à l'extrémité des supports transversaux, inconvénient qui oblige à augmenter leur épaisseur et leur largeur (fig. 89). Les houes angulaires offrent en résumé des avantages de commodité de réglage et de légèreté.

Le bâti de ces houes est muni à l'avant d'une roue dont on peut faire varier la distance au sol et, à l'arrière, de manche-

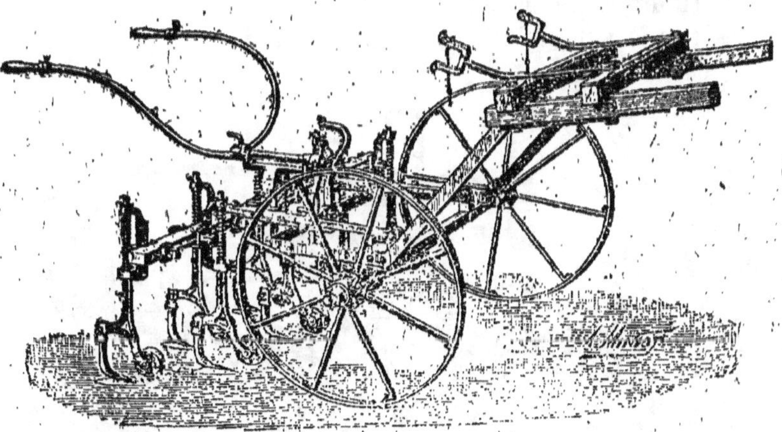

Fig. 91. — Houe multiple à cheval à cadre mobile et gouvernail oscillant.

rons servant à diriger l'instrument et à maintenir convenablement l'entrure des pièces travaillantes dans les terres. Pour faciliter ce dernier réglage souvent difficile, on munit certains modèles d'un patin fixé à l'arrière et qui soutient l'ensemble.

Le type courant de ces houes trace ordinairement cinq sillons dont on règle l'écartement.

Houes multiples. — Ces instruments travaillent simultanément dans plusieurs interlignes sur des cultures à écartement variable : betteraves distantes ou céréales rapprochées.

Dans le cas des céréales, l'écartement doit être cependant suffisant pour que les pièces travaillantes circulent sans entamer la plante cultivée. Il faut toujours laisser intacte une bande de 4 centim. de part et d'autre de la ligne, si l'on veut ne pas nuire au développement de la jeune plante ; un intervalle de 18 à 20 centim. entre les lignes de blé est donc nécessaire pour biner sans inconvénient (fig. 91 et 92). On peut employer un autre dispositif et *semer en bandes*, en disposant, comme nous l'avons vu, les coutres d'enterrage par groupes de deux; les lignes tracées par les deux coutres voisins de deux groupes consécutifs sont ainsi écartées d'une vingtaine de centimètres (Schribaux).

Les trains successifs tracés par le semoir en lignes n'étant

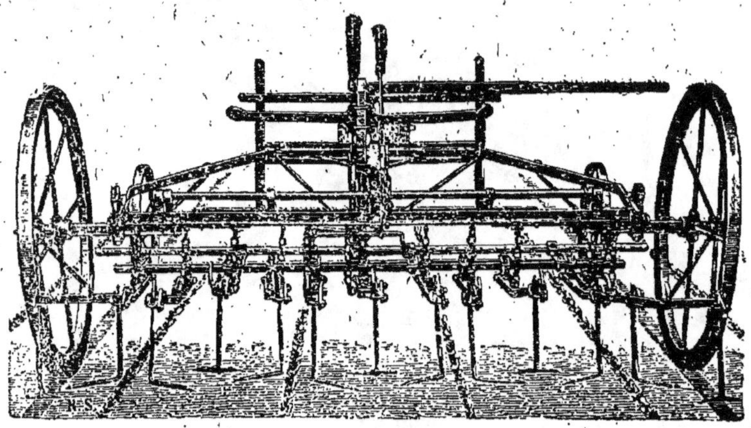

Fig. 92. — Bineuse universelle.

jamais exactement parallèles, **il faut que la largeur travaillée par la houe soit un sous-multiple exact de la largeur du semoir, la moitié, le tiers, le quart. Si la houe chevauchait sur deux trains consécutifs du semoir, un certain nombre de plants seraient détruits.**

Les pièces **travaillantes des houes multiples sont des pièces de scarificateurs, cultivateurs, extirpateurs, versoirs simples, ou doubles versoirs. La forme à choisir dépend de la nature du sol, des cultures envisagées, de l'écartement des lignes :** 6 centim. pour les pièces de scarificateur, 10 centim. **pour** celles de cultivateur, 35 centim. pour les doubles versoirs, **etc.** Pour éviter d'entamer les plantes, on **munit** parfois les **pièces** travaillantes de *plaques de garde* ou de disques **minces.**

Le déplacement latéral des pièces s'effectue ordinairement

au moyen de mancherons fixés aux traverses ; les instruments perfectionnés comprennent un cadre mobile et un gouvernail oscillant (fig. 91).

Les *houes multiples de grande largeur* offrent ordinairement les dimensions transversales des semoirs en ligne (1^m,75 à 2 mètres ou 2^m,50), et sont souvent montées sur leviers comme ces instruments. On a même construit des semoirs en ligne dont le bâti peut recevoir à volonté les organes du semoir ou ceux de la houe multiple.

Comme les pièces travaillantes peuvent se déplacer sur le bâti, on peut, avec la même houe de 1^m,80, biner soit 2 rangs à 0^m,90 d'intervalle, soit 3 rangs à 0^m,60, soit 4 rangs à 0^m,45.

Certains modèles facilitent la manœuvre latérale des lames qui, dans les houes de grandes dimensions, est toujours délicate. Dans les modèles à six rangs de betteraves (*houe à direction compound*), l'ouvrier qui surveille le travail, à l'arrière de la machine, modifie simultanément, en agissant sur un levier unique, la position de l'ensemble des pièces travaillantes et l'orientation des grandes roues d'arrière.

Il n'est pas rare, de voir adopter concurremment les deux modes de binage : les premières opérations, plus délicates à cause de la jeunesse des plantes, s'effectuent à la main ; les autres binages sont donnés à la houe à cheval. D'ailleurs, il faut toujours arracher à la main les plantes adventices qui croissent sur les lignes.

La houe à cheval avec distributeur d'engrais à trois ou à quatre rangs est à limonières, et sa largeur de travail est de 1^m,80 au maximum.

Le distributeur d'engrais est monté au-dessus de l'essieu de la houe ; c'est une trémie pourvue d'un agitateur mis en marche par une des roues (transmission par chaîne). L'agitateur fait sortir régulièrement l'engrais de la trémie et l'envoie à 3 ou 4 tubes qu'on fixe dans la position voulue. L'engrais est répandu, soit près des lignes de plantes, soit au milieu de l'interligne.

III. — Houes automobiles.

Il existe certains modèles de houes automobiles. M. Bajac a transformé sa houe ordinaire à six rangs en *houe automobile*. L'avant de la houe supporte un moteur à deux cylindres avec ses accessoires habituels, abrités par un capot (réservoir

Fig. 93. — Houe automobile.

refroidisseur, embrayage, changement de vitesse, etc.). Le moteur peut fonctionner à l'alcool carburé ou à l'essence. Un manchon d'entraînement élastique réunit le cône d'embrayage à l'arbre du changement de vitesse enfermé dans un carter. L'arbre du différentiel est entraîné par une vis sans fin, et porte à chaque extrémité un pignon qui engrène avec une roue dentée solidaire de chaque roue arrière.

La houe peut recevoir deux vitesses : l'une de 60 centim. par seconde pour la marche en avant, l'autre de 20 centim. par seconde pour la marche en arrière. Tous les leviers de manœuvre sont à la portée du conducteur qui dirige la houe par un levier-gouvernail actionnant l'avant-train par l'intermédiaire d'une roue à chaîne (fig. 93).

Fig. 93 *bis*. — Tracteur traînant une herse et un rouleau.

Un second ouvrier peut diriger la machine en se plaçant à l'avant-train ; dans ce cas, un autre jeu de leviers se trouve à sa portée pour les diverses manœuvres du moteur et du débrayage. Grâce au différentiel, le virage de la houe, à l'extrémité du rayage, se fait sur une des roues motrices. Le même bâti avec son moteur peut se transformer en semoir en lignes. L'ensemble pèse environ 1 500 kilogr.

Un autre système comprend une installation pneumatique

Fig. 94. — Houe-tracteur automobile Mesmay-Theillier. — Les rasettes sont relevées et la machine remorque une faucheuse.

automobile servant au binage et à l'éclaircissage (Voy. plus loin, p. 283).

Les houes Pruvot-Candas, pour trois ou quatre rayons, comprennent un moteur à l'avant d'un châssis rectangulaire.

La *houe-tracteur automobile* Mesmay peut servir à la fois au binage des cultures en lignes et à la remorque de toutes machines légères, notamment des faucheuses. Elle pèse 950 kilogrammes et est pourvue d'un moteur de 6 chevaux.

L'organe de direction se réduit à un volant qui fait pivoter l'avant-train; en braquant à 90°, on fait tourner la machine sur place autour de l'une des roues porteuses d'arrière; si on le tourne de 180°, on place la houe-tracteur dans la position de marche arrière.

Les lames de houes sont fixées sur une traverse articulée à la partie postérieure du bâti, sans mécanisme spécial pour leur déplacement latéral; il suffit de les relever sans les démonter, pour transformer la houe en tracteur. Des poulies permettent d'utiliser cette machine comme moteur locomobile.

Le *piocheur-pulvériseur automobile* Chouchak est destiné au travail superficiel du sol dans les plantations en lignes; il convient particulièrement, en raison de sa faible largeur, aux vignes plantées à grand écartement.

Le châssis, muni d'un moteur de 8 à 9 chevaux, est supporté à l'avant par deux roues motrices, et à l'arrière par une roue directrice pivotante. Le *système piocheur*, placé en dessous du châssis, est formé d'un arbre horizontal, supporté par un cadre rigide qu'on peut élever ou abaisser rapidement, et sur lequel sont calés six groupes de quatre pioches rotatives.

Chacune de ces pioches est constituée par une lame courbe en acier, fixée à demeure sur un croisillon, et par une raclette articulée qui, lorsque la pioche a rempli sa fonction, se déplace sous l'influence d'un taquet, balaye la face travaillante de la lame en rejetant en arrière, bien pulvérisée, la terre que celle-ci a détachée; un ressort ramène ensuite la raclette à sa position première. La largeur de la bande travaillée est de 1 mètre ; l'allure normale du châssis, en fonctionnement, est de 2 kilom. à l'heure, tandis que la vitesse linéaire des pointes correspond à 8 kilomètres.

Cette machine pèse 900 kilogr. en ordre de marche ; elle est pourvue de trois vitesses (2, 4 ou 8 kilom. à l'heure) ; mais

Fig. 95. — Bineuse automobile et automotrice Bauche.

les pioches ne doivent travailler que si le châssis avance à l'allure minima de 2 kilomètres.

La petite *bineuse automobile* Bauche et Monnier (fig. 95) facilite l'entretien des pépinières et plantations arbustives à rangs serrés. Le châssis a quatre roues dont les deux d'avant sont motrices ; la direction est assurée à l'aide d'une traverse qui réunit deux mancherons. Le moteur est de 2 à 3 chevaux.

Au milieu du châssis sont placés deux axes munis de petites pioches et auxquels le mécanisme communique un mouvement alternatif ; la liaison entre ces axes est disposée de telle façon que les pièces de l'un d'eux se soulèvent quand celles de l'autre entrent en action.

A l'arrière est une roue-support pivotante, dont la tige munie d'une vis permet de régler l'entrure ou de déterrer les pioches.

La largeur du travail est aisément réglable, et comme la machine se déplace par ses propres moyens, l'homme n'a qu'à la redresser de temps en temps pour assurer sa direction.

IV. — Houes spéciales.

Signalons maintenant certains instruments spéciaux. Les houes de faible largeur servent, concurremment avec les

Fig. 96. — Régénérateur de prairies, monté en scarificateur.

buttoirs, pour la plantation ou le buttage des pommes de terre ou des choux. On substitue alors aux pièces de houes des *rayonneurs* ou des *buttoirs*.

Les *houes à vigne*, les *houes à maïs*, les *régénérateurs de prairies* (fig. 96), peuvent être cités également (1).

Les houes à vigne sont des houes multiples de faible largeur ; le conducteur est assis sur un siège.

Les régénérateurs comprennent, comme pièce travaillante,

(1) Voy. P. DIFFLOTH. *Agriculture générale*, t. I (14e mille).

des coutres flexibles ou rigides, découpant les assises superficielles pour aérer le gazon, détruire les stolons des plantes
nuisibles, etc.

Fig. 97. — Décavaillonneur en travail.

Décavaillonneuses. — La nécessité de ne pas blesser
les ceps de vigne oblige à utiliser, pour le nettoiement
des lignes, des instruments particuliers : charrues décavaillonneuses, etc., appareils spéciaux *piochetous*, etc. Il faut,

en effet, entamer le guéret entre les souches sans blesser
ces dernières.

Fig. 98. — Motoculteur, type vigneron

Certains motoculteurs vignerons de petit modèle travaillent
judicieusement le sol entre les lignes (1).

III. — PRATIQUE DES BINAGES

Binage des céréales. — Le binage des céréales est possible dès que l'écartement des rayons du semoir atteint 16 centim. ; s'il dépasse 18 centim., la conduite de la houe est facile.
Dans toutes les terres riches et propres, on peut, sans diminution de récolte, semer les céréales à 18 centim. Quelques
agriculteurs ont même adopté la distance de 20 centim. entre
les lignes et s'en déclarent satisfaits : les céréales sont régulièrement binées, et les rendements élevés.

(1) Voy. PACOTTET, *Viticulture.* Voy. aussi la *Vie agricole et
rurale,* numéro spécial de Culture mécanique, 1er avril 1916.

La houe doit avoir la largeur du semoir, afin que le passage des roues soit le même pour les deux instruments. Quand le semoir est de grande dimension, il est parfois préférable de donner à la houe seulement la moitié de cette largeur, pour lui conserver sa légèreté et son maniement facile.

Avec une houe de 1 mètre, on peut biner 3 hectares par jour dans une culture morcelée, 4 hectares sur une grande parcelle. Le prix de revient s'établit à peu près comme suit :

Un homme...	3 fr. 50
Un aide	2 fr.
Un cheval...	4 fr. 50
Total................................	10 francs.

soit 3 fr. 50 environ par hectare. Avec l'usure de l'instrument, les frais généraux, on évalue que le binage des céréales coûte un maximum de 4 à 5 francs par hectare et donne une plus-value nettement supérieure.

Binage de la betterave. — Les binages jouent un rôle considérable dans la culture de la betterave à sucre, en augmentant le rendement en sucre à l'hectare. Dès que les jeunes plants lèvent et que les lignes sont perceptibles, on peut commencer à biner. Parfois même on associe aux graines de betteraves des semences à germination rapide, pour apercevoir le plus tôt possible les lignes du semoir.

On répétera ensuite ces binages jusqu'au moment où le développement des feuilles rend difficile la marche des instruments. Le nombre de binages dépend du sol, de sa fertilité, de son ameublissement et de son état de propreté ; une terre envahie de plantes adventices nécessite des soins plus fréquents, plus attentifs.

Les binages, en détruisant les mauvaises herbes, empêchent la disparition, au profit de ces dernières, des éléments fertilisants du sol abondamment accordés aux cultures sarclées et de l'humidité précieuse pour la betterave. L'ameublissement de la terre augmente l'activité des microorganismes ; de plus, nous savons que le binage maintient l'état de fraîcheur du sol dans les couches profondes où s'étendent les fines radicelles de la betterave. On donne souvent un premier binage à la houe à cheval, puis ensuite un second binage à la main; on peut faire repasser la houe avant l'éclaircissage ou *démariage*, que nous étudierons plus loin.

Une terre ouverte par les binages se trouve dans le même état que celle dont l'ameublissement commence après la moisson ; l'eau des pluies pénètre facilement dans le sol et accroît les réserves utiles (Brétignières).

Les binages ne sont complets que s'ils satisfont à la formule « ni croûte, ni herbe ». On gagne beaucoup à pénétrer rapidement dans les pièces, dès que le terrain est ressuyé après une chute d'eau ; la pluie a battu la surface du sol, les particules terreuses se sont rapprochées, et la capillarité, qui règle le transport de l'eau, joue activement, amenant une montée intense de l'eau vers la surface.

On sait l'influence heureuse des binages répétés (Knauer) :

Rendements :

1 binage................	31 840^{kg} de racines à l'hectare.
2 binages...............	36 504 — —
3 —	48 742 — —
4 —	56 292 — —

Pour la betterave, les premiers binages doivent être superficiels ; au début, il serait dangereux d'aller profondément, le pivot n'est pas long, et l'on créerait un milieu sec autour de la jeune racine. Plus tard, lors des binages ultérieurs on peut, au contraire, ameublir le sol plus profondément, surtout sous les climats secs.

Binage de la chicorée à café. — On bine les jeunes chicorées à café dès qu'elles ont leur quatrième feuille, et on commence ensuite le démariage. Cet éclaircissage est parfois répété deux ou trois fois, à quinze jours d'intervalle, pour laisser finalement les plants à 20 centim. de distance en tous sens. Un troisième binage a lieu en juillet, suivi d'un léger buttage.

Binage des pommes de terre. — Les cultures de pommes de terre sont binées soit à la main, soit à la houe à cheval, dès que les lignes sont visibles. On achève ces façons à la main sur la ligne et au pied des touffes. Ces binages assurent une augmentation sensible du rendement, tout en préparant le sol pour les assolements de céréales qui suivront. Des femmes passent ensuite parmi les champs de pommes de

Fig. 99. — Sarclage du jeune maïs.

terre en pleine végétation pour arracher les plantes adventices qui s'y sont développées.

Binage du maïs. — On bine ordinairement le maïs dès qu'il est levé et atteint une hauteur de 10 à 15 centim., c'est-à-dire quatre à cinq semaines après la semaille.

Il est avantageux de donner cette façon à la houe à cheval, en complétant par des sarclages à la main sur la ligne et en enlevant du même coup les plants surabondants qui servent à combler les manques. Le maïs supporte bien le repiquage, mais les pieds ainsi obtenus sont moins productifs ; aussi préfère-t-on parfois combler les vides en semant du maïs quarantain très hâtif. Un second binage est donné lorsque les plantes ont 25 centim. de haut, en attaquant le sol plus profondément (fig. 99).

Binage du millet. —Le millet cultivé pour sa graine et semé clair a besoin de binages répétés, qui détruisent les mauvaises herbes que cet espacement favorise et qui étouffent rapidement les jeunes plants d'un développement peu rapide durant les six ou huit semaines suivant la levée. Lorsque le semis a eu lieu à la volée, on donne deux binages : le premier lorsque les plants ont 5 centim. de haut, le second lorsqu'ils atteignent 12 à 15 centim. ; des houes étroites et pointues sont d'un emploi judicieux.

Ces façons servent non seulement à extirper les plantes adventices, mais encore à détruire les pieds de millet aux places où ils sont trop serrés et trop abondants. Les ouvriers habiles laissent une distance uniforme de 15 centim. environ entre les jeunes plants. Par économie, on remplace parfois ces binages à la main par deux hersages, qui peuvent être donnés assez énergiquement.

Binage du colza. — Le colza est ordinairement biné très hâtivement, dès que les plantes ont cinq ou six feuilles, fin août ou commencement de septembre. Dans les cas de semis en pépinière suivis de transplantation, il est rare qu'on donne plus d'un binage avant l'hiver, le sol ayant été parfaitement nettoyé ; parfois même, on s'en dispense. Sur les sols argileux et humides, on creuse de petites rigoles entre les lignes et on rechausse les pieds de colza avec la terre. Parfois on butte tous les colzas à l'automne.

Dès le premier printemps, en mars, avant que le colza ne développe ses ramifications, il faut exécuter un second binage entre les lignes et sur les lignes ; la croissance des ramifications s'en trouve considérablement aidée.

La navette est hersée lorsqu'elle a 4 ou 5 feuilles en automne ; les semis trop drus sont ainsi éclaircis. On sarcle rarement, sauf les années où les printemps doux et humides favoriseraient l'invasion des moutardes et des ravenelles.

Fig. 100. — Sarclage à la main.

Binage au pavot-œillette. — Dès que le pavot-œillette atteint 6 à 8 centim. de haut et présente trois à cinq feuilles, on donne un premier binage. Cette opération difficile, étant données la délicatesse des plants et la minceur de leur racine, doit être menée avec lenteur et précaution. Le repiquage ne peut en effet être employé pour remplacer les pieds manquants. Au moment de l'éclaircissage, on pratique un nouveau binage, suivi d'un troisième et d'un quatrième, si le développement des mauvaises herbes l'exige.

Binage du chanvre. — Le chanvre étant semé, en petite culture, sur des sols parfaitement travaillés et nettoyés, il est rare qu'on ait à sarcler les cultures de cette plante textile, d'ailleurs très vigoureuse et à croissance rapide. On empêchera avec soin l'envahissement par la *cuscute* et l'*orobanche rameuse*, dont les filaments et tiges seront enlevés et brûlés.

Binage du lin. — Pour le lin, les binages et sarclages sont d'autant plus utiles que les mauvaises herbes arrachées à la récolte avec les tiges en déprécient la valeur marchande. Dès que le lin a 5 à 7 centim. de haut, le sol étant suffisamment ressuyé, des femmes et des enfants exécutent un premier sarclage avec les plus grandes précautions pour ne pas blesser les plants très délicats. Les ouvriers se débarrassent de leurs chaussures, s'agenouillent et marchent contre le vent, afin que celui-ci relève les plants inclinés. Ce premier sarclage exige 25 à 35 journées de femme et coûte 50 francs par hectare; son heureuse influence est indéniable.

Lorsque l'on *rame* le lin après le premier sarclage, on maintient les tiges semées très dru à l'aide de fils de fer, de cordes goudronnées, de perches soutenues par des fourches de bois. Cette opération exige une dépense de main-d'œuvre élevée ; mais la filasse obtenue, utilisée, à cause de sa finesse, pour les dentelles et les fines batistes, se paie un prix considérable.

Lutte contre les plantes adventices. — Lorsque les semailles ont été effectuées à la volée, l'enlèvement des mauvaises herbes doit avoir lieu à la main, et cette opération, en petite et moyenne culture, constitue le sarclage. On arrache directement à la main les plantes adventices, ou bien on les coupe entre deux terres à l'aide d'un instrument tranchant.

Les hersages de printemps ne remplissent que très imparfaitement ce rôle, et la délicatesse de certaines plantes, le lin, par exemple, nécessite l'enlèvement à la main. Ces travaux doivent s'effectuer dès l'apparition des mauvaises herbes, afin de ménager les végétaux cultivés. Dans les sols riches en azote, le sarclage doit être préféré au binage, qui favorise parfois la nitrification d'une façon excessive, fait pousser les blés d'automne en vert et peut déterminer la verse.

Lorsqu'il s'agit de détruire les plantes vivaces à racines profondes, comme le chardon, la moutarde sauvage, le coquelicot, la patience, l'ononis, etc., l'arrachage est plus difficile et nécessite l'action de l'échardonnoir, dont les deux dents métalliques extirpent la plante du sol. Les plantes adventices ainsi détruites doivent de préférence être rassemblées hors du champ et brûlées.

Ces pratiques se généralisent dans les régions à culture intensive, et au printemps on voit, parmi les champs de céréales, des équipes de six à huit travailleurs passer dans les lignes en enlevant à l'échardonnoir toutes les mauvaises herbes.

Ces notions sur la destruction des mauvaises herbes seront complétées dans un chapitre spécial.

CHAPITRE III

ÉCLAIRCISSAGE. — DÉMARIAGE

I. — ÉCLAIRCISSAGE

Généralités. — Certains semis de plantes sarclées, telles que le maïs, le millet, la betterave, la chicorée à café, les navets, etc., doivent être éclaircis, de façon à laisser les plantes à un intervalle déterminé.

Ces travaux sont exécutés après les premiers binages, lorsque la plante au début de son développement n'a que trois ou quatre feuilles, et l'on conserve autant que possible les végétaux les plus vigoureux.

On éclaircit les pièces de colza, de pavot-œillette, dès le premier binage. Les plants surabondants sont enlevés à la binette, et on laisse les pieds de colza à un écartement de 25 à 30 centim. sur les lignes. Les précautions les plus minutieuses doivent être observées pour respecter les plants les plus forts, régulièrement espacés. Pour l'œillette, nous avons vu que l'écartement de 30 à 40 centim. entre les lignes et de 15 à 20 centim. sur les lignes ou en tous sens, dans le cas de semis à la volée, était le plus favorable.

L'éclaircissage, appelé *démariage* dans le cas des plantes-racines sarclées, prend, pour ces cultures, une importance considérable.

II. — DÉMARIAGE

Généralités. — Quel que soit le mode de semis adopté pour les betteraves, semées en lignes, en poquets ou en lignes discontinues, le nombre de plants levés est beaucoup trop considérable, puisqu'on ne doit conserver qu'une betterave tous les 25, 26 ou 30 centim. sur la ligne, les lignes étant distantes de 35 à 40 centim. environ, selon la nature et la richesse

Fig. 101. — Binage de la betterave dans le nord de la France.

du sol. L'enlèvement des plants surabondants constitue le *démariage*.

Il importe de démarier le plus hâtivement possible et de conserver les plus beaux plants ; le choix du plant peut augmenter la récolte de 10 à 14 000 kilogr. par hectare. Quelques praticiens démarient dès le premier binage (fig. 101) ; d'autres attendent que la racine ait l'épaisseur d'un crayon. Il ne faut pas laisser trop longtemps les plants serrés les uns contre les autres, exposés à s'entre-étouffer, à s'étioler et à prendre un retard impossible à regagner. Les jeunes betteraves réclament impérieusement, *dès qu'elles ont pris leurs quatre feuilles et que le diamètre de la racine au collet atteint 3 ou 4 millimètres*, de l'air, de la lumière, de l'espace, pour étendre leur feuillage et développer leur racine.

Aussi doit-on procéder avec célérité à cette opération, en la surveillant, pour en assurer la bonne exécution. Le retard apporté à cette façon cause toujours un dommage préjudiciable à la récolte.

M. Malpeaux donne à ce sujet les chiffres suivants :

DATE du démariage.	RENDEMENT à l'hectare.		DENSITÉ.	PURETÉ.	SUCRE		
	Racines.	Feuilles.			P. 100 de jus.	p. 100 de racines.	à l'hectare.
	Kg.	Kg.					Kg.
7 juin	37.800	22.700	8°,5	88,1	19,60	16,80	6.350
12 juin	37.500	24.000	8°,4	88,0	19,50	16,75	6.280
19 juin	34.200	22.500	8°,0	80,3	18,90	16,30	5.517

Avec un démariage hâtif, on peut cependant craindre de voir un certain nombre de petits plants isolés résister difficilement à des ennemis divers ; le manque de main-d'œuvre enfin oblige à retarder l'exécution du travail, toujours plus rapidement achevé quand les feuilles sont plus développées.

On commence, en fait, généralement lorsque les betteraves

ont trois ou quatre feuilles. Il est extrêmement important de ne pas trop tarder, ainsi qu'on l'observe trop souvent dans la culture des betteraves fourragères.

Parfois, l'éclaircissage des lignes de betteraves comporte deux opérations : le plaçage et le *démariage*.

Plaçage. — Le plaçage consiste à détruire le long des lignes

Fig. 102. — Démarieuse automatique pour deux rangs de betteraves.

une certaine quantité de petites betteraves en ne laissant à intervalles réguliers que des bouquets de jeunes plants dans lesquels on choisira plus tard, au démariage, le sujet le plus robuste. Les ouvriers détruisent à la binette les jeunes betteraves à supprimer, laissent les touffes à une distance fixée d'avance et qui permettra de donner aux racines un espacement régulier. Les betteraves ainsi dégagées, *dépressées*, attendent, sans souffrir, le démariage.

La pénurie de main-d'œuvre dont souffre l'agriculture a déterminé les constructeurs à établir des instruments effectuant ce travail mécaniquement. De nombreux modèles à traction animale ont été inventés, mais leur emploi ne s'est guère vulgarisé.

L'avantage des placeuses mécaniques est d'assurer un nombre déterminé de pieds à l'hectare si elles sont réglées

Fig. 103. — Démariage des betteraves à l'aide d'une houe multiple.

d'une façon convenable. Les ouvriers chargés de ce travail arrivent difficilement à effectuer un plaçage régulier ; ils ont intérêt à laisser le moins de touffes possible, ils effectuent ainsi plus rapidement le plaçage et gagnent du temps au démariage.

Le plaçage effectué dans de bonnes conditions équivaut à un binage dans les rayons : la terre étant aérée, les bouquets se développent avec vigueur et la betterave ne craint plus l'envahissement des parcelles par les plantes adventices.

Houes démarieuses. — Le démariage peut s'effectuer à l'aide de houes à bras ou d'instruments spéciaux. Certains types de *démarieuses automatiques* comprennent un ou plusieurs disques garnis de lames, placés obliquement et animés d'un mouvement de rotation emprunté aux roues. Chaque lame dé-

Fig. 103 *bis*. — Champ de betteraves après le déplacément à la houe démarieuse.

truit les plants, depuis le moment où elle touche le sol jusqu'à ce qu'elle le quitte ; on dispose les lames de façon à préserver un certain nombre de pieds (fig. 102).

D'autres appareils comprennent des lames articulées, dirigées par des bielles qui tranchent les plants en excès.

Parfois, c'est une bêche qui décrit une trajectoire spéciale et, venant périodiquement heurter le sol, enlève une portion de plants égale à la longueur de son tranchant.

Ces instruments détruisent les plants surabondants, mais sans choisir les pieds les plus vigoureux ; d'autre part, les places respectées pour les pièces coupantes peuvent correspondre à des vides, à des « manques ».

On peut judicieusement effectuer un éclaircissage préliminaire, une sorte de plaçage à l'aide d'une houe multiple (fig. 103) travaillant dans une direction oblique ou perpendiculaire aux lignes ; il ne reste plus qu'à faire un démariage manuel.

La houe doit posséder des couteaux spéciaux qui soulèvent et renversent la terre, sinon les racines repousseraient par les temps humides.

La houe Bajac travaille une largeur totale de 2^m,50 et les 20 rasettes dont elle est munie sont disposées de telle sorte qu'elles laissent après leur passage des lignes de petites touffes formées chacune de 4 à 5 jeunes betteraves. Les pièces travaillantes sont réparties sur plusieurs éléments mobiles que l'on peut relever à volonté pendant la marche et laisser retomber instantanément, ce qui permet d'éviter les chocs contre les pierres ou le bourrage.

Cette faculté de relevage instantané pendant la marche donne la possibilité d'interrompre le travail momentanément dans les parties de lignes à demi manquées, où la machine pourrait, sans cet artifice, couper ce qui doit être conservé et laisser intacts les espaces vides.

La houe démarieuse est munie d'un avant-train large qui permet de la guider comme le semoir ; elle se transforme aisément, par simple changement et déplacement des couteaux, en houe à 6 rangs pour biner dans le sens des lignes ; on peut même l'utiliser comme bineuse à céréales.

En marchant à une vitesse moyenne de 60 centim. à la seconde, **ces** machines, pendant une journée de dix heures, travaillent une surface de 5 hectares, avec 2 chevaux ou 2 bœufs et 3 hommes. Pour faire manuellement la même besogne dans le même temps, il eût fallu 35 hommes.

Le démariage mécanique n'est pas suffisant, il reste à opérer à la main, sur chaque touffe, la sélection du sujet à conserver définitivement ; mais des femmes ou des enfants suffisent à cette tâche. Après le passage de la démarieuse, le sol a reçu une excellente façon qui peut être complétée ultérieurement par un nouveau binage dans différentes directions.

A l'École d'agriculture de Berthonval, des essais poursuivis en 1910 et 1912 ont donné des résultats favorables au démariage mécanique, ainsi que le montre le tableau suivant :

	POIDS MOYEN des racines.	RENDEMENT à l'hectare.	DENSITÉ.	SUCRE	
				p. 100 de racines.	à l'hectare.
En 1910.	Kg.	Kg.			Kg.
Démariage à la main.......	0,600	34.200	7°,6	15,16	5.184
— mécanique........	0,710	35.800	7°,7	15,25	5.459
En 1912.					
Démariage à la main	0,660	33.000	9°,0	18,81	6.583
— mécanique.......	0,740	35.400	9°,3	19,14	6.775

Si le placement mécanique se généralisait, il serait possible de disposer les betteraves à des distances régulières et de les rapprocher davantage. En Allemagne, les récoltes sont plus denses ; au démariage, on laisse sur la ligne un plant tous les 20 ou 25 centim., ce qui représente, avec des rangs espacés de 38 centim., un peuplement de 100 000 à 120 000 pieds par hectare.

Appareils automobiles. — L'installation pneumatique automobile Bajac a été combinée pour le binage et le démariage des betteraves ; elle est susceptible d'exécuter d'autres travaux : élagage, taille des haies, coupe des maïs et des cannes à sucre, binage des vignes, abatage des arbres, etc.

On connaît les *outils pneumatiques*, marteaux, rivoirs, mattoirs, etc., permettant de réaliser une sérieuse économie de main-d'œuvre dans tous les travaux où l'homme agit avec un marteau frappant sur un outil de forme appropriée. En principe, une pompe comprime de l'air, à une pression de 6 kilogr. par centim. carré, dans un réservoir sur lequel sont branchés des tuyaux flexibles conduisant l'air à des réceptrices constituées par un petit piston et un tiroir. L'outil est raccordé à la tige du piston, qui fonctionne à coups rapides lorsqu'on ouvre la communication du tiroir avec le tuyau amenant l'air comprimé (M. Ringelmann).

L'installation Bajac comprend une automobile capable de tirer une houe à trois rangs. Le moteur de l'automobile (10 à 12 chevaux) peut être embrayé avec le compresseur d'air placé à l'arrière du châssis et refoulant dans un réservoir de 150 décimètres cubes, pourvu d'une soupape de sûreté et d'un régulateur chargé d'agir automatiquement sur les soupapes du compresseur lorsque la pression limite est atteinte. A ce moment, le compresseur travaille à vide avec le minimum de résistances passives. Le refroidissement du compresseur est assuré par une pompe à circulation d'eau et un réservoir placé à l'arrière de la voiture. Une masse d'air sec pris à la pression atmosphérique et à une température de 20° C., comprimé à 6 kilogr. par centim. carré, monte à une température de 219° C. Lorsque l'air à comprimer est saturé de vapeur d'eau, la température ne dépasse pas 80° à 85° à la pression de 6 kilogrammes (fig. 104).

Du réservoir d'air, sous le siège du conducteur, partent trois tuyaux flexibles qui se terminent chacun à une pièce travaillante guidée par un homme. L'outil pneumatique reçoit une pièce dont la forme et les dimensions doivent être appropriées l'ouvrage à exécuter et à la résistance opposée par le sol. Actuellement, ces outils sont à mouvements alternatifs, mais on peut, pour certaines applications, leur substituer facilement des outils à mouvement circulaire continu.

'L'organisation du travail se règle ainsi : à l'avant, trois ouvriers effectuent, avec les appareils pneumatiques, le binage et le démariage; l'automobile suit, conduite par le chef de chantier, puis un ouvrier surveille la houe d'arrière qui termine le travail exécuté sur trois lignes de betteraves.

Technique du démariage.

Le travail est bien exécuté lorsqu'on parvient à *un peuplement de 8 à 10 betteraves au mètre carré pour les variétés*

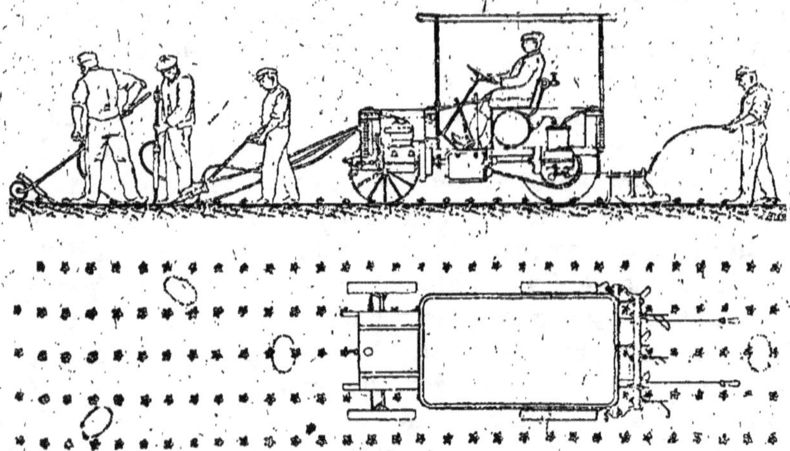

Fig. 104. — Installation pneumatique automobile pour le binage et le démariage des betteraves.

sucrières, 6 à 8 betteraves seulement pour les variétés de distillerie ou fourragères. Le démariage doit être effectué avec les deux mains, l'une tenant ferme la plante à conserver pendant que l'autre saisit le reste de la touffe et, par un mouvement tournant, sépare lentement et complètement de celle qui doit subsister les plantes surabondantes. Cette opération doit avoir lieu par temps frais et brumeux, les jours qui suivent la pluie. C'est une pratique condamnable que de couper les plants en trop, au lieu de les arracher; les résidus des racines attirent, en pourrissant, les insectes nuisibles. Les plants arrachés doivent être mis en tas entre les lignes, et non jetés sur les plantes laissées en terre, celles-ci risqueraient de subir des lésions et même d'être étouffées.

L'éclaircissage des betteraves s'exécute souvent trop vite, surtout lorsque la façon est payée à la tâche. En travaillant rapidement, on règle mal l'écartement des pieds, et le nombre des betteraves au mètre carré diminue de 1 à 2, déchet très sensible sur un hectare. Logiquement, on devrait conserver la plus belle plante ; pratiquement, on arrache les plus faciles à saisir et ce sont les plus développées ; il reste donc une petite betterave et, si l'on n'effectue pas ce démariage avec soin, le travail est mauvais.

Il faut biner peu de temps après le démariage, pour activer la reprise et ranimer la végétation. Quelques jours après, commencent les binages de fond, qui doivent surtout ameublir le sol et lui donner de la porosité. Ces travaux sont exécutés à la houe à cheval, en approchant chaque fois plus près des plantes et en avançant peu à peu en profondeur (4 à 5 centim. en juillet). Leur nombre est subordonné à l'état du sol et aux conditions extérieures. Autant il est utile de biner fréquemment les betteraves par temps sec et dans les terres salies, autant il est nuisible de multiplier les binages à l'excès dans les saisons pluvieuses : l'expérience, seule, peut conseiller le cultivateur.

Les binages cessent aussitôt que les betteraves ont acquis assez de développement pour couvrir, par leur feuillage, l'intervalle qui sépare les lignes ; en pénétrant dans l'emblavure, on briserait ou froisserait les feuilles. En Allemagne, on voit, en août, des bandes de femmes circuler pieds nus dans les champs de betteraves, pour y arracher, à la main, les rares mauvaises herbes qui ont pu échapper aux façons antérieures ou pousser ultérieurement.

Repiquage. — Parfois des vides considérables se manifestent sur les lignes de betteraves ; le semoir a mal fonctionné à certains endroits, ou les graines n'ont pas germé, les jeunes plantes enfin ont pu être détruites. Souvent, on profite de l'éclaircissage des betteraves, des variétés fourragères surtout, pour combler les lacunes existantes. On choisit, parmi les betteraves supprimées, les plus belles et les plus vigoureuses ; on enlève les plus longues feuilles, et, après avoir parfois plongé les racines dans un mélange de bouse et d'argile délayées avec de l'eau, on repique au plantoir à main, en ayant soin de ne pas plier le pivot de la racine et de bien *borner* le plant, c'est-à-dire de tasser la terre autour du collet, avec le bout du plantoir.

A défaut de bons et forts plants de betteraves sortant d'une pépinière spécialement établie, en avril, sur un carré du jardin ou sur une parcelle de champ abritée, il est préférable de suppléer aux betteraves fourragères manquées par un repiquage de rutabagas, exécuté fin juin, juillet. On établit à l'avance une pépinière qui fournit les plants nécessaires. Les transplantations partielles faites pour regarnir les lacunes des semis de betteraves doivent être pratiquées par temps pluvieux ou tout au moins au moment où le sol est encore frais. Placés dans une couche de terre tassée, plus ou moins desséchée, les plants de betteraves sont d'une reprise assez difficile ; les rutabagas reprennent plus facilement. La betterave à sucre supporte mal le repiquage.

L'épandage de 100 kilogr. de nitrate de soude à l'hectare, immédiatement après le démariage, est justifié. On emploiera du nitrate *parfaitement pulvérisé* sortant du broyeur, et on sèmera l'engrais par temps sec, ou tout au moins alors que la terre est bien ressuyée. Les morceaux de nitrate non broyés, le semis de l'engrais par temps humide, compromettent l'existence des betteraves.

Il faut distribuer le nitrate de soude *tout près* des lignes de betteraves, et non le semer à la volée. Le semoir à brouette, les distributeurs spéciaux permettent de ne mettre à la disposition des racines que ce dont elles ont besoin et de réaliser ainsi une sérieuse économie d'engrais.

Le buttage des variétés de betteraves actuellement cultivées paraît sans intérêt.

CHAPITRE IV

BUTTAGE. — EPANDAGE DES ENGRAIS

I. — BUTTAGE

Généralités. — Le buttage consiste à accumuler la terre au pied des végétaux cultivés. Dans certains cas, cette opération a simplement pour but de protéger la plante contre les froids et l'humidité ; on donne alors des buttages d'automne [garance, houblon, artichaut (fig. 107), olivier, mûrier, etc.].

Le buttage de printemps a plus particulièrement pour action de consolider les végétaux et de déterminer l'apparition, à la base des tiges, de nouvelles racines (maïs, tabac). On pratique encore ces travaux sur les plantes saccharifères, de manière à soustraire le collet et la racine aux influences de l'air, de la lumière et augmenter ainsi la teneur totale en sucre. Les pommes de terre enfin sont buttées afin de provoquer la multiplication des racines souterraines sur lesquelles se forment les tubercules.

Le buttage doit toujours être donné de bonne heure, et il faut le réserver de préférence aux espèces produisant leurs tubercules en monceau ou aux terres de faible épaisseur, à humidité excessive et mal ameublies.

On peut effectuer parfois deux buttages successifs : la première opération est donnée légèrement, afin de ne pas recouvrir totalement la jeune plante et pour permettre l'émission de nouvelles racines sans mutiler celles qui existent déjà. Le second buttage atteint une profondeur plus considérable et achève le travail.

Le buttage constitue un binage d'une espèce particulière et aide à la destruction des mauvaises herbes (fig. 106) ; son action est surtout efficace sur les sols argileux et imperméables. Il est parfois désavantageux de l'effectuer, dans des terres sèches, à des époques estivales tardives.

Instruments. — Selon l'importance de la culture, on se
sert d'instruments à bras ou attelés (fig. 105). En petite
culture, on butte au moyen de la houe pleine ou de la pioche,
effectuant un travail lent mais d'une exécution régulière.

Le buttoir sert en grande culture ; il se compose en principe
d'une charrue à double versoir généralement sans coutre.
Les versoirs, à expansion, peuvent être plus ou moins écartés
de l'âge ; ils creusent un sillon entre les lignes de plantes et

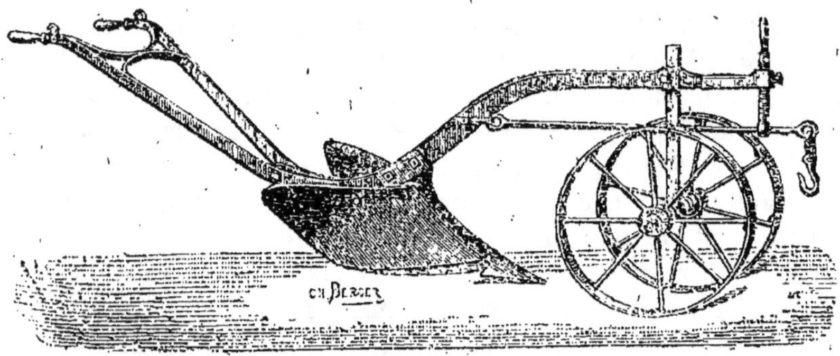

Fig. 105. — Buttoir.

relèvent la terre au pied des végétaux. L'écartement des
lignes pour la marche rapide du buttoir doit être au moins
de 50 à 60 centim. entre les lignes, et le travail effectué peut
être évalué à 1 hectare environ par jour. Avec le buttoir
ordinaire passant entre les lignes, il faut deux passages successifs de l'instrument pour butter une ligne de plants. Quelques
modèles travaillent sur la même ligne, à l'aide de deux corps
de charrue distants.

Il existe, pour les cultures de plantes-racines sur billons,
des *buttoirs multiples* à expansion comprenant plusieurs corps.

Buttage des pommes de terre. — Le buttage est généralement pratiqué pour la pomme de terre, bien que son influence ne soit pas actuellement nettement définie.

Mathieu de Dombasle, Girardin, Dubreuil, estimaient que le
buttage diminue la récolte de 10 à 17 p. 100 ; Robertson pré-
tend qu'il l'augmente de 10 p. 100. A la vérité, les effets du
buttage dépendent des variétés considérées : on doit butter les

espèces formant leurs tubercules superficiellement pour éviter qu'ils ne verdissent à la lumière et ne soient inutilisables à la récolte. Les variétés *Richter's Imperator*, *Red skinned*, *Jeuxey*, par exemple, dont les tubercules sont voisins de la surface du sol, seront buttées avec avantage. Le buttage est, par contre, indifférent aux variétés *Saucisse*, *Farineuse rouge*, *Magnum Bonum*, ou même nuisible à certaines autres variétés.

Il faut reconnaître que le buttage peut empêcher les conidie

Fig. 106. — Houe à cheval disposée pour butter.

du *Phytophtora infestans*, agent de la « maladie des pommes de terre », d'atteindre les tubercules. Mais, pour exercer ce rôle de protection, le buttage doit être donné hâtivement et recouvrir d'au moins 10 à 12 centim. de terre les tubercules supérieurs.

Pour réaliser cette condition, après le buttage ordinaire qui donne des buttes à sommet plus ou moins arrondi et qui recouvre les tubercules d'une couche de terre insuffisante pour en assurer la protection complète, on remonte de la terre de façon à en augmenter l'épaisseur jusqu'à ce qu'elle atteigne 12 à 14 centim. de terre meuble au-dessus des tubercules

Fig. 107. — Buttage des artichauts.

les plus élevés. Par le tassement, l'épaisseur de terre se réduit à 10 à 12 centim., épaisseur indispensable pour protéger complètement les pommes de terre. Comme les buttes deviennent pointues, on dit que l'on fait le *buttage en pointe*.

Pour que cette opération soit efficace, il convient de l'effectuer avant que les semences de la maladie soient réparties sur le sol et que les tubercules soient envahis, c'est-à-dire avant la généralisation de la maladie sur les organes aériens.

Ce buttage de protection diminue notablement la proportion des tubercules atteints, mais il constitue un travail qui nécessite beaucoup de main-d'œuvre. La terre couvre en partie les organes aériens et diminue l'assimilation de la plante dont une partie est privée de lumière. Pour avoir la terre nécessaire, il faut creuser les interlignes et parfois les interpieds par un buttage à la main. On brise alors des racines et parfois des tiges souterraines ou stolons. Il en résulte d'ordinaire une diminution de rendement, surtout lorsqu'on butte au moment de la floraison.

En général, on recommande de butter avant la floraison ou au plus tard lorsque les plantes ont acquis les deux tiers de leur développement total. M. Parisot estime que, dans la majorité des cas, il suffit de couvrir très légèrement les tubercules, de relever un peu de terre meuble, afin de boucher les crevasses, pour garantir une partie notable de la récolte. Des triages et une conservation rationnelle des tubercules jouent à ce point de vue un rôle autrement important. Il convient donc de pratiquer au buttoir ou à la pioche un léger buttage de protection qui, sans garantir absolument la pomme de terre du contact des germes infectieux, diminue suffisamment leur nombre pour que les tubercules se défendent avec succès; 3 ou 4 centim. de terre seraient suffisants. On peut les fournir à peu près à toute époque sans nuire à la plante. La méthode la plus avantageuse consiste à *surbutter* au début du crevassement.

Le buttage des pommes de terre facilite l'arrachage en délimitant les lignes des plants difficilement perceptibles après l'étiolement et la chute des fanes.

Buttage de diverses plantes. — Les cultures de topinambours bénéficient d'un buttage dès que les tiges auront atteint de 20 à 25 centim. de haut.

On butte le maïs lorsque les plants ont 30 à 35 centim. de haut. Ce premier buttage, effectué à la houe ou au buttoir, est suivi d'un second buttage quinze jours plus tard. Cette opération favorise la formation, au collet, de nouvelles racines qui aident à la nutrition générale et affermissent la tige contre les vents. Il arrive même parfois que, sur les terres franches et fertiles, des rejets se montrent aux nœuds inférieurs. Ces talles, donnant des épis tardifs à maturité aléatoire, doivent être arrachés après la fécondation du maïs et constituent d'ailleurs un fourrage apprécié. On enlève de même les épis supplémentaires et toutes les tiges qui n'ont pas d'épis.

Dans la culture du millet, les soins d'entretien sont terminés par un léger buttage et parfois les dernières façons de la betterave à sucre comprennent un rapide buttage, d'utilité d'ailleurs contestée, qui ramène la terre sur les lignes, protège les collets de la lumière et les empêche de verdir.

Lorsque l'œillette a été semée en lignes, on pratique souvent un buttage léger après le démariage ; la plante se développe en effet rapidement dès le troisième mois, et cette opération assure une alimentation abondante et une solidité réelle des tiges.

II. — ÉPANDAGE DES ENGRAIS

On associe souvent aux premiers binages, au buttage un épandage d'engrais, de nitrate de soude principalement.

Lorsque le blé, au début du printemps, présente des symptômes de *jaunissement*, on épandra avantageusement du nitrate de soude en couverture à la dose de 100 à 150 kilogr. par hectare. Employé en couverture, ce nitrate devra être soigneusement pulvérisé à la batte ou au moulin à nitrate. Les betteraves à sucre reçoivent également des engrais à l'époque des binages.

Parfois, les houes à cheval sont disposées de façon à épandre l'engrais et à biner par la même opération (fig. 108). On trouvera le complément de ces études dans le volume consacré aux *Engrais* (1).

Les engrais mis en couverture et mélangés au sol par les

Fig. 108. — Houe avec distributeur d engrais.

binages ne doivent pas être apportés trop tardivement, surtout pour les betteraves à long pivot. Voici quelques résultats d'expériences exécutées à Grignon (Berthault et Brétignière) :

500 kilogr. de nitrate de soude :	Eckendorf blanche.		Rose demi-sucrière.	
	Racines à l'hectare.	Matière sèche 0/0.	Racines à l'hectare.	Matière sèche 0/0.
	kilogr.		kilogr.	
Avant le semis.............	50 000	11,06	41 847	16,64
1/2 avant le semis........ 1/2 au démariage..........	50 544	12,32	42 534	14,74
1/2 au démariage.......... 1/2 au 3e binage,.........	48 369	12,09	39 130	17,65
Témoin....................	45 109	11,72	34 783	16,77

Les épandages tardifs ont été les moins satisfaisants et presque sans action pour la betterave à sucre. Les travaux récents sur la lenteur de diffusion des nitrates dans le sol, pendant la période sèche de l'année, expliquent ces résultats.

(1) Voy. P. Diffloth, *Agriculture générale*, t. I (14e mille).

CHAPITRE V

ÉCIMAGE, EFFANAGE, ESSEIGLAGE, ÉBOURGEONNAGE

I. — ÉCIMAGE

Utilité de ces opérations. — Parfois la végétation trop luxuriante du blé, la teinte vert bleuâtre des feuilles, laissent craindre la verse ; on a soin alors de pratiquer l'*écimage* ou *effoliage*, en coupant à la faux, à la faucille, à la faucheuse, le tiers supérieur des feuilles et des tiges. La paille étant moins

Fig. 109. — Essanveuse rotative.

haute, le blé résistera à la verse et les moissonneuses fonctionneront aisément.

Céréales. — Autrefois, on laissait passer rapidement, sur le champ de froment, un troupeau de moutons qui broutaient la partie supérieure des jeunes plantes. Actuellement, on emploie plus judicieusement la faux ou des machines spéciales appelées *écimeuses* ou encore *essanveuses* parce qu'elles sont employées également à couper les sommets des mauvaises herbes, des sanves, qui dépassent les tiges de blé.

L'écimage, non seulement empêche la verse, mais augmente encore la quantité et la qualité des grains. On a pu constater une augmentation de 6 quintaux par hectare.

On doit pratiquer un écimage rationnel, en coupant avec la faucheuse les blés qui atteignent avant l'hiver une hauteur de 30 centim. pour les réduire à 15 centim. Si cette première opération ne suffit pas, on la recommence dans les mêmes conditions.

L'écimage donne en outre une qualité plus uniforme. La tige de blé comprenant, en effet, des talles de différentes grosseurs et dimensions, la plante, coupée à 15 centim. par exemple, talle régulièrement et fournit des grains de même grosseur (Schribaux).

Fig. 110. — Écimeuse a scie.

Instruments. — On connaît les *essanveuses rotatives* et les *essanveuses à scie* ou *écimeuses* proprement dites. Dans le premier modèle, l'organe de coupe est un moulinet animé d'un mouvement de rotation très rapide emprunté aux roues porteuses et qui brise les sommités des plantes atteintes (fig. 109).

Dans les essanveuses à scie, une scie animée d'un mouvement alternatif, grâce à une bielle et une manivelle, sectionne le haut des tiges (fig. 110).

Un levier permet d'élever la lame de coupe de **15** centim. à 40 ou 50 centim. Un seul cheval tire l'instrument qui travaille environ 3 hectares par jour, en commençant dès que la rosée est tombée.

Maïs. — Dans la culture du maïs, on pratique un écimage particulier, en supprimant complètement le panache de fleurs mâles, avec sa hampe, dès que la fécondation est achevée. On s'assure de cette dernière condition par l'examen des barbes des épis, qui commencent à s'étioler et à perdre de leur lustre. Ordinairement, on coupe toute la partie supérieure de la plante *à une feuille au-dessus du dernier épi*; la maturité des épis est aussi accélérée; les tiges terminales fournissent un fourrage apprécié du bétail.

II. — EFFANAGE

L'effanage ou *effeuillage* est une pratique condamnable surtout dans la culture de la betterave. Le léger appoint obtenu ainsi pour l'alimentation du bétail ne compense pas le dommage causé aux racines, qui, perdant une partie de leur appareil foliacé, ne peuvent plus élaborer avec la même abondance les matières organiques, et surtout le sucre dont la production intensive est le but poursuivi.

Les feuilles de betterave sont d'ailleurs peu nutritives et leur teneur en oxalates occasionne des diarrhées au bétail.

Également, l'effanage est nuisible pour les pommes de terre, la fécule se formant dans les feuilles. On contrarie ainsi la production de cet élément sans aucune compensation, les fanes étant de faible valeur agricole. La suppression des fleurs n'offre aucun avantage. L'enlèvement des feuilles de pommes de terre diminue la récolte de 60 à 77 p. 100 (Anderson).

Supposons une récolte évaluée à 43 en enlevant les feuilles au moment de la floraison; cette récolte sera de 63 si l'on enlève les feuilles après la floraison, elle atteindra 307 si l'on arrache les feuilles seulement un mois après la floraison et dépassera 570 si le praticien laisse judicieusement les feuilles jusqu'à la récolte (Wolny).

III. — ESSEIGLAGE

Lorsque le blé arrive à maturité, on voit les épis de seigle, mûris plus hâtivement, dominer la récolte. Il sera bon de faire couper ces épis dont les grains déprécieraient le blé, si ce dernier n'est pas soumis aux cribles et trieurs. A cette même époque, les cultivateurs parcourent les champs réservés à la production des semences et en enlèvent les touffes des variétés étrangères ; ainsi peut-on récolter des graines absolument pures.

Céréales en herbe. — Il n'est pas sans intérêt de pouvoir distinguer la nature des céréales en herbe ; on considère, à cet effet, la *ligule*, sorte de prolongement membraneux qui se dresse au point où la gaine de la feuille embrasse la tige.

Pour le blé, la ligule est allongée et arrondie, à dents aiguës ; la base du limbe est garnie de deux dents à poils raides qui embrassent la tige ; les feuilles, qui présentent de onze à douze côtes, sont vert clair.

La ligule du seigle est courte, à dents triangulaires ; la base du limbe est arrondie ; les feuilles, rougeâtres, à poils mous, offrent onze à treize côtes. La ligule de l'avoine est courte, ovale, à dents aiguës ; la base du limbe est sans dents ; les feuilles, vert clair ou rougeâtres, dont les gaines s'enroulent généralement à droite, à l'inverse de ce qui se passe pour les autres céréales, ont de onze à treize côtes. Pour l'orge, la ligule est allongée, aiguë à dents larges triangulaires ; la base du limbe est garnie de dents à poils raides, qui embrassent la tige ; les feuilles vert clair, larges, présentent dix-huit à vingt-quatre côtes.

IV. — ÉPAMPREMENT, ÉCIMAGE, ÉBOURGEONNAGE
DU TABAC

Cinq à six semaines après la transplantation du tabac, on pratique l'*épamprement* en supprimant les feuilles basses qui traînent sur le sol et n'offrent aucune valeur. Parfois on enlève au préalable les feuilles cotylédonaires, et cette opération définit le *nettoiement*.

On *écime* plus tard les plants, en supprimant le bouton floral, afin d'éviter la floraison et d'activer la circulation de la sève dans les feuilles qu'on veut conserver. L'écimage se pratique en pinçant le haut de la tige entre le pouce et l'index, en ayant soin de ne pas endommager les feuilles supérieures ; le nombre des feuilles conservées par tige est alors bien fixé. Aux plants vigoureux, on laisse douze feuilles environ ; aux plants moyens, sept à dix feuilles, en général huit feuilles par plant, ce dernier point étant réglé par un inventaire effectué par les agents de l'Administration.

L'écimage détermine l'apparition, à l'aisselle des feuilles, de bourgeons qu'on enlève avec soin ; cet *ébourgeonnage* est d'ailleurs obligatoire pour les planteurs, qui ne doivent pas les laisser croître au delà de 25 centim. Au point de vue agricole, il y a tout avantage à enlever les bourgeons au fur et à mesure de leur apparition, sans attendre les menaces du fisc, les bourgeons soutirant pour leur formation environ le septième de l'azote, de l'acide phosphorique et de la potasse nécessaires à l'ensemble de la récolte.

V. — TRAITEMENTS CONTRE LES MALADIES CRYPTOGAMIQUES

Généralités. — Le cultivateur doit également, en surveillant la croissance des végétaux cultivés, les sauvegarder des affections dues aux parasites. Il en résulte une série de traitements variables suivant les cultures et dont le lecteur trouvera l'étude détaillée aux tomes *Parasitologie agricole* et *Pathologie végétale*. Nous indiquerons simplement comme exemple le traitement des pommes de terre en vue d'éviter la *maladie*.

La maladie de la pomme de terre est causée par le développement à l'intérieur de la plante (feuilles, tiges, tubercules) du mycélium d'un champignon

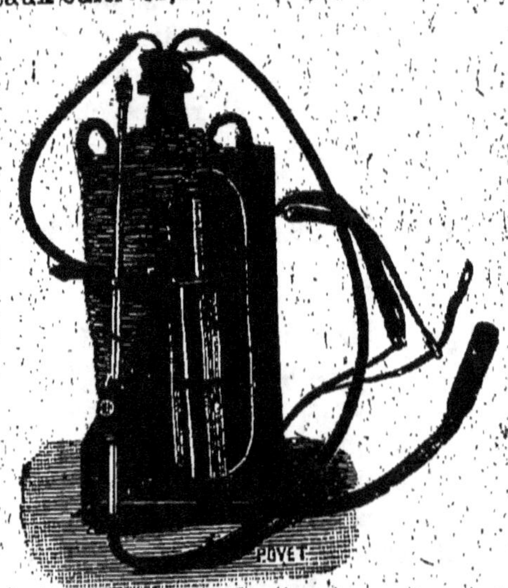

Fig. 111. — Pulvérisateur avec récipient en verre et pompe à air à l'extérieur.

parasite le *Phytophtora infestans*, qui détruit les tissus, détermine la mort des feuilles et des tiges, arrête l'assimilation chlorophyllienne et provoque la pourriture des tubercules. Il est difficile de détruire le mycélium lorsqu'il se trouve dans les tissus des pommes de terre en période de vie active ; mais on empêchera l'infection par un choix rigoureux des semences au moment de la plantation, et surtout par des traitements anticryptogamiques préventifs. A cet effet, on répand à la

Fig. 112. — Pompe-pulvérisateur sur tombereau.

B, balancier; P, pompe; R, robinets; C, tuyaux de caoutchouc; T, traverse en bois qui retient le demi-muid; L, lance; J, J, jets pulvérisateurs.

surface des organes aériens de la pomme de terre diverses poudres, solutions ou bouillies cupriques: *bouillie bordelaise* et *bouillie bourguignonne*, très efficaces, à la condition d'être convenablement préparées et employées.

Bouillies cupriques. — La bouillie bordelaise est composée de sulfate de cuivre dissous et de chaux récemment éteinte (3 kilogr. de sulfate, — 3 kilogr. de chaux vive, — 100 litres d'eau). Afin d'assurer l'adhérence de ces solutions

Fig. 113. — Traitement contre les maladies cryptogamiques.

aux feuilles, on emploiera avantageusement la bouillie bordelaise sucrée obtenue ainsi : pour 100 parties d'eau, poids égaux (3 kilogr.) de mélasse, de chaux et de sulfate de cuivre. Dans 50 à 60 litres d'eau, on fait dissoudre la mélasse ; on ajoute la chaux de manière à constituer un mélange homogène que l'on verse dans les 50 ou 40 litres d'eau restant contenant le sulfate de cuivre en dissolution.

Un traitement effectué judicieusement à la floraison peut suffire ; parfois deux ou trois traitements sont nécessaires : le premier vers le 15 ou 20 juin, le second un mois plus tard, le troisième, quand il y a lieu, vers fin août ou début de septembre. On emploie pour ces traitements divers types de pulvérisateurs. Les pulvérisateurs à cheval travaillent quatre ou six rangs à la fois (4 hectares par jour) (fig. 112).

La bouillie bourguignonne utilise le sulfate de cuivre et le carbonate de soude. Le sulfate de cuivre est décomposé par le carbonate de soude ; il se forme du sulfate de soude et de l'hydrocarbonate d'oxyde de cuivre. Le peu de solubilité de ce dernier dans l'eau détermine son apparition sous la forme d'un *précipité gélatineux* bleu.

Si la température est élevée, si la durée de contact est prolongée, on remarque soit l'apparition directe d'un *précipité vert*, soit une rapide transformation du précipité gélatineux bleu en précipité vert, qui est de l'hydrocarbonate de cuivre. L'excès de carbonate de soude paraît agir comme l'élévation de température et détermine la formation rapide du précipité vert. Son insuffisance laisse du vitriol bleu non décomposé. Comme celui-ci nuit à la plante pour peu que les solutions se concentrent, ainsi que cela se produit pendant leur évaporation à la surface des feuilles, il importe de préparer une bouillie dans laquelle tout le sulfate de cuivre décomposé ne laisse pas de carbonate de soude libre. La bouillie bourguignonne est alors gélatineuse et adhère fortement aux fanes de pommes de terre. Se transformant en sel vert sur les organes aériens, elle ne se solubilise que lentement dans les eaux qui ruissellent à leur surface et préserve la plante pendant longtemps de l'attaque du champignon parasite.

Les bouillies composées avec 2^{kg},500 à 3 kilogr. de sulfate

Fig. 114. — Traitement des pommes de terre à l'aide du pulvérisateur à dos d'homme.

de cuivre et de carbonate de soude par hectolitre d'eau sont les plus favorables. Les fortes doses de vitriol bleu conviennent lorsque les bouillies sont destinées au traitement des pommes de terre très éprouvées.

On fait d'abord dissoudre 3 kilogr. de sulfate de cuivre dans 50 litres d'eau. D'autre part, on laisse dissoudre 3 kilogr. de carbonate de soude dans 50 litres d'eau. Cette dernière solution est versée dans la solution de sulfate de cuivre *au moment de l'emploi* seulement.

Le mélange, contrairement aux indications courantes, doit en outre être effectué *à froid*, afin d'obtenir un précipité *gélatineux* qui adhère mieux aux feuilles. On utilise juste la quantité de solution de carbonate de soude strictement nécessaire pour décomposer entièrement le sulfate de cuivre. Ce résultat est obtenu lorsque le papier de tournesol rouge devient bleu.

Il faut répandre 12 à 18 hectolitres de solution cuprique au moins par hectare.

Les bouillies cupriques présentent parfois l'inconvénient de produire des brûlures et d'amener une dépression dans la végétation des plantes.

Dans le Vaucluse, la pomme de terre de primeur est traitée par une bouillie ainsi composée :

Sulfate de cuivre.................   2 kilogrammes.
Poudre de savon (Saponaphte)..   2   —
Eau............................... 100 litres.

Pour éviter la brûlure des feuilles ou des fruits, on emploie dans certains cas (tavelure des fruits, oïdium du houblon, du groseillier, maladies des rosiers, des concombres) le *lime-sulphur* américain, obtenu en faisant bouillir, dans un vase de fer ou de zinc, de la chaux anhydre (10 kilogr.), de la fleur de soufre (20 kilogr.) avec 100 litres d'eau. On peut ajouter à cette préparation du sulfate de fer ou de cuivre (400 à 600 gr. par hectolitre d'eau).

CHAPITRE VI

SOINS D'ENTRETIEN DES PRAIRIES

I. — PRAIRIES NATURELLES

Premiers soins. — Lorsque le semis de la prairie a été fait dans une céréale, il convient de rouler le sol deux fois avec un rouleau très lourd, dès l'enlèvement de la récolte.

Il est préférable, à l'automne, de ne pas faire pâturer la jeune prairie, surtout par les moutons, qui rasent près du sol et coupent les collets rez-terre. Au printemps, on fume en couverture et on roule à nouveau.

Une fois l'engazonnement établi, le pacage des moutons est avantageux pour hâter la formation du gazon, même dans les prairies à faucher. Si l'on coupait la première année, le tallage ne se ferait qu'incomplètement. On ne doit faucher la première année que les prés établis en sols humides où le pâturage est nuisible.

Entretien des herbages. — Afin d'assurer la productivité des herbages, on veillera à détruire les plantes nuisibles qui envahissent le pré au bout d'un certain temps.

Au printemps, on hersera les vieux herbages pour aérer les couches d'humus, détruire les mousses, etc. Ce travail pourra même être fait avec des instruments puissants : régénérateur de prairies, etc. (fig. 115).

L'assainissement des terrains humides prévient l'envahissement par les mousses, les laiches, les joncs surtout ; si l'on épand des amendements calcaires, des scories qui combattent l'acidité du sol, les légumineuses ainsi favorisées prennent un nouveau développement. On n'hésite pas à lutter directement contre les plantes adventices au moyen des procédés que nous indiquerons plus loin (Voy. *Destruction des plantes nuisibles*). Un fauchage hâtif compromet la maturation de certaines espèces et aide à leur disparition. On recommande parfois de couper, après le départ des animaux, les *touffes de refus* afin d'obtenir une végétation uniforme.

Les taupinières, fourmilières seront détruites au moyen des taupinoirs, du rabot des prés de Mathieu de Dombasle ou de la bêche (1). Dans les herbages bien tenus, on épand parfois uniformément les déjections des animaux, ou bien on les ramasse pour constituer des composts. Une bête bovine peut

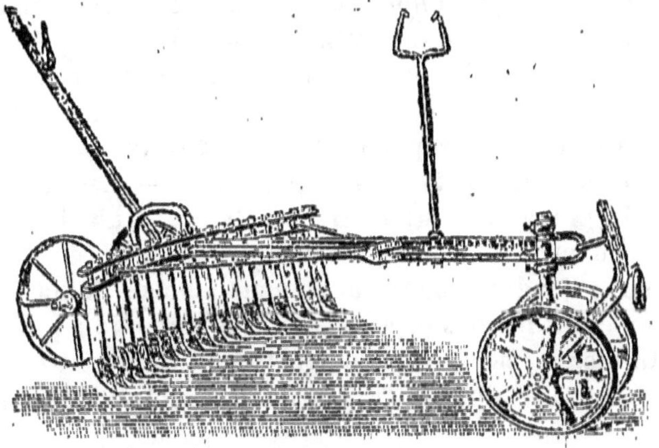

Fig. 115. — Régénérateur de prairies.

couvrir utilement par jour 1 mètre carré de surface avec ses excréments, qui suppriment momentanément toute végétation.

Les engrais seront épandus également à la fin de l'hiver. Les froids de cette saison occasionnent parfois, en pâturage calcaire, siliceux ou tourbeux, un soulèvement de la couche superficielle qu'on plombera fortement au printemps. Des hersages, vers la même époque, permettront d'aérer la surface du sol parfois riche en azote organique, qui ne peut nitrifier par manque d'oxygène, et détruiront les racines des plantes stolonifères menaçant d'envahir les cultures.

Le pâturage du pré par les animaux, c'est-à-dire le *chargement de l'herbage*, sera établi judicieusement en tenant compte

(1) Voy. GAROLA, *Prairies et plantes fourragères* (ENCYCLOPÉDIE AGRICOLE).

des coutumes locales, de la fertilité du sol, des races exploitées, de la composition des pâtures, du climat, des conditions météorologiques, de l'état du bétail, etc. (1).

Si, en quelques années de fumure, la flore d'une prairie peut se modifier, au point de devenir méconnaissable, il suffit d'une durée encore moindre pour produire, par la suppression de tout engrais le retour à la flore primitive, qu'il s'agisse de prés tourbeux ou de prés secs. Cette constatation prouve que les prairies installées par l'homme et au prix de grands efforts, dans les Hautes Vosges notamment, sur du sable ou de la tourbe, n'ont qu'une fertilité d'emprunt, toute temporaire, qu'elles doivent uniquement aux engrais. Abandonnées à elles-mêmes, elles retournent rapidement à l'état sauvage (E. Mer).

Concurrence vitale dans les prairies. — Les diverses plantes de la prairie luttent pour l'existence et ainsi se produit une « concurrence vitale » qu'il faut surveiller et diriger.

Un apport d'engrais convenablement choisis favorise la prédominance des bonnes espèces. Un épandage de 15 mètres cubes de fumier à l'hectare et du purin suffisamment étendu d'eau peuvent faire disparaître les mousses, étouffées par la végétation.

Certaines espèces s'élèvent et forment des inflorescences. D'autres, restées en sous-étage et presque inaperçues, grandissent et se multiplient sous l'influence des engrais. Pendant les premières années, elles demeurent associées aux herbes de faible valeur qui soutiennent un certain temps la lutte, mais qui, peu à peu submergées, finissent par disparaître.

Les légumineuses se développent sous l'influence des engrais potassiques, des amendements calcaires et phosphatés (scories), tandis que les engrais azotés favorisent les graminées. Le praticien possède ainsi un moyen sûr de régler l'équilibre entre ces deux espèces fourragères.

Le terrain devenant de plus en plus riche par suite de l'apport d'engrais et d'amendements, on voit apparaître des graminées nouvelles dans les places très bien fumées, de

(1) Voy. P. Diffloth, *Zootechnie générale* (20e mille).

sorte que la flore primitive défectueuse finit par être presque complètement modifiée.

Les taches en mauvais état où domine la mousse reçoivent, à plusieurs reprises, soit du sulfate de fer, soit du purin très concentré, des fonds de fosse, de préférence pendant de chaudes journées, bien ensoleillées. Une partie de la mousse est détruite par le purin et sur son emplacement germent des graines provenant des herbes voisines. Les plantes qu'elles produisent se développent vigoureusement dans ce sol bien fumé et étouffent les mousses épargnées par le purin.

L'ensemencement naturel des espèces intéressantes se produit difficilement dans les prairies en pleine production, par suite de la difficulté qu'éprouvent les jeunes germinations à se développer sous le couvert des herbes, surtout quand celles-ci forment un tapis dense et feutré. Quand une nouvelle espèce apparaît, on doit donc l'attribuer moins à l'importation par le vent ou les oiseaux qu'au développement, par suite de changements favorables dans les conditions de milieu (assainissements, irrigations ou fumures), de plantes préexistantes, qui restaient jusque-là inaperçues, ne fleurissaient pas, et restaient dissimulées, par suite de leurs dimensions exiguës, dans les assises inférieures. Ce ne sont guère que les parties dénudées par une cause quelconque qui peuvent se regarnir par voie de semis (E. Mer).

La bistorte présente de ce fait un exemple frappant, parce que, plus que toute autre, elle est sujette à de grandes variations de dimensions, suivant l'alimentation qu'elle trouve dans le sol. Dans les prairies négligées, elle semble faire défaut. On ne la voit ni fleurir, ni même apparaître dans le sous-étage. Mais en écartant les herbes de ce sous-étage, on remarque, appliquées sur le sol, de petites feuilles n'ayant guère que 1 centim. de long et qui ne sont autres que des feuilles de bistorte insuffisamment nourries et développées.

II. — PRAIRIES FAUCHÉES

Soins d'entretien. — Les soins d'entretien des prairies sont de même nature que ceux des pâtures. Il est seulement plus difficile de lutter contre les plantes adventices par suite de la nécessité de laisser se poursuivre normalement la végétation sans faucher de manière inopportune et sans pénétrer fréquemment sur la prairie, dont on compromettrait la récolte.

Un vigoureux hersage donné au printemps, un scarifiage même assurent l'aération des couches d'humus et, par suite, la nitrification, qu'un chaulage léger (1 000 kilogr. de chaux par hectare) favorise également.

Sur les terrains pauvres en acide phosphorique, on remplacera la chaux par les scories ; les composts sont d'un usage avantageux. Les hersages de printemps serviront également à enterrer les engrais chimiques épandus en couverturé. Le nitrate favorise les graminées, la potasse est l'engrais préféré des légumineuses ; on a ainsi entre les mains le moyen d'équilibrer la répartition de ces deux familles de plantes fourragères.

Après les gelées rigoureuses, il est parfois utile de rouler les prairies fauchées ; cependant le sol des vieilles prairies doit plutôt être aéré que tassé.

Les taupinières, fourmilières, sont nuisibles à la bonne marche des instruments de coupe ; il convient de les abattre. La terre épandue rechausse les graminées et favorise leur tallage.

Les mousses sont détruites par l'épandagede 300 kilogr. de sulfate de fer à l'hectare ; la mousse, attaquée, noircit, se détache du sol et peut être enlevée par des hersages.

III. — PRAIRIES ARTIFICIELLES

Entretien des luzernières. — On estime qu'il faut environ trois ans pour que la luzerne forme ses racines et ses tiges ramifiées. Les luzernes semées au printemps ne doivent pas, en général, être fauchées le premier automne ; tout au plus pourra-t-on les faire pâturer, si le temps est beau, par des bovidés qui ne rasent pas trop près du sol. Ce pâturage ne devra pas être prolongé et cessera assez tôt pour que la jeune plante, repoussée avant l'hiver, soit assez vigoureuse pour résister aux froids. Son développement est favorisé par des hersages vigoureux, l'épandage d'engrais chimiques et de plâtre ; un plâtrage léger (250 kilogr. à l'hectare), donné annuellement à chaque coupe, assure les rendements les plus élevés.

Les hersages doivent être pratiqués vigoureusement chaque année et la surface du sol peut même se présenter sous un aspect bouleversé. On emploie de fortes herses de fer articulées, ou même le scarificateur, soit à l'automne, soit, mieux, au printemps. Les plantes adventices envahissantes sont ainsi détruites et permettent la végétation vigoureuse de la luzerne.

Les engrais potassiques sont particulièrement favorables aux légumineuses ; on y joindra des superphosphates, des scories, dès que la production semble fléchir. Une luzernière bien cultivée doit sous nos climats permettre deux, trois coupes et même plus. Le fauchage réussit mieux à cette plante fourragère que le pâturage. Sa précocité en fait une ressource alimentaire précieuse dès le premier printemps ; la première coupe, fauchée avant la floraison, assure une repousse très active.

Cuscute. — La luzerne peut être attaquée par des parasites, dont le plus dangereux est la cuscute (*Cuscuta Europæa*), ou rasque, teigne, tignasse, barbe de moine, etc. La graine de cuscute, très petite, peut séjourner longtemps dans le sol, traverser même sans dommage le tube digestif des animaux, attendant des conditions favorables à la germination. La semence de cuscute met quatre semaines à germer ; la tigelle qui se forme s'allonge en se contournant sur elle-même, en portant à son sommet le reste de la graine, qui se détache au bout d'un certain temps. La partie contournée de l'embryon exécute alors des mouvements rotatifs, se tournant vers tous les points de l'horizon, jusqu'à ce qu'elle rencontre une tige vivante, qu'elle entoure alors en spirale, en s'y appliquant étroitement. Il se forme alors des suçoirs qui puisent à l'intérieur des tissus de la luzerne les sucs nutritifs utiles au développement de la cuscute. Si, au lieu de rencontrer une tige de luzerne ou de trèfle, l'embryon de cuscute heurte une tige de bois ou de fer, guidé par un merveilleux instinct, il l'abandonne et continue à rechercher une tige vivante.

La cuscute, ayant ainsi établi son parasitisme, développe

ses tiges déliées, rameuses, de couleur rousse, munies de suçoirs, gagne les plantes voisines, et les confond bientôt dans un emmêlement inextricable, tout en épuisant les luzernes bientôt languissantes. La cuscute forme ensuite ses fleurs, petits capitules blanchâtres, qui deviennent ensuite des fruits, capsules sphériques à deux loges contenant chacune deux grains. On rencontre également de petits tubercules pouvant reproduire la plante mère.

Ce dangereux parasite se reproduit, en résumé, par la graine, par les fragments de tige qui, en contact avec une tige de luzerne, développent des suçoirs, et par les tubercules. Lorsque l'hiver détruit les filaments, les graines et les tubercules résistent ; la vitalité de la cuscute est telle qu'en trois mois un seul pied peut détruire tous les plants de luzerne ou de trèfle qui l'environnent sur un rayon de 3 mètres, correspondant à une surface de plus de 25 mètres carrés.

On voit qu'il s'agit d'un ennemi redoutable ; il est donc dangereux de se servir de fumier d'animaux nourris de luzernes envahies, d'employer les semences d'une pièce infectée, ou des semences non garanties par le vendeur contre la présence des graines de cuscute. Nous avons étudié cette question au début de ce livre.

Lorsqu'on s'aperçoit qu'une luzernière est attaquée, le mieux est de couper les pieds de luzerne rez-terre jusqu'à 1 mètre au delà de la région infestée. Le produit de cette coupe sera brûlé au loin. On répand, sur la surface dégarnie, de la paille imbibée de pétrole et ensuite enflammée ; la cuscute est ainsi détruite et il faut souvent rebêcher à la bêche et réensemencer à nouveau une nouvelle plante fourragère à la place de la luzerne disparue. On aura ainsi un résultat assuré si l'on applique ce remède avant la maturité des graines. Souvent, au lieu de brûler la place contaminée, on y répand une dissolution de sulfate de fer à 10 à 20 p. 100, ou bien encore du sulfate de potasse brut à la dose de 200 à 300 grammes par mètre carré ; avec ces deux derniers traitements, la luzerne peut repousser.

On a fait sur des prairies en Thuringe des expériences intéressantes. Dans une prairie nouvelle en sol calcaire, des tachés de cuscute furent visibles après la première coupe. On y répandit de la chaux-azote en couche très mince. Huit jours après, toutes les taches de cuscute avaient disparu, ainsi que le trèfle ; les graminées cependant restèrent intactes.

Un champ de trèfle rouge était infesté de cuscute. Après la première coupe, on répandit avec le même succès de la chaux-azote (Wagner).

Dans une prairie ancienne, la cuscute disparut également quelques jours après l'épandage de la chaux-azote. Toutes ces expériences furent faites au commencement de juillet, à une époque où il ne pleuvait pas, mais par temps humide. Des expériences ultérieures démontreront si l'on peut obtenir les mêmes résultats par un temps sec.

Rhizoctone. — Un second parasite, la rhizoctone violette (*Rhizoctonia violacea*), enveloppe la racine de ses mycéliums, se nourrit de la sève des luzernes et les détruit, formant ainsi des taches circulaires où l'attaque des végétaux s'étend progressivement. La présence de la potentille rampante paraît indiquer une forte probabilité d'infection par la rhizoctone.

Il convient d'entourer les parties de luzernière attaquées par un fossé de 60 à 70 centim. de profondeur, dont on rejette la terre à l'intérieur ; la région circonscrite est labourée, et les débris de tiges, racines, sont recueillis et brûlés. On épand ensuite sur ce labour une bonne épaisseur de chaux, et le fond, les parois du fossé sont garnis d'une couche épaisse de soufre avant d'être comblés. Les organes de reproduction de la rhizoctone pouvant subsister trois ans, on évitera de resemer la luzerne sur les anciens foyers d'infection pendant une durée égale. Parfois ces mesures sont impuissantes à enrayer le mal, des racines infectées ayant pu être oubliées, et il est alors indispensable de défricher la luzernière.

Orobanche. — L'orobanche (*Orobanche minor*) attaque parfois les deuxièmes coupes de luzerne, en s'établissant en parasite sur ses racines. Ses semences, très petites et très nombreuses, d'une faculté germinative persistante, infectent le sol. Le fourrage, peu abondant, est déprécié par suite des propriétés nocives, ou tout au moins aphrodisiaques, de cette plante parasite. Il convient de n'employer que des graines de

luzerne exemptes d'orobanche et de semer dru afin de com.
promettre le développement de ce parasite, qui demande une
vive aération. Comme méthode curative, on coupera la prairie
avant la maturité de l'orobanche ; dans les cas de non-réussite,
il faudra défricher la luzernière.

Parfois on constate sur les luzernes la maladie dite *miellat*,
causée par l'*Eresyphe communis*. Divers champignons : l'*Uro-
myces apiculatus*, qui produit la rouille ; le *Peronospora
trifoliorum* ; le *Phacidium medicaginis*, déterminant la dessiccation prématurée des feuilles, compromettent également la
croissance de la luzerne, dont la consommation par le bétail
doit être alors attentivement surveillée.

La larve de l'eumolphe obscur (*Colapsis atra*), connu sous
les noms de négril, babotte, etc., cause dans le Midi de sérieux
ravages ; les générations successives de ces larves apparaissent dès le mois de mai et détruisent la récolte. Il est
nécessaire de faucher le champ pour détruire l'insecte par la
famine. La poudre de chaux éteinte, épandue à l'époque où
les femelles s'apprêtent à pondre, fait tomber l'insecte, écrasé
par un roulage consécutif. L'emploi d'un mélange de naphtaline et d'ammoniaque donne parfois de très bons résultats (1).

Entretien des trèfles. — Les soins d'entretien des pièces
de trèfle violet comprendront également des hersages printa-
niers dans les sols durcis, des roulages en terrain soulevé.
La seconde année de son établissement, les hersages consécutifs aux épandages de superphosphates ou de sels potassiques
sont avantageux. Un plâtrage léger (200 à 400 kilogr. par hectare), au moment où les jeunes feuilles du trèfle couvrent le sol
au printemps, assure des rendements élevés.

On s'aperçoit parfois, après la récolte de la céréale-abri, de
lacunes ; il est possible de resemer du trèfle après ameublissement du sol. Si les places vides sont très étendues, on
sèmera en lignes, après un hersage croisé, un mélange de vesce
et d'avoine. Il y a parfois avantage, lorsque le trèfle est
mal levé, à déchaumer immédiatement ; dès que la terre

(1) Voy. Guénaux, *Entomologie et parasitologie agricoles* (Encyclopédie agricole).

aura reverdi, on donnera un labour léger, puis on sèmera de nouveau du trèfle sur un hersage.

La cuscute qui attaque les trèfles sera détruite par les procédés indiqués. L'*Eresyphe communis* produit également le miellat du trèfle ; le *Sphæria trifolii* forme des taches brunes sur les feuilles ; un autre champignon, le *Peziza ciboroïdes*, cause la pourriture du cœur ou chancre du trèfle. Lorsque les limaces exercent des dégâts sérieux, ainsi que certaines araignées, on roule avant le lever ou après le coucher du soleil. Le renflement des bourgeons, la formation de rejets de trèfle, qui semblent noués, indiquent les ravages d'une anguillule, le *Tylenchus devastatrix* ; on n'hésitera pas à enfouir le trèfle ainsi atteint par un labour profond, après épandage d'une forte dose de crud ammoniac, qui agit par les sulfocyanures toxiques qu'il renferme.

Sainfoin. — Les soins d'entretien se bornent à prévenir l'envahissement des mauvaises herbes à l'aide de hersages énergiques au printemps. On pratiquera avantageusement des épandages de plâtre, d'engrais potassiques, de superphosphates, scories, etc.

CHAPITRE VII

DESTRUCTION DES ANIMAUX NUISIBLES

I. — LUTTE CONTRE LES CAMPAGNOLS

Apparition des rongeurs. — Les campagnols et les rongeurs de leur famille peuvent parfois occasionner des dommages considérables (1). Il est curieux de constater que ces animaux apparaissent en cohortes nombreuses, certaines années, pour disparaître ensuite sans cause apparente. La disparition rapide d'innombrables légions de campagnols peut s'expliquer par le développement chez ces rongeurs d'un organisme parasitaire, dont la virulence et la propagation sont particulièrement actives. La disparition des campagnols serait due ainsi le plus souvent à une maladie contagieuse spontanée. Il convient de remarquer que les grandes épidémies qui déciment les campagnols ne se produisent généralement que la troisième ou la quatrième année de l'invasion, lorsque les rongeurs sont devenus très nombreux. Aussi a-t-on cherché à imiter la nature en provoquant chez ces animaux, au moyen de virus, une maladie contagieuse dès leur apparition dans une localité, afin d'épargner à la culture deux ou trois années de reproduction.

Il faut tenir compte aussi du degré de réceptivité des animaux contaminés relativement à l'agent parasitaire ; parmi les conditions qui peuvent préparer un terrain favorable, il en est une non négligeable, la disette. Les campagnols disparaissent en effet lorsque, ayant subi une multiplication excessive, les récoltes diminuent considérablement et ne leur fournissent plus qu'une alimentation insuffisante.

Emploi de virus. — Récemment, on a préconisé l'emploi de virus, capables de communiquer aux campagnols une affec-

(1) Voy. G. GUÉNAUX, *Zoologie agricole* (ENCYCLOPÉDIE AGRICOLE).

tion contagieuse mortelle. Le virus Danysz doit être employé dans les huit jours qui suivent sa préparation ; les insuccès tiennent souvent à ce que les cultivateurs ne le reçoivent ou ne l'utilisent que lorsqu'il a perdu sa virulence. La maladie déterminée chez le campagnol par l'injection du virus Danysz n'est pas contagieuse, et les rongeurs peuvent cohabiter avec leurs congénères malades sans être incommodés ; ils ne succombent que s'ils mangent les appâts ou les cadavres de ceux qui ont déjà subi les atteintes du mal. Il faudrait trouver un virus donnant une maladie se communiquant aux campagnols par contact ou cohabitation.

Pour traiter un hectare à l'aide du virus Danysz, on verse une bouteille de virus dans 3 litres d'eau, additionnée de 20 grammes de sel de cuisine. Ce liquide sert à mouiller 10 kilogr. d'avoine aplatie. On laisse en tas, trois ou quatre heures, le grain imprégné de virus.

Les campagnols sont très friands de cet appât. On peut renforcer sa nocivité en ajoutant 50 grammes de carbonate de baryum. L'avoine est répandue en petites pincées à l'entrée des trous les plus fréquentés. Dix jours après, 85 p. 100 des campagnols sont tués. Le virus Danysz associé au carbonate de baryum arrive à une destruction totale.

Le procédé du virus Danysz, inoffensif pour l'homme et le gibier, est très recommandable.

Il exige toutefois, pour réussir complètement, d'être appliqué avec intelligence et méthode et surtout d'utiliser du virus frais, récemment préparé.

Substances toxiques. — *Acide arsénieux*. — On peut utiliser pour la destruction des campagnols le blé arséniqué que l'on prépare en ajoutant 50 grammes d'acide arsénieux à 1 litre de blé. On commence par mêler au grain 50 grammes de mélasse par litre ; puis on le saupoudre avec 50 grammes d'acide arsénieux par litre de blé. On achève l'opération en brassant le tout convenablement ; l'appât est alors prêt à être employé. La mélasse a pour but de rendre l'acide arsénieux, qui est pulvérulent, plus adhérent au grain.

On reproche à cette méthode l'emploi de l'acide arsénieux, poison violent pour les hommes aussi bien que pour les animaux domestiques et le gibier. Afin d'éviter ces accidents au lieu de déposer simplement le grain empoisonné à la surface du sol, on l'introduit dans de petits tuyaux de drainage de faible calibre, placés ensuite dans les endroits fréquentés par lescampagnols. Il arrive en effet que les campagnols dédaignent le blé arseniqué et le répandent à l'ouverture des terriers, où il est alors consommé par les oiseaux de basse-cour. L'usage

Fig. 116. — Destruction des campagnols par le blé arseniqué.

On place en ligne, à 2 metres l'un de l'autre, les ouvriers chargés de rechercher les galeries des campagnols et de placer le blé arseniqué.

des petits tuyaux de drainage évite ce danger et n'occasionne qu'une dépense légère évaluée entre 5 et 8 francs l'hectare (fig. 116).

D'après d'autres praticiens, l'acide arsénieux peut être utilisé également d'après la formule suivante : 10 kilogr. de blé, 1 kilogr. de mélasse, 1^{kg},500 d'acide arsénieux coloré, 0^{kg},500 de farine, quelques grammes d'essence d'anis. Ce blé arseniqué est disposé dans les trous des rongeurs. Le résultat n'est pas toujours satisfaisant ; 50 à 60 p. 100 des campagnols seuls succombent. Cet appât possède, malgré l'essence d'anis, un goût particulier qui éloigne les rongeurs.

Le prix de revient par hectare est évalué ainsi (en Beauce) : froment : 2 fr. 50 ; mélasse : 0 fr. 40 ; acide arsénieux : 1 fr. 50 ; farine : 0 fr. 20 ; main-d'œuvre : 3 francs ; total : 7 fr. 60 (en 1912, exp. D. Donon).

Les praticiens recommandent de faire pénétrer le blé empoisonné dans les galeries qui donnent asile aux campagnols, puis de boucher les orifices de celles-ci en frappant fortement dessus avec le talon.

Noix vomique. — On doit être prudent dans l'emploi des substances toxiques, telles que la noix vomique ou la strychnine, qui sont susceptibles d'avoir une action nocive sur différents animaux. Ainsi, dans l'Orléanais, on a eu recours, pour se débarrasser des corbeaux, nuisibles aux semailles, à des appâts empoisonnés avec de la noix vomique ; nos petits oiseaux insectivores ont été victimes de cette méthode de destruction.

La noix vomique présente une saveur extrêmement amère. Elle doit ses propriétés à des alcaloïdes très toxiques : la strychnine, la brucine et l'igasurine. Les campagnols pullulent surtout dans les terrains calcaires légers ; ils sont rares dans les sols tertiaires compacts. Or, les eaux calcaires des régions envahies se prêtent mal à la dissolution des alcaloïdes (E. Rabaté).

Pour décomposer le carbonate de chaux et obtenir une eau légèrement acidulée, favorisant l'extraction des produits toxiques de la noix vomique, on ajoute 1 gramme d'acide tartrique par litre d'eau. Avec des eaux très calcaires, cette dose peut être portée à 1^{gr},5 par litre.

Les campagnols s'attaquent à un grand nombre de produits végétaux : herbes vertes, betteraves, céréales, raisins, etc. La pratique a montré que les appâts les plus recherchés, et donnant les meilleurs résultats, étaient obtenus avec du blé de qualité marchande. L'avoine, en raison de son écorce dure, se charge moins bien de toxiques ; les campagnols la consomment peu volontiers.

Le grain de blé empoisonné doit répondre à deux conditions. 1° La plantule doit être tuée, pour éviter, par germination, l'altération ultérieure de l'appât. La destruction du germe est obtenue par concassage, cuisson ou fermentation. 2° L'imbibition doit être assez complète pour que toute la masse de l'appât soit toxique et que l'eau de pluie n'enlève pas trop aisément le poison.

On prépare l'appât en jetant la solution bouillante sur les grains de blé concassés très légèrement, de façon que seuls les gros grains soient fendus, et en laissant fermenter pendant deux jours. La préparation est plus rapide qu'avec les grains entiers, dont le germe est détruit par ébullition dans la décoction de noix vomique. Mais le grain entier se conserve plus facilement durant plusieurs jours avant l'épandage ; il ne se prend pas en masses et colle moins aux doigts ; il résiste mieux au lavage par la pluie et se garde plus longtemps dans les réserves souterraines des campagnols. Couverte par son tégument, l'amande farineuse empoisonnée peut, assez longtemps après l'épandage, détruire les rongeurs qui l'ont emmagasinée. Enfin, on économise les frais de concassage.

Pour préparer le blé concassé, dans une chaudière de 60 litres, on verse 50 litres d'eau, on chauffe, et au bout de vingt à trente minutes, quand l'eau commence à bouillir, on ajoute 50 gr. d'acide tartrique. On brasse une minute avec un bâton, pour faire dissoudre, puis on ajoute 5 kilogr. de noix vomique.

L'ébullition maintenue pendant une heure trois quarts ou deux heures, le liquide bouillant est versé sur 50 kilogr. de blé, légèrement concassé, dans une cuve en bois. On agite pour favoriser l'absorption du liquide. Au bout de vingt-quatre heures, on brasse à nouveau et on étend sur le sol pour laisser ressuyer la masse.

Avec le blé entier, une chaudière de 80 litres reçoit 40 litres d'eau, puis, à l'ébullition, 40 gr. d'acide tartrique et 4 kilogr. de noix vomique. On laisse bouillir une heure vingt à une heure trente, on ajoute ensuite 40 kilogr. de blé entier dans le liquide bouillant. Le chauffage est maintenu, en forçant légèrement le feu pour conserver l'ébullition. A l'aide de pelles, deux hommes brassent sans relâche, pour empêcher l'adhérence au fond de la chaudière, jusqu'à absorption complète du liquide par le blé, ce qui demande vingt ou vingt-cinq minutes. Le grain ébouillanté est versé sur le sol, ou mieux dans une cuve en bois, où il fermente et gonfle pendant vingt-quatre heures.

Si l'appât doit être conservé plusieurs jours, il est nécessaire, afin d'éviter des fermentations rapides et des moisissures, d'étendre le grain en couche peu épaisse, sur un sol carrelé ou cimenté, en le pelletant chaque jour (1).

De meilleurs résultats sont obtenus en forçant les doses précédemment indiquées. Ainsi, on emploiera, pour 40 litres d'eau, 50 gr. d'acide tartrique au lieu de 40 gr., et 5 kilogr. de noix vomique au lieu de 4 kilogr. Pour obtenir le maximum d'imbibition de l'amande, on peut réduire la quantité de blé et prolonger le brassage. Au lieu de 40 kilogr. de blé pour 40 litres d'eau, on emploiera seulement 40 litres de blé, ou même 38 litres, qui pèsent environ 31 kilogr.

Quand le grain est bien préparé, complètement gonflé, il double de volume. Les grains entiers imbibés prennent une coloration brune et peuvent sans grand inconvénient être lessivés par les pluies.

Il faut éviter de faire bouillir trop longtemps les grains, parce qu'ils crèveraient et donneraient une matière gluante qui gênerait la bonne répartition. Il se forme un peu d'empois d'amidon avec les grains concassés, traités à chaud. Ces fragments de grains sont facilement salis par la terre, après les pluies battantes. Parmi les grains, on retrouve les débris gonflés de noix vomique, devenus inutiles, mais difficiles à séparer de la solution.

Pain baryté. — Un autre procédé consiste dans l'emploi d'un pain spécial composé avec du carbonate de baryum, sel toxique. Le produit a l'aspect d'une galette très sèche, assez compacte et dure, de 3 centim. d'épaisseur environ. Pour le préparer, on mélange avec soin 80 parties (en poids) de blé de seconde qualité et 20 parties de carbonate de baryum. On ajoute la quantité d'eau et de levure convenable pour former

---

(1) E. RABATÉ, *La Vie Agricole*.

une pâte, et on laisse fermenter. La cuisson est poursuivie de façon à obtenir une matière dure et sèche. Il est nécessaire de se servir d'un matériel spécial pour faire cette préparation, à cause de la toxicité du produit ; les ouvriers doivent laver les objets dont ils se sont servis et se nettoyer les mains à la fin du travail avec de l'eau aiguisée de vinaigre, dissolvant complètement le carbonate de baryum. Pour faire consommer facilement le pain baryté par les campagnols, il suffit de le tremper dans du lait écrémé ou de l'asperger avec l'essence d'anis. Pour les rats et les souris, il est préférable d'y mélanger, en le préparant, du lardon, de la graisse.

Ce pain revient au prix de 0 fr. 65 à 1 franc le kilogr., le carbonate de baryum valant environ 75 francs les 100 kilogr., et, au détail, 1 fr. 40 le kilogr.

Un kilogramme de pain suffit généralement pour le traitement de 1 hectare. On le divise sans difficulté et sans déchet en morceaux de la grosseur d'une noisette. Dans chaque trou de campagnol, on dépose de un à trois morceaux. Il est bon, au préalable, de fermer les trous des parcelles infestées à l'aide d'un hersage ; on juge mieux ensuite, par les trous fraîchement ouverts, quelles sont les galeries encore habitées. La fin de l'automne, l'hiver (sauf en temps de neige) et le commencement du printemps sont les époques de traitement les plus favorables.

Pâte phosphorée. — La pâte phosphorée répartie sur des cubes de carottes, grains, pommes de terre est d'une efficacité indiscutable. Mais la manutention en est délicate et périlleuse, le prix de revient un peu plus élevé.

II. — DESTRUCTION DES TAUPES

Inconvénient des taupinières. — Les prairies ont souvent à souffrir des taupinières qui gênent le fauchage des prés ; les galeries souterraines constituent un obstacle à la répartition uniforme de l'eau d'irrigation ; enfin les racines peuvent être coupées ou mises à découvert.

Bien que les taupes soient utiles pour la destruction des vers blancs, des courtilières, des cloportes, etc., il faut de toute nécessité restreindre leur nombre.

On peut surveiller, principalement entre 10 heures du matin et midi, les taupinières et les galeries qui y aboutissent; ces dernières sont reconnaissables à la teinte jaune du gazon. A ce moment de la journée, les taupes sont en pleine chasse, et il est aisé de remarquer les mouvements du sol qui trahissent l'animal occupé à son travail de mineur. D'un coup de bêche, on rejette la bête au dehors et on la tue.

Il est d'autres procédés plus compliqués, qui exigent une connaissance approfondie des mœurs de la taupe, et qui fai_saient jadis l'objet d'un véritable métier, celui de taupier.

On peut encore avoir recours aux appâts empoisonnés, taupicides du commerce ou vers de terre saupoudrés de noix vomique, mais en observant les précautions signalées plus haut.

Enfin, pour détruire les taupinières, on emploie quelquefois des étaupineuses ou étaupinoirs. Ces instruments se composent d'un bâti triangulaire ou rectangulaire, sur lequel sont fixées quelques dents de herse ; ils sont parfois précédés d'une lame tran_chante horizontale recti_ligne ou en V très ouvert, qui sectionne les taupinières.

Fig. 117. — Étaupinoir.

En arrière des dents se trouve un petit rouleau qui nivelle le sol après le passage de la machine. Pour le transport sur routes, on retourne l'étaupi_noir, qui glisse alors sur un traîneau (fig. 117).

III. — DESTRUCTION DES LIMACES

Les limaces pullulent parfois dans les champs, favorisées par un temps doux et humide. Si les gelées ne les détruisent pas, on peut agir par écrasement ou en répandant à la volée des matières pulvérulentes.

L'écrasement peut être léger, car la limace offre une faible résistance à la compression. Si le sol était rigoureusement plan, un rouleau léger, en bois ou mieux en tôle, suffirait. En pratique, le profil du sol est vallonné, les limaces se tiennent en majorité dans les creux, de sorte qu'un rouleau n'agissant que sur les crêtes, ne détruirait qu'un petit nombre de mollusques. D'autre part, on obtient de mauvais résultats en roulant un sol humide.

On utilisera avantageusement le rouleau squelette, ou mieux les modèles employés en Suisse et en Allemagne. Ils se composent de deux axes parallèles garnis de disques suffisamment écartés ; les disques de l'axe d'arrière passent entre les disques montés sur l'axe d'avant ; l'écartement des deux axes est un peu plus grand que le rayon des disques.

La herse écroûteuse n'a pas l'inconvénient de tasser le sol comme un rouleau ; mais on peut craindre le malaxage superficiel des terres trop humides. Une herse écroûteuse de 2m,50 de train, pesant 300 kilogr., nécessite une traction de 175 à 200 kilogr., c'est-à-dire un attelage de 2 chevaux ou de 2 bœufs, pouvant herser 8 hectares par journée.

Des essais permettraient de se rendre compte de l'effet de ces instruments sur les limaces.

Un procédé plus expéditif consiste à répandre à la volée une poudre capable de tuer les limaces sans nuire à la végétation : chaux fraîchement éteinte avec une petite quantité d'eau, qui se réduit en poudre fine comme de la farine. L'emploi du sulfate de fer en neige, à raison de 200 à 250 kilogr. par hectare, donne de bons résultats (M. Ringelmann).

L'opération peut se faire facilement par un temps calme avec un distributeur d'engrais ; elle serait très expéditive avec un distributeur à force centrifuge, tiré par un cheval. Cette dernière machine répand sur une largeur d'environ 4 mètres des matières très fines, comme les spories ou le sulfate de fer, et sur 9 à 10 mètres des matières plus volumineuses, comme le nitrate.

Les champs étant humides, et le temps pluvieux, on ne peut utiliser, pour détruire les limaces, un liquide contenant en dissolution un produit actif.

L'emploi des volailles et surtout des dindons est recommandable sur des surfaces restreintes et un peu au détriment des plantes cultivées. Pour de grandes étendues, il faudrait alors reprendre l'idée d'un poulailler roulant conduit sur les champs au moment des labours.

IV. — DESTRUCTION DES CRIQUETS

Pour combattre une invasion de criquets, il faut envisager deux cas : celui où des colonnes immenses de ces insectes se déplacent dans des contrées relativement peu peuplées et cultivées seulement par zones, et celui où de petites colonnes ont envahi une région à propriété morcelée. Dans le premier cas, on utilise les barrages fixes dits *appareils cypriotes* ; dans le second cas, on fait usage des *melhafas* et des insecticides.

La partie principale de l'appareil cypriote comprend une pièce de toile, longue de 50 mètres, haute de 80 à 90 centim., dressée verticalement à l'aide de piquets. Tout le long du bord supérieur est fixée une bande de toile cirée de 10 centim. de largeur.

On accouple ces barrages par deux ou par quatre, de manière à former un V dont l'ouverture est dirigée vers le front de la colonne des acridiens, la bande de toile cirée étant placée de ce côté. On laisse traîner sur le sol le bas de la toile sur toute la longueur, en recouvrant ce pan traînant d'un petit talus de terre qui bouchera tous les passages. Enfin, on creuse à l'intérieur de l'angle et contre l'appareil trois fosses oblongues, une au sommet et une contre chaque branche du V et vers son extrémité. Ces fosses sont bordées de plaques de zinc surplombant les parois et qui empêcheront les criquets de s'échapper. On rabat la colonne de criquets sur l'appareil. Les insectes essaient d'abord de gravir la toile, mais, arrêtés par la toile cirée, ils cherchent à contourner l'obstacle et tombent dans les fosses. Celles-ci une fois pleines, les insectes qu'elles contiennent sont écrasés par piétinement (P. Lesne).

Les femelles des acridiens recherchent, pour déposer leurs œufs, les lieux arides et ensoleillés. En ces points sont accumulés, à une petite profondeur dans le sol, les pontes des insectes, comprenant une masse de 30 à 80 œufs. Une fois éclos, les jeunes gagnent la surface du sol et restent là pendant plusieurs jours, rassemblés en groupes compacts.

C'est à ce moment qu'il est le plus facile de les atteindre et de les détruire en masse par écrasement avec des branchages, ou un arrosage avec une émulsion d'huile lourde (sur 1 kilogr. de savon noir, versez doucement et par petites quantités 3 litres d'eau bouillante en agitant sans cesse avec un bâton; puis, le mélange obtenu, ajoutez peu à peu 5 kilogr. d'huile lourde en continuant à remuer). On obtient ainsi une émulsion qui se conserve parfaitement et qu'on étend de 90 parties d'eau environ au moment de s'en servir.

Pour détruire les groupes de jeunes criquets, on se sert également de pièces de toile à sac de 10 mètres de longueur sur 3 mètres de largeur, les *melhafas*. Trois ou quatre personnes maintiennent la pièce de toile verticale, face au soleil, en la laissant traîner sur le sol. D'autres ouvriers munis de branchages se disposent en demi-cercle de 15 à 20 mètres de rayon au-devant de la toile, de manière à comprendre entre eux et celle-ci un groupe de jeunes criquets. Puis, très lentement, et tout en promenant les branches sur le terrain, ils chassent les insectes vers la toile sans les effrayer par des coups brusques ni en marchant parmi eux. Bientôt la toile est chargée d'insectes. Les rabatteurs saisissent les bords de la partie traînante, les rapprochent de la partie aérienne et forment ainsi une sorte de sac allongé rempli de criquets que tous les opérateurs tiennent alors par les bords rapprochés. Par une série de secousses brusques, ils étourdissent ou assomment les insectes. On en emplit ensuite des sacs pour enfouir ultérieurement les insectes ou pour en donner une partie à consommer aux volailles.

CHAPITRE VIII

DESTRUCTION DES MAUVAISES HERBES

I. — PRINCIPES GÉNÉRAUX

L'application des méthodes rationnelles de culture du sol, les apports judicieux d'engrais chimiques, les améliorations foncières du terrain ne peuvent être sanctionnés par un résultat pratique et réel, si la lutte contre les mauvaises herbes n'est pas poursuivie d'une manière énergique et continue. Les plantes adventices causent à la culture un dommage considérable, en absorbant à leur profit les éléments fertilisants du sol et en s'emparant de l'eau disponible. L'action de la lumière sur les feuilles des végétaux cultivés est amoindrie par l'ombrage que portent les mauvaises herbes ; la verse peut être ainsi provoquée, les ravages du piétin s'exagèrent sur le blé. Un certain nombre de plantes adventices enfin servent de refuge aux parasites qui déterminent l'apparition de la rouille, de l'ergot, etc.

On peut estimer au minimum à 50 francs par hectare de terre labourable le dommage causé par l'apparition des plantes adventices. Les mauvaises herbes prélèvent sur notre production agricole une dîme de *huit millions et demi*. Cette dîme dépasse de *six millions et demi* le principal de l'impôt foncier et représente par suite 26 p. 100 du revenu net imposable (Garola).

Les céréales infestées de mauvaises herbes sont difficiles à récolter et sèchent lentement ; le nettoyage des grains est pénible et coûteux. Il faut en outre purifier les semences des grains toxiques et nuisibles, comme l'ivraie enivrante, la nielle, ou de celles qui pourraient donner une odeur désagréable à la farine.

Persistance des plantes nuisibles. — Le dommage causé à la culture est d'autant plus accentué que ces plantes adventices se reproduisent avec facilité et rapidité. La nature, pour assurer leurs conditions d'existence, leur a donné de multiples moyens de reproduction. Celles qui se propagent par graines sont d'une fécondité remarquable, et la durée de leur faculté germinative est considérable (graines *dures*). Les semences de moutarde blanche (jotte, sanve, séné, etc.) résistent quatre ou cinq ans aux influences atmosphériques; le chrysanthème des moissons, la camomille sauvage présentent également cette vitalité caractéristique, comme l'indique le tableau suivant:

Germination des semences de quelques mauvaises herbes (Schribaux). (Expériences de la Station d'essais de semences.)

DÉSIGNATION des ESPÈCES.	FACULTÉ GERMINATIVE P. 100.					Nature et proportion p. 100 des graines non germées lors du dernier essai.		
	À la récolte.	Après 1 an.	Après 2 ans.	Après 3 ans.	Après 4 ans.	Fraîches.	Dures.	Pourries.
Cuscute	12	9	10	18	—	—	80	2
Chénopode blanc	4	11	16	16	42	—	54	4
Mercuriale annuelle	10	14	18	14	—	—	84	3
Liseron des champs	1	16	35	8	—	—	92	—
Lychnis dioïque	0	20	28	39	46	—	50	4
Mouron des oiseaux	—	13	9	—	—	—	91	—
Morelle noire	1	37	72	—	—	—	26	2
Carex	—	22	—	—	—	—	78	—
Plantain lancéolé	29	39	36	40	—	—	58	2
Moutarde des champs	2	5	14	12	14	81	—	1
Coquelicot	—	—	1	2	1	99	—	—
Bourse-à-pasteur	16	23	29	61	—	37	—	2
Linaire commune	—	6	4	40	—	60	—	—
Carotte sauvage	3	12	31	40	—	38	—	22
Gaude	—	9	13	9	—	89	—	2
Nielle	6	42	50	84	72	24	—	4

La plupart des graines sont inattaquables par les sucs digestifs et peuvent traverser le corps des animaux sans voir leur vitalité s'affaiblir. Ces semences restent dans le sol, attendant des conditions favorables à leur évolution, — amincissement du tégument, apparition des diastases, — et occupent de nouveau le terrain en végétation luxuriante, alors qu'on croyait la terre parfaitement nettoyée. Les labours, les hersages contribuent à ramener des couches profondes du sol les semences de mauvaises herbes qui n'attendaient que ces circonstances favorables pour germer.

Les plantes adventices peuvent parfois se reproduire non seulement par graines, mais encore par stolon souterrain, comme le chiendent, d'autres par graines et par cayeux, comme l'ail des champs; par bulbes, bulbilles (avoine à chapelet), etc.

Les semences des mauvaises herbes sont disséminées avec facilité et à des distances considérables. Quelques-unes portent des aigrettes, des plumules, qui facilitent leur déplacement par le vent. D'autres sont transportées par les oiseaux, l'eau, le bétail lui-même (toison ou excréments).

Les fumiers provenant de récoltes salies par les plantes adventices contiendront une quantité considérable de semences impures, qui infesteront à nouveau les terres.

Les mauvaises herbes possèdent une vitalité et une rusticité qui tiennent à leur parfaite adaptation au climat et au sol, dont elles constituent la végétation spontanée. Certaines peuvent avoir plusieurs générations dans le cours d'une année (moutarde sauvage, coquelicot, renoncule, ravenelle, etc.). La facilité de leur développement pourrait faire croire à leurs moindres exigences en principes nutritifs, il n'en est rien : ces plantes épuisent le sol d'autant plus aisément qu'elles croissent rapidement et avec vigueur.

L'analyse de leurs cendres révèle, en effet, une teneur élevée en principes minéraux. Le chiendent notamment renferme en moyenne 13 parties de potasse, 12 parties d'acide phosphorique, 7 parties de chaux pour 100 de cendres. Dunnington a constaté dans la plupart des plantes adventices une proportion de cendres variant de 1,02 à 3,53 p. 100.

Le même expérimentateur, dosant les cendres provenant de l'incinération des végétaux spontanés, a trouvé les chiffres suivants :

Potasse........................	10 à 25 p. 100
Chaux..........................	7 à 17
Acide phosphorique.............	8 à 12
Magnésie.......................	5 à 7

Fig. 118. — Brûlage des mauvaises herbes.

Il s'agit là d'exigences appréciables capables d'appauvrir le sol.

Par suite de leur facile adaptation aux conditions nouvelles, les plantes adventices sont les premières à profiter des engrais chimiques et des améliorations foncières. La lutte contre les mauvaises herbes devient donc une nécessité d'autant plus impérieuse que la culture se perfectionne.

Grâce au matériel agricole, aux semis en ligne, au travail parfait du sol, l'agriculture intensive se trouve d'ailleurs armée suffisamment pour parvenir à ce résultat.

La nature des terres influe partiellement sur la rapidité d'envahissement du sol par les plantes adventices. Il existe en fait pour chaque variété de terrain une flore spontanée capable de végéter dans ces conditions ; mais il faut reconnaître que les terres fraîches et les climats humides facilitent le développement des mauvaises herbes.

Les semences des plantes adventices peuvent parvenir du dehors ou prendre naissance sur la terre qui les porte. La lutte contre l'envahissement des mauvaises herbes devra donc s'organiser différemment selon ces diverses conditions. Les graines provenant de l'extérieur peuvent être apportées par les semences des plantes cultivées, les engrais, le vent, les eaux, les animaux ou le fumier ; nous examinerons attentivement chacun de ces cas.

II. — LUTTE CONTRE LES PLANTES ADVENTICES

1. — Épuration des semences.

Il importe de bien nettoyer les semences provenant des récoltes ou d'exiger du vendeur la garantie de pureté.

Les criblures et déchets du tarare sont souvent jetés sur le fumier, ainsi que les balayures des cours, les fonds de fenil, etc. Ces graines impures seront transportées avec le fumier sur les champs qu'elles infesteront. Il faut, au contraire, brûler complètement ces déchets et enfouir profondément les résidus.

La chaleur sèche est parfois impuissante à détruire la faculté germinative des graines dures ; la chaleur humide est souvent plus efficace.

Dans les rations des animaux de la ferme se trouve une certaine quantité de semences de mauvaises herbes qui traverseront le tube digestif et se retrouveront intactes dans les fumiers. Le foin, les regains, les tourteaux, le son même, constituent des causes d'infection.

La plupart des sons du commerce sont mélangés de mauvaises graines ; on a pu trouver dans 1 kilogr. de son 4.840 graines intactes germant à 40 p. 100.

Les menues pailles de blé, d'avoine, doivent être également examinées à ce point de vue et nettoyées attentivement à l'aide de cribleurs cylindriques, de cribleurs à plan incliné et à mouvement alternatif, etc.

II. — Procédés mécaniques de destruction

Les procédés mécaniques de destruction des plantes adventices varient suivant leur processus végétatif et leur mode de reproduction par stolons, bulbilles ou graines.

Stolons. — Les plantes stolonifères — chiendent, renoncule rampante, gesse tubéreuse, etc. — sont des plus difficiles à détruire et exigent des travaux nombreux.

Voici les procédés les plus couramment employés pour la destruction de ces végétaux. On détermine tout d'abord la profondeur de pénétration des racines traçantes. Le sol est ensuite labouré à la saison sèche, de façon à former des bandes droites ou peu inclinées, soumises ainsi d'une façon parfaite à l'influence de l'air et de la chaleur. Le soleil dessèche les racines et tue les plantes stolonifères. A la saison des pluies, on attaque la surface du sol avec des extirpateurs qui extraient de la terre les racines.

Dans les contrées humides, plusieurs façons culturales sont nécessaires pour arriver à une destruction complète. Entre deux labours, on laisse le sol en l'état ; un hersage précède simplement chaque opération de façon à rassembler les racines desséchées, brûlées ensuite avec soin.

Le chiendent se développe particulièrement sur les sols légers, frais et bien ameublis, et c'est ordinairement dans les récoltes clairsemées qu'il s'étend rapidement. Les procédés de labourage indiqués plus haut lui seront heureusement appliqués. On pourra semer une plante à végétation rapide et touffue (colza, sarrasin) pour éviter sa reprise.

Graines. — Le seul moyen de destruction efficacement employé contre les plantes adventices se reproduisant par graines consiste à placer ces semences dans les conditions les plus favorables à leur germination pour les enfouir ensuite par un labour lorsqu'elles seront développées.

Par suite du travail du sol, ces graines seront fatalement amenées vers les couches superficielles du terrain et germeront à des époques indéterminées, infestant ainsi les récoltes successives au moment où leur destruction sera rendue difficile par le développement des plantes cultivées. Il est préférable d'utiliser le temps qui s'écoule entre deux cultures pour déterminer la germination régulière et totale des semences de mauvaises herbes et enfouir ensuite ces plantes adventices. On procure ainsi au sol une légère fumure d'engrais verts qui ont pu retenir les nitrates formés pendant cet intervalle.

Après l'enlèvement des dernières récoltes, il convient donc de travailler le sol à l'extirpateur, au scarificateur, à la herse; on donne ensuite un coup de rouleau. Au bout de peu de temps, les mauvaises herbes lèvent, la terre verdit.

Dès que les plantes ont quelques centimètres, on effectue un labour superficiel à bandes larges à l'aide d'une charrue déchaumeuse. Ce travail du sol ramène dans les couches superficielles les graines enfouies plus profondément, et, si le temps est favorable, on observe une seconde levée de plantes qu'on enfouit par un labour plus profond.

Après l'hiver, on nivelle le sol, on le roule s'il est léger; la terre se couvre alors d'une nouvelle végétation de plantes adventices enfouies par un labour plus profond.

Ces opérations culturales nécessitent parfois l'abandon du sol une année entière sans obtenir de récoltes; c'est ce que l'on dénomme l'année de *jachère*, et ainsi se justifie le rôle joué par la jachère dans l'amélioration des terres.

Soins d'entretien. — Lorsque le terrain ne montre pas une propension excessive à s'enherber, la jachère n'est pas indispensable ; mais il ne faut jamais hésiter à travailler le sol entre deux récoltes. Les hersages peuvent exercer ainsi une action favorable, qu'ils soient donnés avant la levée des plantes qui germent lentement (carottes, pommes de terre, etc.) ou pendant le cours de la végétation (céréales d'automne, pois, fèves, luzerne, etc.).

Nous avons vu le rôle considérable joué par le déchaumage dans la destruction des plantes adventices ; les semailles en lignes permettent également de nettoyer aisément les sols cultivés.

Certaines opérations culturales, par contre, ont tendance à favoriser l'envahissement des terres : c'est ainsi qu'il faut éviter de travailler les sols légers, l'été, après une pluie légère, ou bien au dégel. Sur une terre *gâtée*, les mauvaises herbes se multiplient également très rapidement.

La destruction des plantes adventices devient une opération délicate et difficile lorsque les emblavures sont elles-mêmes envahies ; la présence des jeunes plantes cultivées empêche d'agir activement pendant la période qui sépare les semis des grands froids.

Les blés souffrent particulièrement de ces mauvaises conditions. Cette céréale n'aimant pas les terres creuses et soulevées, le labour de semailles précède l'enfouissement de la graine de trois semaines ou un mois environ, et, pendant cet intervalle de temps, les mauvaises herbes ont le temps de germer et de prendre possession du terrain.

Il est toujours bon de donner avant la semaille un coup de scarificateur qui, ne remuant que les couches superficielles, laisse le sol rassis tout en détruisant les plantes adventices. Dans le cas de semis à la volée, le scarifiage ou le hersage qui enfouissent la semence peuvent exercer cette action.

Lorsque les blés sont envahis, il ne faut pas hésiter à faire des sarclages à la main. Dans certains pays, on opère, en moyenne culture, à l'aide d'un râteau ; ou bien on passe sur le sol, au moment des grands froids, quand la terre et les plantes sont gelées, un balai de genêts rassemblés sur une longueur de 2^m,50.

Il existe divers moyens de nettoyage des terres emblavées : le binage des champs de blés semés en ligne, et, parfois, le binage dans les emblavures à la volée ; l'écroûtage à la pioche des blés cultivés en billons, pratiqué en faveur sur la rive gauche de la Garonne ; le balayage en hiver, avant le lever du soleil, sur un sol gelé ; le hersage effectué peu de temps après la levée de la céréale, alors que les ravenelles sont étalées à la surface ; passages répétés de la herse-couleuvre, de fin janvier jusqu'au 15 mars, pour arracher des plantes à enracinement superficiel, comme la renoncule des champs et le coquelicot, etc.

Plantes nettoyantes. — La nature des cultures exerce une action nettement accusée sur le développement des mauvaises herbes. Certaines cultures sont dites *nettoyantes*, parce qu'elles nuisent à la croissance des plantes adventices, par l'ombrage qu'elles portent et la rapidité de leur végétation (sarrasin, chanvre, etc.). D'autres, semées en lignes et binées ensuite (cultures sarclées), permettent également le nettoiement du sol.

Au contraire, les plantes *salissantes*, par la place qu'elles laissent autour d'elles, le faible ombrage qu'elles portent et la lenteur de leur développement, favorisent l'envahissement du sol (céréales d'automne, fourrages annuels). Parfois ces cultures salissantes sont d'une germination lente (carotte, pavot), d'une croissance peu active, ou se défendent mal contre les plantes adventices (lin).

L'ordre de succession des récoltes adopté, ce que l'on appelle l'*assolement*, peut aider également à la destruction des mauvaises herbes par une habile combinaison des cultures donnant une large place aux plantes sarclées, respectant l'alternance des plantes salissantes et nettoyantes, tout en assurant entre chaque sole le temps nécessaire au nettoiement du sol.

Essanveuses. — On a imaginé des appareils spéciaux nommés *essanveuses*, destinés à lutter contre les sanves, séné, moutarde des champs, etc. Ces appareils, dont nous avons parlé plus haut, sectionnent les plantes parasites qui dominent la céréale à 15 ou 20 centim. au-dessus du sol. Les mauvaises herbes ainsi mutilées dès le début de la floraison voient leur développement compromis et ne peuvent mûrir leurs graines.

Rappelons l'emploi des *essanveuses rotatives* agissant par un moulinet qui, en tournant, brise les sanves (fig. 109); des *essanveuses à scie*, basées sur le principe des faucheuses méca-

Fig. 119. — Pulvérisateur à traction pour la destruction des sanves.

niques, utilisées d'ailleurs comme *écimeuses* à cause de la rapidité du travail et du sectionnement net des tiges des céréales.

III. — Procédés chimiques.

La lutte contre les plantes adventices devient difficile lorsque l'envahissement a lieu en période culturale ; il faut, en effet, détruire les mauvaises herbes sans nuire aux plantes cultivées qui végètent autour d'elles. On a réalisé alors divers traitements qui permettent de déterminer la disparition des moutardes, ravenelles, etc., sans compromettre la récolte.

Destruction de la moutarde, ravenelle, etc. — Sulfatage. — Le plus connu de ces procédés constitue le *sulfatage* des céréales, en vue de détruire la moutarde sauvage qui envahit parfois rapidement les céréales de printemps.

On emploie le sulfate de cuivre, dissous à 3 ou 3,5 p. 100 dans l'eau (3 kilogr. à 3^{kg},5 par hectolitre d'eau). Cette dissolution est répandue sur les champs à l'aide de pulvérisateurs (fig. 119), par un temps calme, *ensoleillé, jamais à la rosée ni par un temps pluvieux* et lorsque les sanves montrent deux ou trois feuilles. Il faut, pour la réussite complète, que quelques heures de beau temps suivent la pulvérisation. Les feuilles de céréales, garnies d'un enduit cireux, ne sont pas attaquées, sauf la pointe, qui jaunit un peu ; la feuille de moutarde, tendre et poilue, est corrodée rapidement. Les prairies artificielles semées dans l'avoine ne sont pas atteintes. La moutarde, la ravenelle, les soucis, sous l'action corrosive de la dissolution saline, se flétrissent et meurent ; la céréale reprend au bout de quelques jours une vigueur nouvelle.

Il faut environ 8 à 10 hectolitres de solution par hectare, et l'abondance du liquide épandu est une condition indispensable. On obtient de meilleurs résultats avec un traitement à 3 p. 100 à 10 hectolitres d'eau qu'avec un traitement à 4 ou 5 p. 100 à 7 hectolitres d'eau, bien que la quantité de sulfate de cuivre employée soit à peu près équivalente.

La difficulté de se procurer parfois des masses d'eau considérables, ainsi que les charrois pénibles nécessaires, ont déterminé l'exécution de quelques essais intéressants. Le sulfate de cuivre réduit en poudre (200 à 300 kilogr. par hectare) et mélangé au plâtre est aisément épandu en couverture, et, si le temps est pluvieux, la destruction des sanves peut être également assurée. Cette opération exige naturellement une manutention plus délicate, afin de répandre uniformément le sulfate de cuivre.

Pour la destruction du charbon, du bleuet, de la persicaire, de l'ansérine, il faudrait réaliser un titrage de la dissolution de sulfate de cuivre à 4,5 ou 5 p. 100.

Parfois le nitrate de cuivre concentré liquide (nitro-cuprine), plus facile à mélanger à l'eau, remplace le sulfate de cuivre, à la dose de 5 à 6 litres par hectolitre d'eau.

Le sulfate de fer étant d'une valeur beaucoup plus faible, on a tenté de le substituer au sulfate de cuivre en l'employant en dissolution à 15 ou 20 p. 100 à la dose de 6 à 10 hectolitres

Fig. 120. — Pulvérisateur à bât.

par hectare : les résultats ne sont jamais aussi satisfaisants qu'avec le sulfate de cuivre. Il faut opérer par un temps tout à fait beau, et des dissolutions aussi concentrées encrassent vite les appareils. Cependant, à la volée, on obtient parfois de bons résultats d'un épandage de 400 à 500 kilogr. par hectare de sulfate de fer *anhydre* (1), en opérant de grand matin, *par la rosée*, car il faut noter que les gouttes de rosée

(1) Les usines livrent au commerce ce sulfate de fer en poudre impalpable

persistent sur les feuilles de céréales alors qu'elles ont disparu complètement sur les sanves, qui sortent ainsi indemnes de ce traitement. On peut épandre un mélange de 400 kilogr. de sulfate de fer et 200 kilogr. de plâtre.

Un procédé plus récent consiste à utiliser l'acide sulfurique en dissolution étendue. Cette opération, pratiquée avec soin, a donné d'excellents résultats.

Pulvérisateurs. — On emploie, pour épandre les liquides actifs, des pulvérisateurs de divers types. En grande culture, les pulvérisateurs à traction couvrent une largeur de 5 mètres ; en petite culture, les appareils à dos avec lance à trois jets arrosent 1 mètre de large. Dans certaines régions, des entrepreneurs effectuent ce travail moyennant un salaire de 12 à 20 francs par hectare environ.

Les pulvérisateurs se divisent en deux classes : les appareils à pression hydraulique et ceux à pression d'air. Dans les premiers appareils, le liquide est comprimé directement comme dans une simple pompe ; dans les seconds, la pression est obtenue en comprimant l'air au-dessus de la surface du liquide à épandre.

Incontestablement, les pompes à pression d'air sont préférables : elles présentent l'avantage de ne pas toucher au liquide. De plus, elles régularisent la pression du jet : la répartition du liquide se fait alors plus parfaitement. L'appareil comprend une pompe à air, un réservoir qui contiendra la solution utile et un pulvérisateur proprement dit, qui répartira le liquide en pluie fine. Le liquide, par l'intermédiaire d'un tube plus ou moins long, arrive, par exemple, dans une petite boîte cylindrique en bronze, où il prend un mouvement de giration rapide qui le fait sortir en gouttelettes imperceptibles par l'orifice plus ou moins grand. Plus le diamètre du trou est petit, plus la poussière liquide est fine (fig. 121).

Un simple jet permet de traiter les petits arbres fruitiers avec une petite lance et un long bambou pour les grands arbres. Un double jet permet un traitement rapide des sanves et des maladies ou parasites des pommes de terre et des betteraves.

Le pulvérisateur à dos d'homme est pratique ; on peut

traiter dans les conditions les plus économiques les vergers, les houblonnières et les petites surfaces de terre envahies par les mauvaises herbes. Dès que l'on doit traiter de grandes surfaces, le pulvérisateur à bât ou à grand travail est avantageux.

Solutions diverses. — En Allemagne, on préconise contre les sanves, l'emploi des eaux ammoniacales (solutions d'ammoniaque caustique ou de carbonate d'ammoniaque) livrées à bon compte par les usines à gaz et les distilleries de goudron.

Fig. 121. — Pompe-pulvérisateur sur chariot avec lance à huit jets.

On emploie ces dissolutions après la récolte et à une concentration maximum. Des essais de destruction des nématodes de la betterave ont également été tentés avec ces eaux ammoniacales. On a essayé en Allemagne les solutions de chlorure de potassium (25 kilogr. de chlorure de potassium pour 100 litres d'eau). Avec un pulvérisateur, on arrose les champs de cette dissolution (2 à 4 hectolitres par hectare) au moment où les sanves poussent leur troisième feuille.

La méthode Heinrich préconise également l'emploi de solutions de nitrate de soude ou de sulfate d'ammoniaque à la dose de 15 à 40 p. 100, suivant les cas.

Ces procédés ont l'avantage de fournir au sol une matière fertilisante; ils s'appliquent avant l'apparition de toute végétation, ne causent aucun dommage aux cultures. Ces dissolutions doivent être employées pour la préservation des récoltes d'avoine, d'orge, dont les feuilles ont des épidermes résistants ; elles ne pourraient être appliquées sans danger à la betterave, au trèfle, au lupin, aux pois, fèves, vesces, etc.

La destruction des ravenelles ou *ravassons* par les solutions de sulfate de cuivre ou de sulfate de fer est plus difficile que la destruction des sanves ou moutardes. Il faut effectuer les traitements de bonne heure, avant la floraison autant que possible.

Expériences culturales. — Des expériences ont permis de mettre en comparaison les diverses méthodes utilisées pour la destruction des sanves :

1º *Sulfate de cuivre* dissous : 3 kilogr. par hectol. d'eau, — 10 hectol. par hectare. Résultat très satisfaisant sur l'avoine et l'orge. Les sanves ont été détruites, la récolte a été bonne.

2º *Sulfate de fer* dissous : 20 kilogr. par hectol. d'eau, — 10 hectol. par hectare. Détruit les sanves complètement, mais le dosage, un peu trop fort, a diminué le rendement en avoine 15 kilogr. par hectol. d'eau constituent une concentration suffisante.

3º *Sulfate de fer en neige* épandu en poudre à la rosée, à raison de 300 kilogr. par hectare. Résultat peu satisfaisant.

4º *Nitrate de soude,* 10 kilogr., associé au *sulfate de cuivre,* 2 kilogr. par hectol. d'eau, — 10 hectol. par hectare. Ce mélange n'a pas complètement détruit la moutarde, mais le rendement en avoine a été très bon ; l'avoine a dominé les sanves qui restaient et les a étouffées. En définitive, très bon résultat.

5º *Nitrate de soude :* 20 kilogr. par hectol. d'eau, — 10 hectol. par hectare. Mauvais résultat ; n'a pas détruit les sanves et a occasionné la verse.

6º *Nitro-cuprine :* 2 kilogr. par hectol. d'eau, — 10 hectol. par hectare. N'a pas complètement détruit les sanves ; la proportion de nitro-cuprine n'est peut-être pas assez forte.

Il faudrait au moins 2 kilogr. et demi par hectolitre d'eau. Produit un bon effet sur la céréale. Quoique les sanves n'aient pas été complètement détruites, le résultat a été satisfaisant.

On détruit enfin les moutardes et ravenelles à l'aide de l'acide sulfurique.

Cet épandage exerce plusieurs actions parallèles.

Traitement à l'acide sulfurique. — *Action sur les sols.* — L'acide sulfurique attaque les minéraux et les matières organiques du sol ; il forme des sulfates dont l'action fertilisante est souvent nette. On paraît craindre la dissolution des composés azotés, phosphatés, potassiques et calcaires du sol. Aucune observation précise n'a été fournie sur ce point. Le traitement à l'acide provoque, par hectare, la formation d'environ 200 kilogr. de sulfates divers, qui peuvent agir soit comme aliments des plantes, soit comme agents de mobilisation des réserves du sol, soit comme engrais catalytiques (1).

Action sur les mauvaises herbes. — L'action des solutions acides est plus intense sur beaucoup de mauvaises herbes que sur le blé, et cette différence d'action constitue la base du procédé.

L'acide sulfurique est surtout un déshydratant. Il tue les tissus en leur enlevant de l'eau. Les gelées d'hiver agissent d'ailleurs de la même façon, en faisant cristalliser l'eau de constitution des cellules. Les mauvaises herbes les plus sensibles aux froids sont aussi celles qui peuvent le plus facilement être détruites par les solutions acidulées.

Les différences de résistance aux solutions acides ont été expliquées de diverses façons. Les feuilles de céréales, dures, dressées, avec point végétatif au centre d'un fourreau, sont couvertes d'une mince couche cireuse de cutine, qui les rend peu mouillables. Au contraire, les feuilles de moutarde, ravenelle, coquelicot, sont étalées, molles, assez faciles à mouiller.

Les solutions d'acide sulfurique permettent de détruire, dans les champs de blé : la renoncule des champs, la ficaire,

(1) Voy. RABATÉ, Le nettoyage des céréales avec l'acide sulfurique *La Vie Agricole*, 4 décembre 1915).

la moutarde des champs, le coquelicot, la matricaire camomille, la camomille fétide, la ravenelle.

Des plantes à feuilles étroites ou dures peuvent encore être suffisamment rongées par l'acide pour ne plus causer, par la suite, de préjudice appréciable. Par exemple, l'adonis, le bleuet, la bourrache, la nielle, les vesces et les gesses sont réduits avec une solution concentrée à 10 p. 100. Les feuilles du chardon sont attaquées, mais la plante repousse. Le trèfle blanc a ses feuilles brûlées, mais les tiges rampantes, garnies de racines adventices, assurent la vitalité de la plante qui se développe vigoureusement après le traitement à l'acide sulfurique.

La résistance des ravenelles augmente avec l'âge et devient prédominante si la plante a pu fleurir. Pourtant, si ces mauvaises herbes ne sont pas complètement tuées, par suite de l'époque trop tardive du traitement, en mars par exemple, leur tige reste rabougrie, chétive, avec des rameaux courts, déformés, et en peu de temps les talles de blé prennent le dessus.

Les plantes adventices de la famille des graminées : folle avoine, chiendent, agrostis, vulpin des champs, ne souffrent guère plus que le blé. Enfin, des résultats encourageants ont été obtenus avec les solutions acides pour détruire les orobanches dans les champs où l'on vient d'enlever la récolte du tabac, et aussi pour brûler la mousse qui tapisse les prairies sèches.

Action de l'acide sulfurique sur les blés. — Le traitement à l'acide fait brunir les feuilles de la base du pied de blé, et la brûlure est sensible sur les 2, 3 ou 4 feuilles les plus rapprochées du sol. Les dégâts sont sans importance; il s'agit de feuilles molles, peu développées, destinées à se dessécher naturellement dès le mois d'avril, quand le blé monte. Le retard de végétation est peu sensible, surtout quand la pulvérisation est effectuée entre le 15 janvier et le 15 février, après les fortes gelées, et avant la croissance des plantes adventices, encore isolées et bien apparentes.

La pulvérisation d'acide provoque seulement un dessèchement prématuré de ces feuilles, sans migration possible de leur contenu dans le reste de la plante. Le temps d'arrêt dans la végétation est du reste peu marqué ; en une dizaine de jours, le blé a repris un bel aspect. Le seigle résiste aussi bien que le blé. L'avoine d'hiver et surtout l'orge d'hiver ont une feuille plus molle, moins cutinisée, plus sensible, et les doses d'acide doivent être diminuées en conséquence.

La sensibilité des céréales de printemps, avoine et orge, est plus grande encore, et, dans les emblavures de printemps, il est prudent de commencer les essais, seulement avec des solutions à 2 et 3 p. 100, en volume. Des essais préliminaires sont très recommandables. A cet effet, on prépare des solutions de divers titres qui sont pulvérisées à raison de 10 litres par 100 mètres carrés, dose qui correspond à 1 000 litres par hectare. Les pulvérisations d'acide sulfurique paraissent contrarier le développement du piétin.

M. Schribaux conseille le bisulfate de soude qui, dissous dans l'eau, met en liberté de l'acide sulfurique. L'action toxique du sulfate de soude s'ajoute à celle de l'acide. Ce sel pourrait remplacer partiellement la potasse dans l'alimentation des végétaux. Le bisulfate de soude est d'un emploi commode et d'un prix très bas. Les résultats obtenus sur avoine d'hiver, avec une solution de bisulfate à 20 p. 100, sont encourageants.

Les traitements hâtifs, en janvier, ont donné des résultats favorables et rendu le blé plus résistant à la verse.

Dose d'acide sulfurique à employer. — Cette dose varie avec le degré de concentration du produit, avec la nature des plantes à détruire et avec les conditions climatériques.

Dans le Sud-Ouest, les traitements ont permis de préciser les concentrations suivantes (en acide à 65°, pour les blés d'automne traités en février) :

5 à 6 litres d'acide par 100 litres d'eau pour détruire les moutardes ;

8 litres d'acide par 100 litres d'eau pour détruire les ravenelles, matricaires et coquelicots ;

10 litres d'acide par 100 litres d'eau pour détruire les bleuets, les nielles, les vesces et les gesses.

Le volume moyen de liquide à répandre varie de 8 à 10 hectolitres par hectare. Avec 10 hectol. à 10 p. 100, la quantité d'acide employée est de 100 litres à 65° qui pèsent environ 180 kilogr. Il semble donc que le volume du liquide peut varier surtout en raison de la surface herbacée à mouiller, tandis que la quantité totale d'acide par hectare reste voisine de 100 litres à 65° Baumé.

La meilleure époque de traitement pour les blés s'étend du 15 janvier au 15 février. Dans les appareils ordinaires, le cuivre et les soudures étant attaqués, on se sert de pulvérisateurs spéciaux en tôle plombée ou en verre.

Par un temps froid et sec, en sols perméables, les plantes peu gorgées d'eau sont plus facilement détruites, et la dose normale peut être abaissée de 10 à 8 p. 100. Au contraire, par un temps doux, en sols profonds et frais qui portent des plantes riches en sève, l'action sera moins intense.

L'action de l'acide chlorhydrique est inégale, et ce corps forme des chlorures qui peuvent devenir nocifs. L'acide azotique détruit les ravenelles; les pieds de froment deviennent vert foncé, par suite de la formation de nitrates. Mais l'acide sulfurique reste supérieur, comme efficacité et prix de revient. La dépense est de 18 à 25 francs par hectare.

Comme précautions, *il faut toujours verser l'acide lentement, en un mince filet, dans une grande masse d'eau*, et, pour éviter des projections et des brûlures, *ne jamais verser d'eau dans l'acide*. On ne prépare pas le mélange dans les appareils, parce que la solution chaude est plus corrosive que le liquide froid.

Le traitement d'hiver des champs de blé avec des solutions d'acide sulfurique à 6, 8 ou 10 p. 100 en volume constitue une pratique culturale rapide, sûre, peu coûteuse, et permettant la destruction de beaucoup de mauvaises plantes annuelles : moutardes, renoncules, ravenelles, coquelicots, matricaires, bleuets, vesces, gesses, etc.

Dans les blés en ligne, le sarclage présente sur le sulfatage une supériorité marquée pour l'enlèvement des chardons et de la folle avoine ; le binage ameublit le sol et donne un léger buttage favorable au blé. Par contre, le traitement à l'acide est moins coûteux et plus facile ; il agit à la fois dans les lignes et dans les interlignes; il attaque les réserves du sol, et produit une action fertilisante qui atténue la verse et augmente la récolte.

Pour arracher les herbes brûlées, ameublir la couche superficielle et butter les tiges, on peut, quelques jours après le sulfatage, passer la herse, ou même la houe, si le blé est en lignes.

Suffisantes pour les céréales de printemps du nord de la France, les solutions de sulfate de cuivre à 4 p. 100 ou de sulfate de fer à 15 p. 100 ne sont plus assez énergiques, dans les régions à hiver doux, pour nettoyer les champs de blés d'automne : les solutions d'acide sulfurique viennent alors les remplacer avantageusement.

Les limaces touchées par la solution à 8 ou 10 p. 100 sont rapidement tuées. C'est un résultat intéressant pour le nettoyage des parcelles nues des jardins et pour le traitement des champs de blé et de seigle ravagés en hiver ou au printemps par les limaces.

IV. — Destruction des mousses, oseilles, etc.

Mousses. — Les mousses envahissent parfois les prairies humides au point d'empêcher le développement des bonnes espèces ; le meilleur moyen de prévenir cet envahissement est d'assainir le terrain et de le chauler. On peut utilement apporter des phosphates naturels et des scories.

Si les mesures préventives sont sans action, on détruira les mousses par le *sulfate de fer* à la dose de 300 à 400 kilogr. à l'hectare. Le sulfate de fer pulvérisé est épandu à l'automne ou au début de l'hiver, la mousse noircit et meurt. On la rassemble par un hersage, et la masse entière est incinérée.

Oseilles. — Les oseilles ou patience poussent dans les prairies humides ou sur les sols acides ; l'apport d'amendements calcaires, chaux ou marne, suffira souvent à déterminer leur disparition.

La grande oseille (*Rumex acetosa*), appelée couramment oseille sauvage, surelle, vinette, pousse dans les prairies moyennes et humides ; la petite oseille (*Rumex acetellosa*), petite patience, petite vinette, se rencontre sur les sols arides et sablonneux. La patience des moines (*Rumex patientia*), la patience crépue (*Rumex crispus*) croissent parmi les prairies fraîches, un peu acides.

III. — DESTRUCTION DES PRINCIPALES PLANTES NUISIBLES

Un certain nombre de plantes nuisibles par la fréquence de leur apparition et les difficultés de leur destruction méritent une étude spéciale (1); nous leur consacrerons le chapitre suivant.

Avoine à chapelet. — L'avoine à chapelet, ou avoine bulbeuse, se reproduit par ses racines aux renflements carac-téristiques. On la rencontre souvent dans les récoltes de blé, où la hauteur de ses tiges peut atteindre celle des épis. Pour faciliter la disparition de cette plante adventice, il faut effectuer des opéra-tions culturales nombreuses entre les périodes de culture et, par des hersages répétés, déraciner les touffes d'avoine bulbeuse. On fait ramasser les tiges ramenées par la herse, en recommandant aux ouvriers d'éviter d'égrener le moins possible les chapelets de bulbilles. Une fois transportés hors du champ, les bulbes sont jetés dans une fosse contenant de la chaux vive, ou, mieux, incinérés.

Fig. 122.
Avoine à chapelet.

C'est en opérant par une journée chaude et ensoleillée qu'on peut espérer déraciner un grand nombre de souches à l'aide d'une charrue légère ou d'un scarificateur. Le ramassage des chapelets peut être fait avec avantage par des femmes ou des enfants munis de paniers, ou à l'aide d'un râteau à cheval ayant des dents assez rapprochées (fig. 122).

(1) Voy. FRON, *Plantes nuisibles à l'agriculture*, 1917, 1 vol. in-18 (ENCYCLOPÉDIE AGRICOLE).

Les bêtes porcines consomment volontiers les tubercules de l'avoine bulbeuse ; mais les porcs, en circulant sur le champ, égrènent les chapelets et les enterrent en fouillant le sol.

Tussilage pas-d'âne. — Cette plante adventice vivace (fig. 123) se reproduit par sa souche charnue et traçante ; sa rusticité et sa vigueur la rendent très nuisible dans les terres arables, les prairies et les vignes situées sur un sol argileux, marneux assez humide.

Les labours, les hersages divisent ses longues racines et facilitent sa multiplication.

Le seul moyen de combattre la propaga-

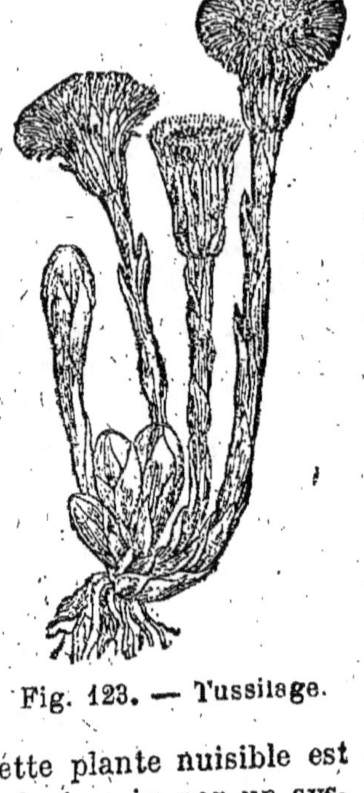

Fig. 123. — Tussilage.

tion de cette plante nuisible est d'assécher le terrain par un système de drainage bien établi.

Mercuriale. — La mercuriale, encore appelée rhomberge, voireuse, foirole, envahit rapidement les cultures de printemps ; sa reproduction a lieu principalement par graines (fig. 124).

On la détruit par des binages et des sarclages répétés, seul moyen de prévenir l'envahissement des récoltes et d'empêcher la maturation de ses graines.

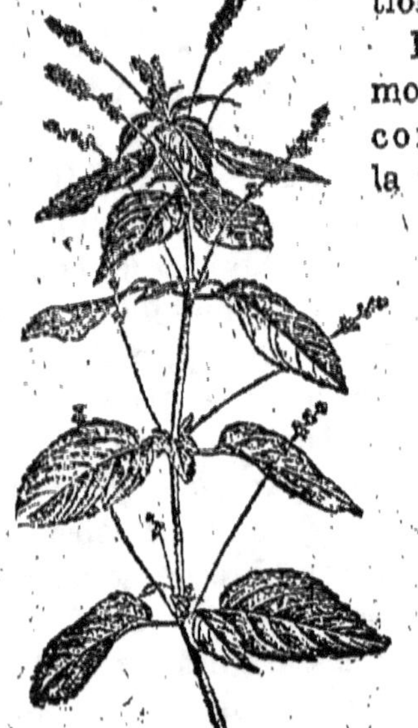

Fig. 124. — Mercuriale mâle.

Érigeron. — Cette composée se propage avec une grande rapidité. Ses nombreuses graines, transportées par le vent, facilitent sa multiplication et l'envahissement des cultures estivales : lin, chanvre, haricot, lentille (fig. 125).

Les binages et les sarclages sont les seuls procédés recommandables pour arriver à sa complète disparition.

Folle avoine. — La folle avoine (fig. 126) envahit les récoltes de céréales surtout dans les contrées méridionales. Grâce à sa grande précocité, elle répand sur le sol, avant la moisson, ses graines complètement mûres, et les plantes adventices apparaissent nombreuses dans la céréale suivante.

C'est en opérant des sarclages en avril ou mai dans le Midi, en mai et juin dans les régions plus septentrionales, qu'on peut nettoyer les blés, les seigles et les avoines d'hiver. Pour rendre ces sarclages moins dommageables aux céréales, on laboure le sol en petites planches : les sarcleuses circulent alors non sur le blé, mais dans les sillons qui séparent les planches (G. Heuzé).

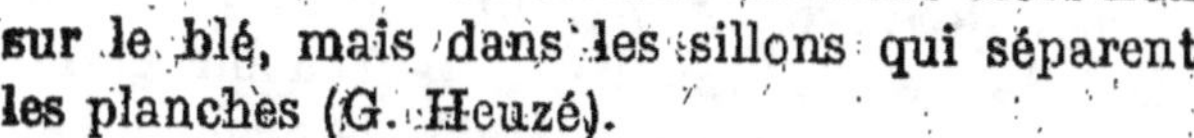

Fig. 125.
Erigeron âcre.

Les travaux aratoires effectués entre les récoltes facilitent également la disparition de la folle avoine. Un scarifiage à 10 centim. de profondeur, suivi d'un hersage, permet la germination des semences au mois d'octobre ; la végétation adventice est enfouie par un labour ordinaire.

Lorsque la moisson est terminée, on remarque, au battage des céréales, de nombreuses semences de folle avoine mélangées aux grains des céréales ; les tarares et les cylindres cribleurs permettent de séparer ces mauvaises semences, qui devront être détruites par le feu et non jetées au fumier ou distribuées aux volailles.

Fig. 126.
Folle avoine.

Ivraies. — On peut rencontrer dans les champs de céréales deux variétés d'ivraies : l'*ivraie enivrante* et l'*ivraie
multiflore*.

L'ivraie enivrante peut atteindre 50 à 70 centim.
de hauteur ; l'épi, toujours dressé, contient des
graines renfermant un principe toxique.

Cette plante, aussi précoce que le seigle, envahit
les cultures de céréales et ne peut être détruite
que par des sarclages opérés en avril ou mai.
A cette époque, elle se distingue du froment par
ses feuilles, qui apparaissent luisantes sous les
rayons du soleil.

L'ivraie multiflore peut dépasser en hauteur les
épis du seigle et de l'avoine; la panicule très longue
se courbe souvent. Les graines tombent à terre
avant la moisson de la céréale et conservent leur
faculté germinative pendant trois ou quatre ans,
pour germer en automne ou à la fin de l'hiver; les
sarclages peuvent être employés avec le même
succès (fig. 127).

Fig. 127.
Ivraie.

Les semences de l'ivraie enivrante étant toxiques pour
l'homme, le bétail et la volaille, il faut avoir grand soin
d'enlever ces graines des récoltes de blé, de seigle, à l'aide du
tarare ou des trieurs.

Agrostides. — Parmi les graminées nuisibles, on peut
signaler : l'*agrostide vulgaire* et l'*agrostide stolonifère*. Cette
dernière plante est très épuisante par le rapide développement
de ses racines souterraines et le nombre considérable de ses
graines, qui facilitent sa multiplication. On rencontre ces
plantes adventices dans les anciennes terres labourables ou
dans celles qui sont à l'état de pâture; elles sont assez communes dans les cultures de céréales de la Bretagne, du Limou-
sin, etc.

Les dégâts occasionnés par ces mauvaises herbes dans les
récoltes nécessitent parfois l'exécution d'un labour superficiel au printemps ou en été par une belle journée.

Un hersage permet démotter des touffes, rassemblées
ensuite à l'aide du râteau à cheval, et incinérées avec soin.

Vulpin (fig. 128). — Le vulpin des champs et le vulpin genouillé **produisent** souvent les mêmes dégâts et sont détruits par des sarclages, binages, etc.

Fig. 128. — Vulpin.

Chiendent. — Le chiendent se propage avec rapidité dans les sols de consistance moyenne, grâce à ses racines traçantes. Nous avons vu, dans l'étude générale des procédés de destruction des plantes nuisibles, les moyens employés pour remédier à l'envahissement des cultures par cette plante adventice. Un enlèvement à la main à l'aide d'instruments appropriés (fig. 130) est souvent indispensable.

Le travail doit être fait par un temps très sec et renouvelé

Fig. 129. — Chiendent.

autant de fois que cela sera nécessaire. Quand les stolons,

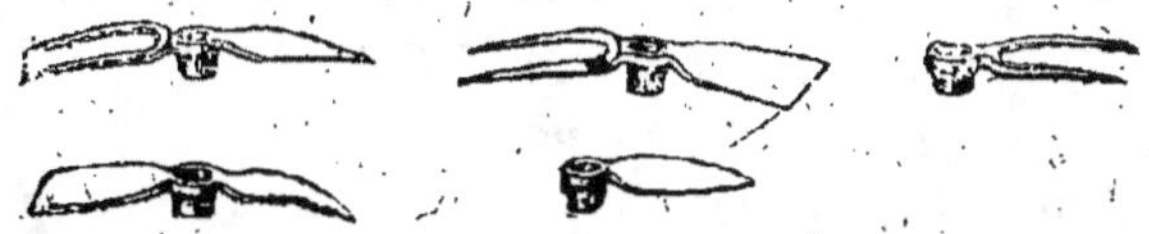

Fig. 130. — Instruments pour les sarclages à la main.

ramenés à la surface, sont secs, on peut les ramasser à l'aide d'un râteau à cheval ou d'une herse. Il faut les brûler, car les racines sont extrêmement vivaces et capables de reprendre alors qu'elles paraissent desséchées.

Nielle. — La nielle présente dans les cultures de céréales ses tiges dressées, couvertes de longs poils soyeux, ses feuilles velues et soyeuses, linéaires, très longues, ses fleurs rougeâtres, qui s'épanouissent en juin et juillet (fig. 131).

Les semences noires renferment un principe toxique ; mêlées en trop grande quantité aux céréales, elles communiqueraient à la farine des propriétés nuisibles.

Des sarclages pourront seuls éviter la multiplication de la nielle, ainsi qu'un triage parfait des graines de céréales.

Fig. 131. — Nielle.

Mélampyre des champs. — Désignée ordinairement sous les noms de *rougeole,* *blé de vache,* *queue de loup,* *queue de renard,* cette plante se rencontre fréquemment dans les champs de blé ou de seigle situés en sols calcaires. Ses bractées d'un beau rouge sont très rapprochées (fig. 132).

Fig. 132. Mélampyre.

Les graines communiquent des qualités malfaisantes à la farine.

L'arrachage et l'épuration des semences permettent seuls de prévenir l'envahissement des cultures par cette plante nuisible.

Liserons. — Le liseron des champs possède des tiges couchées ou ascendantes et des fleurs roses ; les sarclages empêchent la propagation de ces végétaux adventices, qui compromettent parfois les récoltes de céréales, surtout les

Fig. 133. — Liseron des champs.

années où les chaumes versés sont inclinés vers le sol.

Le liseron des haies, ou grand liseron, présente des feuilles plus larges et des fleurs blanches ; sa destruction est très difficile par suite de la conformation de sa racine et de la profondeur à laquelle elle parvient.

Le liseron des haies peut se reproduire par fragments de racines et par ses graines.

L'arrachage nécessite parfois l'emploi de pioches et de bêches ; les racines enlevées sont douées d'une grande vitalité et doivent être détruites.

Persicaire. — La persicaire végète dans les sols frais et humides ; on la détruit par des sarclages répétés, qui empêchent seuls sa propagation dans les cultures de sarrasin, chanvre, etc.

Souci des champs. — Le souci des champs est très commun dans les vignobles situés en coteaux calcaires ou pierreux. Les binages à la houe, les sarclages sont employés efficacement pour détruire ces plantes adventices.

On cultive dans les jardins une variété à capitules pleins qui se distingue du souci des champs par ses fleurs toutes ligulées, d'un jaune plus orange.

Ononis. — L'ononis ou arrête-bœuf (fig. 134) végète de préférence sur les terrains calcaires et dans les terres incultes

Fig. 134. — Ononis.

ou converties en pâturages. On en connaît plusieurs espèces, dont les principales sont l'*Ononis spinosa*, à tiges dressées et épineuses, et l'*Ononis repens*, à feuilles trifoliées et à port rampant. L'arrachage de ces plantes adventices s'effectue à la bêche ou à la pioche.

Plantain. — C'est ordinairement en sols secs et sableux que se développent les plantains (fig. 135), qui envahissent rapidement les prés au détriment des bonnes espèces. On compromettra leur propagation en les coupant au-dessous du collet.

Petite oseille. — Désignée souvent sous le nom de *vinette*, la petite oseille se rencontre dans les terres labourables peu fertiles et pauvres en calcaire.

Cette plante très rustique produit de nombreuses racines rampantes; les tiges rougeâtres supportent les graines parvenues à maturité en été. De bonnes fumures, l'apport d'abondants amendements calcaires, peuvent faciliter la

Fig. 135. — Plantain lancéolé.

disparition de la petite oseille, ainsi que des binages répétés ou des travaux aratoires appropriés.

Chardons. — Les chardons (*Carduus*) et les cirses (*Cirsium*) occasionnent dans les cultures des dégâts assez importants pour qu'il soit nécessaire de détruire chaque plante à l'aide d'un échardonnoir qui coupe les racines entre deux terres (fig. 136). Il semble préférable de ne pas pratiquer l'échardonnage au printemps; par suite du développement rapide des yeux situés à la base de la tige, on favorise ainsi la multiplication de ces plantes adventices, qui forment des jets latéraux. Pour détruire utilement le chardon, il vaut mieux attendre la fin de juin, alors que le fourreau de la plante est sorti de terre. En coupant à ce moment le chardon, la tige creuse sert de conduite à l'humidité qui fait pourrir les racines.

Fig. 136.
Échardonnoir.

Le chardon se perpétue par sa racine essentiellement vivace et se multiplie par sa graine, qui mûrit en même temps que les céréales. Chacune de ces graines est renfermée dans une capsule et adhère à des filaments soyeux. Ce pinceau soyeux éclate, et chaque filament est entraîné par le vent. Mais il est rare que la graine adhère à ce flocon ; elle reste la plupart du temps dans le chapeau terminal de la tige mère. La contamination à grande distance est l'exception, ainsi que le démontre le groupement, parmi les cultures, des tiges de chardon.

Le problème à résoudre réside non dans la suppression de la tige, mais dans la destruction de la racine.

On a remarqué que pas un chardon ne résiste à une luzerne de deux ou trois ans. A partir du défrichement, chaque graine apportée par les grands vents peut infester à nouveau le terrain. Beaucoup de chardons sont détruits par un bon labour exécuté vers le 1er septembre (du 15 août au 15 septembre). Les agriculteurs attachent une grande importance à ces labours à blé exécutés *entre les deux Notre-Dame*, pour arrêter l'envahissement des chardons. On doit considérer ces labours comme des auxiliaires précieux dans la lutte engagée. Lorsque deux céréales se suivent, la seconde est toujours plus envahie par les chardons que la première.

Le blé lègue à l'avoine qui lui succède ses propres chardons, plus les graines de toutes les tiges non coupées, qui s'y développent rapidement. Ces graines, au contraire, ne peuvent s'enraciner et disparaissent lorsque la culture des terres à betteraves, au printemps, permet des binages nombreux.

On obtient la destruction rapide et complète des chardons en déposant à la base de chaque tige un peu de sel marin (30 grammes environ par pied). Ce procédé peut remplacer avantageusement l'échardonnage ; mais il a l'inconvénient d'être d'une pratique délicate, plus coûteux et d'introduire dans le sol un élément qui peut être nuisible.

Le crud ammoniac, employé à même dose que le sel, a donné d'excellents résultats. Après avoir agi comme agent de destruction, il se transforme en engrais. L'effet du crud ammoniac est plus énergique, plus rapide que celui du

sel, et son emploi comme main-d'œuvre n'exige pas beaucoup
plus de temps que l'échardonnage
ordinaire.

Pratiquement, on coupe les chardons rez-terre à l'aide d'un échardonnoir et on fait l'application
du crud ammoniac sur la plaie.
L'épandage de ce sulfocyanure
toxique devra néanmoins être remplacé par l'emploi du sel marin
dans les terrains pâturés par les
animaux.

Moutarde sauvage. — La moutarde sauvage ou sanve, sené,
jotte, etc., compromet souvent les
cultures de céréales de printemps
dans la Brie, la
Beauce, la Cham-
pagne, l'Ile-de-
France, l'Or-
léanais, etc. (fig. 137). On détermine sa disparition par des sarclages, au moyen des essar-
veuses, et enfin grâce à l'emploi des solutions cupriques étudiées précédemment.

Fig. 137.
Moutarde blanche.

Ravenelle. — La ravenelle se distingue
principalement de la moutarde sauvage par
la couleur de ses fleurs, d'une coloration
blanchâtre, au lieu de la nuance jaunâtre
des fleurs de la sanve, et la forme de ses
siliques (fig. 138). On rencontre cette mauvaise herbe dans les terres sableuses, schis-
teuses, argilo-siliceuses.

Les solutions cupriques à 3, 4 ou 5 p. 100
peuvent, nous l'avons vu, compléter sa destruction lorsque les sarclages n'ont pu nettoyer toute la surface du champ.

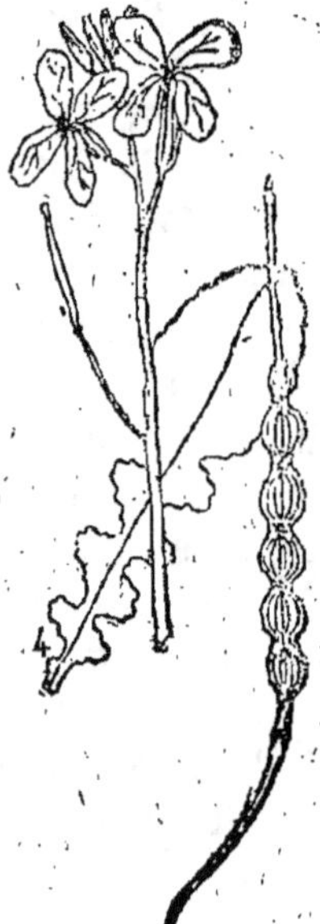

Fig. 138.
Ravenelle.

Coquelicot. — Le développement exces-
sif des coquelicots (fig. 139) rend parfois leur présence nui-

siole aux cultures de céréales ; il est alors indispensable de faire arracher ces végétaux à la main ou bien de faucher avant la maturité des capsules.

Bleuet. — Le bleuet (fig. 140) est, avec le coquelicot, la plante que l'on rencontre le plus fréquemment dans les champs de blé.

On détruit le bleuet par des sarclages et binages.

Pied-d'alouette. — Le pied-d'alouette fleurit dans les champs à la fin du printemps (1).

Le pied-d'alouette se rencontre surtout dans les champs de blé et de seigle. On le détruit par des soins d'entretien : binages, sarclages, etc., fréquents et judicieusement appliqués.

Fig. 139. — Coquelicot.

Vesces. — Les vesces, connues sous les noms de *vesceron*, *vesceau*, *jerzeau*, croissent spontanément sur les sols calcaires parmi les céréales d'automne.

On peut en distinguer plusieurs espèces ; les plus nuisibles sont : la *Vicia hirsuta* à feuilles composées, à petites fleurs blanches ou bleu pâle, dont les gousses renferment deux graines ; la *Vicia tetrasperma*, dont les fleurs blanc bleuâtre donnent naissance à des gousses contenant trois ou quatre graines ; la *Vicia gracilis* aux fleurs rouges, etc.

Ces diverses légumineuses ont des tiges grêles grimpantes et végètent pendant les mois d'avril, juin, juillet, dans les champs de blé, seigle ou avoine d'hiver, dont elles enche-

Fig. 140. — Bleuet.

(1) Voy. Bonnier, *Les plantes des champs et des bois.*

vêtrent et unissent les chaumes. Par suite de l'enroulement des tiges de vesces autour du blé, l'enlèvement de ces mauvaises herbes à la main est parfois difficile et expose à l'égrenage des céréales.

L'envahissement des emblavures est souvent si considérable qu'il faut récolter à part les gerbes dans lesquelles il y a des *vescerons* ; on égrène séparément, et on trie les semences produites par ces légumineuses. Les graines de vesces ainsi recueillies peuvent servir à l'alimentation du bétail ; mais, afin d'éviter leur mélange au fumier ou aux litières, il faut les faire moudre et utiliser la farine qui en provient à faire des buvées destinées aux bêtes bovines et ovines (G. Heuzé).

Chénopodées. — Un certain nombre de chénopodées envahissent avec rapidité les sols perméables, sablonneux, et causent des dommages sérieux.

Les ansérines [*Chenopodium album* (fig. 141) et *Chenopodium viride*] développent pendant les mois de juin, juillet, leurs tiges simples ou rameuses couronnées de fleurs en grappes. Les amarantes (*Amarantus spicatus* ou *sylvestris*) occupent les cultures estivales. Les arroches (*Atriplex hastata* ou *latifolia*) aux larges feuilles vertes sont communes pendant les mois de juillet à octobre dans les terres sablonneuses voisines de la mer.

Ces plantes adventices se reproduisent avec facilité, grâce au nombre considérable de leurs graines. Leur arrachage à la main est souvent aisé ; il importe de les réunir en tas et de les incinérer.

Ortie. — L'ortie (fig. 142) est d'une destruction difficile par suite de la pénétration de ses racines et des piqûres que provoque son arrachage. On en distingue deux variétés : la *grande ortie* ou ortie dioïque (*Urtica dioica*), vivace, à tige simple quadrangulaire, aux fleurs dioïques, verdâtres, pendantes, en grappes axillaires, et la *petite ortie* ou ortie brûlante (*Urtica urens*), annuelle, à tige arrondie et à fleurs

Fig. 141. — Ansérine.

monoïques suspendues en grappes courtes et lâches (1).

Les orties poussent en touffes isolées nombreuses, et cette disposition particulière empêche de recourir aux opérations culturales effectuées à l'aide d'instruments aratoires. La pioche est le seul outil qu'on puisse utiliser. Les ouvriers doivent extraire avec soin toutes les racines mises à nu; les débris radiculaires seront brûlés, l'ortie se propageant aisé-

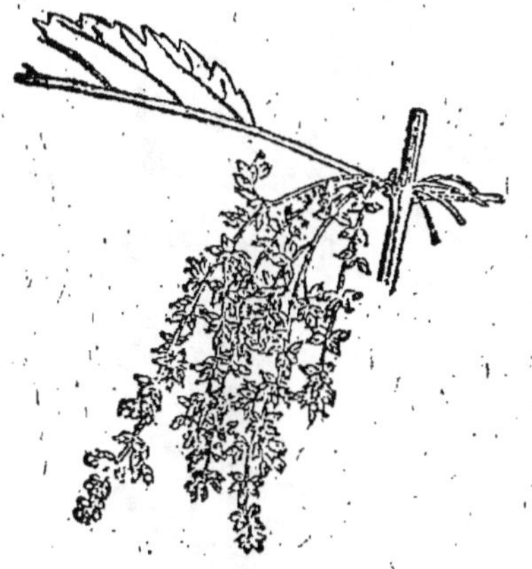

Fig. 142. — Ortie.

ment par ses fragments de racine et par ses graines.

Rhinante crête-de-coq. — Cette plante annuelle vit en parasite sur les graminées et compromet la récolte des prés ; elle se multiplie par ses graines nombreuses, qui conservent longtemps leur faculté germinative. Comme sa floraison est hâtive, il conviendra de faucher les places envahies dès l'apparition des fleurs de rhinante.

Ciguë tachetée. — Très vénéneuse, cette ombellifère bisannuelle se développe dans les prés humides (fig. 143). On

Fig. 143. — Ciguë tachetée.

la détruira en l'arrachant avant la maturité des graines

---

(1) L'ortie peut constituer par ses parties herbacées un fourrage passable lorsqu'elle est donnée demi-fanée au bétail ; on en tire également une matière textile avec laquelle on fabrique du fil gris roux remarquable par sa ténacité.

ou en coupant la tige au-dessous du collet de la racine.

Colchique d'automne. — Les fleurs lilas du colchique apparaissent à l'automne, tandis que les feuilles ne se montrent qu'au printemps suivant, avec les fruits (fig. 144).

Très toxique, cette plante peut, mélangée au foin, occasionner des empoisonnements. Sa destruction est rendue difficile par la multiplication par bulbes et par graines de cette plante vivace. L'enlèvement des fleurs à l'automne dès leur apparition est un excellent procédé et en compromet la fécondation. Au printemps, on arrachera également les capsules et les feuilles en s'efforçant d'atteindre les bulbes, si la texture du sol le permet.

Fig. 144. — Colchique.

Joncs. Laiches. Linaigrettes. — Dans les prairies marécageuses, on rencontre abondamment ces végétaux, donnant un fourrage dur, indigeste, refusé de tous les animaux. L'assainissement du sol associé à l'arrachage des rhizomes, l'épandage d'amendements calcaires, d'engrais, permettent de triompher de ces plantes adventices.

Pédiculaire des marais. — Cette plante vénéneuse donne au bétail qui la consomme des affections graves. On l'arrachera avec soin des pâturages, dès le premier printemps, avant l'apparition de ses graines; l'assainissement du sol favorise sa disparition.

Renoncules. — Il existe un assez grand nombre de variétés de renoncules. La renoncule âcre (*Ranunculus acris*), vivace, est véné-

Fig. 145. — Renoncule rampante.

neuse ; on en expurge les lieux humides par l'arrachage, le drainage, l'épandage d'amendements, d'engrais phosphatés et potassiques ; son abondance oblige parfois à défricher la prairie.

La renoncule bulbeuse (*R. bulbosus*), un peu moins toxique, sera détruite par les mêmes moyens.

La renoncule scélérate (*R. sceleratis*) est annuelle. On la détruit en fauchant les places envahies avant la maturité des graines. Quoique n'étant pas toxique, la renoncule rampante (*R. repens*) constitue un fourrage très médiocre ; il est parfois difficile d'en débarrasser les terrains sans mettre en culture arable pendant quelques années.

La renoncule flammette (*R. flammula*) et la renoncule langue (*R. lingua*), appelées vulgairement petite et grande douves, sont vivaces et doivent être arrachées avec soin sur les terrains humides, qu'on assainira. Enfin la renoncule ficaire (*Ficaria ranunculoides*) devient vénéneuse lorsqu'elle est complètement développée et devra être détruite également.

Prêle. — La prêle (fig. 146), que l'on désigne, communément, sous le nom de queue de cheval ou queue de renard, est une plante caractéristique des terrains humides. Elle peut occasionner l'empoisonnement du bétail qui consomme ce fourrage.

Plusieurs espèces sont indigènes, et les plus communes sont les suivantes : 1° la *prêle des champs*, très commune dans les sols frais et argileux ; les gaines de la tige ont, en général, huit dents ; 2° la *prêle des bois*, très voisine de la précédente, n'en diffère que par le nombre de dents des gaines, quatre au lieu de huit ; elle affectionne les parties humides et le couvert des sapins ; 3° la *prêle des marais*, très commune dans les tourbières et les marécages ; sa gaine comporte une vingtaine de dents ; 4° la *prêle d'hiver*, que l'on nomme aussi *prêle des tourneurs*, facile à reconnaître par les aspérités de ses tiges et par sa végétation persistante en hiver. Cette espèce est assez rare, mais on la trouve, cependant, dans les forêts de Compiègne et d'Ourscamp (Oise) et de Raismes (Nord) ; 5° enfin, la *prêle élevée* ou *grande prêle*, possédant une végétation vigoureuse et touffue, peut atteindre jusqu'à 1 mètre de hauteur. Assez commune dans le département de l'Oise et aux environs d'Abbeville, elle est rare partout ailleurs.

Toutes ces espèces sont des plantes vivaces, possédant un rhizome souterrain, sur lequel se développent, chaque année, des tiges plus ou moins nombreuses Ces tiges sont de deux sortes : les unes portent les feuilles et sont dites *végétatives* ou *stériles* ; les autres se terminent par des fructifications et sont appelées *sporifères*.

A l'exception de la prêle d'hiver, dont le feuillage est persistant, la végétation des autres prêles disparaît en automne. Seul le rhizome plus ou moins profondément enterré conserve sa vie latente jusqu'au printemps suivant, époque à laquelle il émet de nouvelles pousses. Ce rhizome rend la destruction de ces mauvaises plantes difficile.

Le danger que présentent les prêles est variable, suivant les espèces et le bétail qui les consomme. La *prêle des bois*, très commune dans les forêts de la Suède, est donnée fréquemment dans ce pays, comme fourrage de printemps, aux chevaux. En Toscane, on traite la dysenterie et la diarrhée des chevaux et des bovins avec une décoction de *prêle des champs*. C'est une plante astringente; à forte dose, elle peut même déterminer de violentes coliques. Les bovins qui en consomment fréquemment maigrissent, mais les chèvres s'en nourrissent fort bien.

Fig. 146. — Prêle.

La *prêle des marais* est la plus active ; âcre et très astringente, elle donne aux chevaux une espèce d'ivresse pouvant provoquer la mort et fait avorter les brebis (1).

En dehors des dangers que les prêles présentent comme

(1) Voy. P. DIFFLOTH, *Races ovines, porcines, caprines* (8ᵉ mille).

ourrage, ce sont des plantes très envahissantes. Dans les prairies, elles étouffent les bonnes espèces et prennent leur place.

Grâce à leur rhizome souterrain, elles échappent à toutes les façons culturales, et les binages et sarclages ne font que supprimer la partie aérienne, sans porter préjudice à la plante, qui repousse ensuite. Les labours profonds et les défoncements agissent plus efficacement.

On a préconisé de créer des luzernières, de cultiver des vesces, des trèfles qui, par leur végétation touffue, arrivent à étouffer les prêles. Il est préférable d'employer la jachère, pendant laquelle on incorpore au sol, en mars-avril, de 1 500 à 1 800 kilogr. de crud ammoniac. Comme la décomposition de cet engrais se fait au moment de la pousse, la formation des cyanures empêcherait la végétation des prêles.

Les prêles ne se développant que dans les terrains humides, le meilleur moyen de les détruire consiste à drainer le sol.

Cuscute. — La cuscute (fig. 147) cause dans certaines régions un préjudice considérable en envahissant les trèfles et les luzernes. Nous avons vu que, dès qu'on reconnaît une tache de cuscute, il faut faucher rez-terre la partie attaquée, en englobant avec elle une petite zone en bordure, qui peut contenir, malgré son apparence saine, des filaments de la plante parasite. Le produit de cette coupe est rassemblé avec soin dans des sacs et brûlé après dessiccation. La surface nettoyée doit être brûlée ou arrosée avec une solution de sulfate de fer obtenue en faisant dissoudre, dans 100 litres d'eau, de 3 à 4 kilogr. de sulfate de fer (1). D'après certains praticiens, le nitrate à haute dose (1 000 kilogr. à l'hectare) peut détruire la cuscute. Grâce à son action fertilisante, il est plus avantageux à employer que les sels caustiques, tels que le sulfate de fer, plutôt dangereux pour la végétation surtout en sol acide. La luzerne, et les légumineuses fourragères sujettes à la cuscute, profitent de l'action fertilisante

____

(1) 3 kilogr. suffisent pour du sulfate de fer pur ; il est préférable d'employer 4, 5 ou 6 kilogr. dans le cas des sulfates du commerce. On s'assure de l'efficacité de la concentration en plongeant des filaments dans la dissolution ; au bout de quelques heures, les filaments doivent prendre une teinte noirâtre caractéristique.

du nitrate, malgré la propriété qu'elles ont de pouvoir absorber l'azote atmosphérique, grâce aux nodosités de leurs racines. Lorsque le traitement est un peu tardif, la cuscute peut avoir formé ses graines ; il faut alors recommencer l'opération l'année suivante, dès que la cuscute commence à se montrer. Les semences de trèfle d'Amérique contiennent une cuscute spéciale, dont les rejets possèdent une vigueur au moins égale à celle de notre petite cuscute indigène. Ce qui rend ces cuscutes particulièrement redoutables, c'est la gros-

Fig. 147. — Cuscute.

seur de leurs semences. Les décuscuteurs les plus perfectionnés seuls s'en débarrassent complètement.

Il est à craindre, dans ces conditions, que la cuscute d'Amérique ou grosse cuscute n'étende ses ravages, déjà très importants, dans nos régions méridionales, où sa propagation menace l'avenir des prairies naturelles.

Pour réaliser la destruction de cette cuscute aussi complètement que possible, on opérera ainsi :

Après avoir délimité la tache et compris dans la surface

à traiter une zone de 1 mètre au moins extérieure à celle où les filaments sont apparents, on enfouit la légumineuse, puis on sème une graminée sur la terre retournée et fortement tassée. La cuscute ne peut vivre sur les graminées et meurt d'inanition. Dans un trèfle des prés, qui dure peu de temps, on sèmera une graminée à végétation rapide : du ray-grass d'Italie, du moha ou de l'avoine, suivant la date à laquelle on opère. Pour une luzerne qui doit être conservée pendant plusieurs années, on s'adressera à un mélange de dactyle et d'avoine élevée.

Dans le cas où la cuscute commencerait à fructifier, avant de retourner la partie envahie, il faudrait récolter la légumineuse attaquée, en la coupant aussi bas que possible, et la brûler sur un chemin, en prenant la précaution de la transporter dans une bâche, pour ne pas disséminer les graines du parasite dans les terres cultivées.

Ce procédé est plus certain, plus facile et moins coûteux que la destruction par le sulfate de fer. Il convient de l'appliquer dès que les taches de cuscute se manifestent.

TABLE DES MATIÈRES

CHAPITRE VI
SEMIS EN PÉPINIÈRE ET REPIQUAGE.

QUATRIÈME PARTIE. — SOINS D'ENTRETIEN

CHAPITRE PREMIER
HERSAGE. — ROULAGE.

CHAPITRE II
SARCLAGE. — BINAGE.

CHAPITRE III
ÉCLAIRCISSAGE. — DÉMARIAGE.

CHAPITRE IV
BUTTAGE. — ÉPANDAGE DES ENGRAIS.

CHAPITRE V
ÉCIMAGE, EFFANAGE, ESSEIGLAGE, ÉBOURGEONNAGE.

CHAPITRE VI
SOINS D'ENTRETIEN DES PRAIRIES

CHAPITRE VII
DESTRUCTION DES ANIMAUX NUISIBLES.

CHAPITRE VIII
DESTRUCTION DES MAUVAISES HERBES.

428-5-29. — Corbeil. Imprimerie Crété.

LA VIE AGRICOLE
ET RURALE
Revue hebdomadaire illustrée

Paraissant tous les Samedis par numéros de 32 à 52 pages, in-4°

COMITÉ DE DIRECTION :

FERNAND-DAVID
Ancien Ministre
de l'Agriculture.

VICTOR BORET
Ancien Ministre
de l'Agriculture.

LESAGE
Directeur de l'agriculture
au Ministère de l'Agriculture.

WÉRY
Directeur de l'Institut
national agronomique.

DABAT
Directeur général honoraire
des Eaux et Forêts.

L. ROULE
Professeur au Muséum
à l'Institut agronomique.

GROSJEAN
Inspecteur général honoraire
de l'Agriculture.

DE LAPPARENT
Inspecteur général honoraire
de l'Agriculture.

L. DARIAC
Inspecteur général
de l'Agriculture.

M. GUILLON
Inspecteur général
de l'Agriculture.

A. LAURENT
Inspecteur général
de l'Agriculture.

TROUARD-RIOLLE
Directeur honoraire
de l'École nationale
l'agriculture de Grignon.

FERROUILLAT
Directeur honoraire
de l'École nationale
d'agriculture de Montpellier.

LE ROUZIC
Directeur
de l'École nationale
d'agriculture de Rennes.

SECRÉTAIRE DE LA RÉDACTION :

DIFFLOTH
Ingénieur agronome,
Professeur spécial d'agriculture.

Abonnement annuel : France 40 fr., Étranger 60 fr.

La création d'un nouveau journal d'Agriculture pouvait sembler
opportune : la Presse agricole compte des organes déjà nombreux
s'appliquent à répandre dans le public les méthodes les plus
tionnelles de culture et d'élevage. Jamais, cependant, le besoin ne
st fait autant sentir, pour l'agriculture, d'être renseigné sur l'admi-
ble mouvement de rénovation qui caractérise notre époque ; chaque
ur, l'alliance féconde de la science et de la pratique fait réaliser
l'Agriculture un progrès nouveau ; chaque jour, une connaissance
quise, un problème élucidé viennent donner au cultivateur les
oyens de réduire la part, si considérable, de ses aléas professionnels
sorbé par des préoccupations multiples, le praticien n'a malheu-
sement pas le loisir de parcourir les revues diverses d'où il pourrait
traire le bénéfice des progrès réalisés. Et il nous a paru qu'il y

LA VIE AGRICOLE

avait place pour un journal agricole, dont le but serait précisément de mettre l'agriculteur en rapport intime avec l'évolution actuelle des esprits, un journal documenté, averti de tout ce qui touche aux multiples manifestations de l'activité agricole, un journal dont la collaboration choisie autant que variée bannirait toute uniformité et assurerait l'attrait, un journal d'actualité, traduisant fidèlement la vie ardente, réfléchie et laborieuse de notre Agriculture.

La *Vie agricole*, — nous n'aurions su adopter pour notre journal un titre traduisant mieux notre but, — met tout en œuvre pour intéresser les lecteurs. Elle réalise un équilibre heureux entre le texte, chroniques et articles, et l'illustration, se tenant à distance des deux extrêmes, dont l'un consiste à donner à l'illustration une importance excessive, qui nuit au développement des questions traitées, et dont l'autre laisse des articles érudits sans le secours du dessin ou de la photographie, empêchant ainsi le texte de prendre tout en valeur et une plus facile compréhension.

Le monde agricole a accueilli avec plaisir un journal donnant une impression réelle de force et d'activité, suivant pas à pas la marche de notre Agriculture vers le progrès, et sans cesse préoccupé d'être pour ses lecteurs « l'utile et l'agréable ». Au surplus, ces lecteurs, nous les connaissons bien : ce sont des agriculteurs avisés, soucieux de toute amélioration, ces éleveurs possédant en juste partage la pratique et la théorie, qui, groupés autour de l'*Encyclopédie Agricole* des ingénieurs agronomes, en ont assuré le succès et ont permis la diffusion par la France et par le monde, à raison de plus d'un million de volumes, de cette œuvre considérable, véritable bilan de l'agriculture scientifique française au début du XXe siècle. Dans la *Vie Agricole*, ils retrouveront, sous une forme plus actuelle et plus vivante encore, les qualités qui impriment à cette belle collection son cachet particulier ; ils y retrouveront cette pléiade de collaborateurs distingués, praticiens ou professeurs, qui les tiendront, chaque semaine, au courant de tous les progrès, de toutes les découvertes, de toutes les tentatives susceptibles de les intéresser.

Chaque numéro comprend cinq ou six *Articles originaux* ; plusieurs articles d'*Agriculture pratique* ; des articles d'*Actualités agricoles*, résumant les travaux publiés, en France et à l'Etranger ; des *comptes rendus de Sociétés* ; enfin, un *Bulletin* renseignant le lecteur sur les faits saillants de la semaine.

Pour remplir ce vaste cadre et donner à la *Vie Agricole* la tenue et la valeur scientifique nécessaires, un Comité de direction, composé des plus éminents représentants de la science agronomique, a bien voulu assumer la charge de définir et de régler le programme des études et des recherches poursuivies.

Enfin les éditeurs de la *Vie Agricole*, MM. Baillière, apportent à l'administration et à la publication du journal leurs précieuses qualités, qui ont déjà assuré le succès de l'*Encyclopédie Agricole*.

Ainsi rédigée, illustrée, assurée par un parfait service d'informations de suivre méthodiquement l'évolution scientifique de la culture française, la *Vie agricole* se présente aux lecteurs avec les conditions les plus assurées d'intérêt, de vitalité et d'utilité générale.

ENCYCLOPÉDIE AGRICOLE

III. — PRODUCTION ET ELEVAGE DES ANIMAUX (suite)

Aviculture	12 fr.	M. VOITELLIER, prof. à l'Inst. agron.
Races de Poules	12 fr.	
Apiculture	24 fr.	M. HOMMELL, dir. des services agricoles d'Alsace.
Pisciculture	24 fr.	M. G. GUÉNAUX, chef de travaux à l'Inst. agron.
Sériciculture	18 fr.	M. VIEL, insp. de la sériciculture de l'Indo-Chine.
Alimentation des animaux, 2 vol.	36 fr.	M. R. GOUIN, ingénieur agronome.
Hygiène et maladies du bétail	24 fr.	MM. CAGNY, méd. vétér., et R. GOUIN.
Hygiène de la ferme	18 fr.	MM. P. REGNARD et PORTIER.
Elevage du cheval	18 fr.	M. BONNEFONT, officier des haras.
Chasse, Elevage du gibier, Piégeage	24 fr.	M. A. DE LESSE, ingénieur agronome.
Pêche et Poissons d'eau douce	24 fr.	M. VILLATTE DES PRUGNES, ingénieur agron.

IV. — GÉNIE RURAL

Génie rural	18 fr.	MM. PROVOST et ROLLEY, ing. des amél. agric.
Machines agricoles, 2 vol.	36 fr.	M. COUPAN, prof. à l'Ec. d'agr. de Grignon.
Matériel viticole	18 fr.	M. BRUNET, ing. agron.
Matériel vinicole	18 fr.	
Irrigations et Drainage. 2 vol.	36 fr.	MM. RISLER et WÉRY.
Constructions rurales. 2 vol.	36 fr.	M. DANGUY, chef de travaux à l'Ecole de Grignon.
Arpentage et Nivellement.	24 fr.	M. MURET, professeur à l'Institut agronomique.
Électricité agricole	24 fr.	M. PETIT, ingénieur agronome.

V. — TECHNOLOGIE AGRICOLE

Meunerie et Boulangerie	24 fr.	M. AMMANN, Prof. à l'École d'agr. de Grignon.
Sucrerie, 2 vol.	36 fr.	M. SAILLARD, prof. à l'Ec. des ind. agr. de Douai.
Brasserie, 2 vol.	36 fr.	M. BOULLANGER, s.-dir. de l'Inst. Pasteur de Lille.
Distillerie, 2 vol.	36 fr.	
Pomologie et Cidrerie, 2 vol.	42 fr.	M. WARCOLLIER, dir. de la stat. pomol. de Caen.
Vinification	24 fr.	M. PACOTTET, chef de lab. à l'Inst. agron.
Vins mousseux	24 fr.	
Eaux-de-vie et Vinaigres.	24 fr.	MM. PACOTTET et GUITTONNEAU.
Laiterie	18 fr.	M. Ch. MARTIN, anc. dir. de l'Ecole d'ind. laitière.
Lait et Beurre	24 fr.	MM. DORNIC et CHOLLET, prof. à l'Ec. de laiterie.
Industrie fromagère, 2 vol.	24 fr.	MM. BEAU et BOURGAIN, ingénieurs agron.
Conserves de Fruits	18 fr.	M. ROLET, professeur d'agriculture à Antibes.
Conserves de Légumes	18 fr.	
Industrie et commerce des engrais, 2 vol.	36 fr.	M. PLUVINAGE, ingénieur agronome.

VI. — ÉCONOMIE ET LÉGISLATION RURALES

Expertises agricoles	18 fr.	M. CAZIOT, ingénieur agronome.
Économie rurale	24 fr.	M. JOUZIER, prof. à l'Ecole d'agricul. de Rennes.
Législation rurale	18 fr.	
Droit administratif rural	12 fr.	MM. JOUZIER et ANTOINE.
Comptabilité agricole	18 fr.	M. CONVERT, professeur à l'Institut agronom.
Comptabilité de la Ferme	12 fr.	M. T. BALLU, chef des travaux de l'Inst agron.
Le livre de la fermière	18 fr.	Mme O. BUSSARD.
Comment exploiter un domaine agricole	24 fr.	M. VUIGNER, ingénieur agronome.
Lectures agricoles	24 fr.	M. SELTENSPERGER, professeur d'agriculture.
Dictionnaire d'agric. 2 vol.	40 fr.	

Chaque volume se vend également cartonné (6 fr. en plus par volume).

Ajouter pour frais d'envoi : France, 10 % ; Étranger, 20 %

PLANTES NUISIBLES
A L'AGRICULTURE
Par G. FRON
Maître de conférences à l'Institut national agronomique.
1917, 1 volume in-18 de 346 pages, illustré de 151 figures.

Broché.................. **18 fr.** | Cartonné............. **24** fr.

Il arrive trop souvent encore que le praticien ne se rend pas compte de la quantité d'éléments fertilisants qui sont absorbés par les plantes spontanées et qui se trouvent de ce fait perdus par sa récolte.

La végétation spontanée est épuisante pour le sol ; elle fait concurrence aux plantes de culture ; elle est, en outre, étouffante, recouvrant de bonne heure le sol et empêchant par suite l'aération des plantes de développement moins précoce. De plus, un grand nombre d'entre elles sont toxiques et, par leur mélange dans les fourrages, déterminent des accidents sur le bétail. Enfin, beaucoup de ces plantes servent d'hôtes intermédiaires pour la propagation et la conservation de parasites dangereux, soit animaux, soit végétaux.

L'étude des plantes nuisibles à l'agriculture mérite donc de retenir l'attention de tout agriculteur soucieux de ses intérêts.

L'ouvrage de M. G. FRON permettra de reconnaître les caractères botaniques et agricoles des diverses plantes et donne de façon précise les méthodes de destruction applicables à chacune d'elles.

MALADIES DES PLANTES
CULTIVÉES
par

G. DELACROIX	A. MAUBLANC
Maître de Conférences	Chef des travaux de pathologie végétale
à l'Institut national agronomique,	à l'Institut national agronomique.

Préface de M. PRILLIEUX
De l'Institut.

3e édition, 1926, 2 volumes in-18, ensemble 868 pages, avec 145 planches.
I. — MALADIES NON PARASITAIRES
II. — MALADIES PARASITAIRES
Chaque volume se vend séparément :

Broché................ **24 fr.** | Cartonné............. **30** fr.

C'est un livre d'une haute valeur dans lequel M. DELACROIX a exposé son enseignement à l'Institut agronomique, sur les maladies des plantes.

Il comprend deux parties distinctes : l'une traitant des maladies et altérations des plantes qui ne sont pas dues à l'invasion des parasites ; l'autre des ravages que produit la pénétration, dans nos plantes cultivées, d'organismes végétaux qui envahissent leurs tissus et les tuent.

Ces matières n'ont jamais été exposées dans un livre d'enseignement accessible à tous. C'est une œuvre très personnelle dans laquelle l'auteur a développé, de la façon la plus intéressante, en résumant un nombre considérable d'observations originales, les notions données dans son cours. Il a écrit un traité aussi complet qu'on peut le faire des maladies des végétaux.

Ajouter 10 p. 100 pour recevoir franco

VINS DE CHAMPAGNE

ET

VINS MOUSSEUX

Par P. PACOTTET et L. GUITTONNEAU

1913, 1 volume in-18 de 416 pages, avec 135 figures.

Broché..................... 24 fr. | Cartonné...................... 30 fr.

Dans la première partie, MM. PACOTTET et GUITTONNEAU étudient les vins en perées. Ils exposent d'abord la climatologie, la constitution du sol et les façons culturales du vignoble champenois.

Le vin de champagne et la plupart des autres vins mousseux sont obtenus avec des raisins rouges vinifiés en blanc. La vendange, la cueillette, le pressurage, la pratique du débourbage des moûts les arrêtent longuement.

La composition et la correction des moûts les amènent à indiquer quelles sont les additions nécessaires à effectuer pour arriver à obtenir des vins normalement constitués. Viennent ensuite la fermentation, la clarification, le collage et les opérations de campagne.

Dans la seconde partie, sont étudiées toutes les manipulations particulières que subit le vin en bouteille.

D'abord le tirage ou mise en bouteilles avec toutes les opérations accessoires qu'il comporte. Viennent ensuite : la fermentation en bouteilles, la formation du dépôt et la maturation du vin ; l'élimination du dépôt de fermentation par le remuage et le dégorgement ; la préparation de ce vin brut avec la liqueur d'expédition ; le bouchage définitif, l'habillage et l'expédition.

PLANTES A PARFUMS

ET

PLANTES AROMATIQUES

CULTURE ET EMPLOI

Par A. ROLET

Ingénieur agronome, Professeur à l'École d'agriculture d'Antibes.

1918, 1 volume in-18 de 432 pages, avec 100 figures.

Broché.................. 18 fr. | Cartonné...................... 24 fr.

M. ROLET expose les modes de multiplication et la culture rationnelle ; la lutte contre les insectes et les maladies ; l'influence du sol, des engrais, de l'altitude, du climat, de l'éclairement ; les meilleures conditions de la récolte, le traitement des produits, etc.

Voici la liste des plantes étudiées par M. ROLET :

Angélique, Anis, Basilic, Cassier, Citronnelle, Estragon, Eucalyptus, Fenouil, Géranium, Hysope, Iris, Jasmin, Lavande, Marjolaine, Menthes, Oranger, Cédratier, Citronnier, Limonier, Réséda, Romarin, Rosier, Sarriette, Sauge sclarée, Serpolet, Thym, Tubéreuse, Vanillier, Verveine, Violette.

Ajouter 10 p. 100 pour recevoir franco.

MOUTONS

Par P. DIFFLOTH

3e édition, 1923, 1 volume in-18 de 424 pages, avec 99 figures.

Broché.................... 18 fr. | Cartonné.................... 24 fr.

CHÈVRES, PORCS, LAPINS

Par P. DIFFLOTH

5e édition entièrement refondue.

1923, 1 volume in-18 de 432 pages, avec 82 figures

Broché.................... 18 fr. | Cartonné.................... 24 fr.

Dans ces deux volumes, M. DIFFLOTH passe successivement en revue les moutons, les chèvres, les porcs et les lapins, étudiant, pour chaque groupe, les spéculations zootechniques dont ils sont l'objet, et les races qu'ils ont fournies.

Le chapitre des races, dans chaque espèce, est de beaucoup le plus important et le plus étendu ; le texte en est rendu plus clair et plus complet par des reproductions photographiques nombreuses, excellentes et choisies parmi les meilleurs types de chaque race.

L'élevage du lapin mérite de retenir l'attention du zootechnicien ; il est pratiqué, soit par l'éleveur qui possède un clapier important et fait de l'élevage industriel, soit par le fermier qui trouve dans cette exploitation des revenus appréciables et la possibilité d'utiliser des déchets qui pourraient être perdus.

ZOOTECHNIE COLONIALE

Par P. DIFFLOTH

1924, 2 volume in-18 de 746 pages avec 89 figures.
Chaque volume :

Broché.................... 18 fr. | Cartonné.................... 24 fr.

I. — Bovidés, 1 vol. in-18 de 355 pages avec 37 figures.... 18 fr.
II. — Chevaux, Moutons, Porcs, Chameaux. 1 vol. in-18 de 391 pages avec 52 figures.................... 13 fr.

Ajouter 10 p. 100 pour recevoir franco.

CONSTRUCTIONS RURALES

Par J. DANGUY

Chef des travaux du Génie rural à l'École nationale d'Agriculture de Grignon

1923-1927, 2 volumes in-16 de 409 pages avec 103 figures.

I. — PRINCIPES GÉNÉRAUX DE LA CONSTRUCTION.
II. — BATIMENTS AGRICOLES. AMÉNAGEMENT DE LA FERME.

Chaque volume se vend séparément.

Broché.................................. 18 fr. | Cartonné.................................. 24 fr.

Suivant leur affectation, M. DANGUY s'occupe de la *disposition des bâtiments* et indique la place qu'ils doivent occuper sur le domaine. Il étudie ensuite l'habitation des ouvriers et de l'exploitant, en donnant les types d'installations les plus commodes. Pour les bâtiments réservés aux animaux (écuries, étables, etc.), il montre quelles sont les conditions qu'ils doivent remplir et donne les dispositions qu'il faut préférer; il a fait de même pour ceux affectés aux récoltes (granges, hangars, greniers, fenils et silos); il donne les conditions d'établissement des *remises du matériel*, des *plates-formes* et des *fosses à fumier*, ainsi que des *citernes à purin*. Les *citernes* et *réservoirs* destinés à recueillir et à conserver les eaux potables; les *clôtures* et les *chemins* sont étudiés à part; il termine son ouvrage par un aperçu sur les *devis*.

ÉLECTRICITÉ AGRICOLE

Par A. PETIT

Ingénieur agronome et ingénieur électricien

3e édition, 1921, 1 volume in-16 de 490 pages, avec 100 figures.

Broché.................................. 24 fr. | Cartonné.................................. 30 fr.

Après des considérations générales sur la production, la transmission et les applications de l'électricité, M. PETIT décrit les nombreuses applications que l'énergie électrique peut trouver dans les installations agricoles : labourage, battage, commande des pompes, turbines, écrémeuses, coupe-racines, etc.; éclairage et chauffage, etc.

Voici les principales additions apportées à la troisième édition. Dans le chapitre *Production*, l'auteur a ajouté l'étude des groupes électrogènes à huile lourde, genre Diesel et semi-Diesel. Dans le chapitre *Utilisation*, après l'étude des moteurs alternatifs à collecteur, il a traité longuement la question du labourage mécanique en général et du labourage électrique en particulier. Un parallèle, basé sur tous les essais publiés à ce jour, permettra des comparaisons faciles. En électrochimie, M. Petit a développé les applications de l'ozone et des rayons ultra-violets à la stérilisation des eaux. Il a considérablement augmenté le chapitre des *Monographies d'installations*, ainsi que le chapitre relatif aux *Distributions publiques*, c'est-à-dire aux grands secteurs qui étendent leurs mailles sur le territoire et à leurs concurrentes, les Coopératives d'électricité.

Ajouter 10 p. 100 pour recevoir franco.

Agenda Aide-Mémoire Agricole

Par G. WERY
Directeur de l'Institut national agronomique.

1 vol. in-18 de 350 pages avec tableaux de comptabilité et Almanach (468 p.)... **10 fr.**
Le même relié maroquin en portefeuille .... **20 fr.**

Paraît chaque année.

L'agriculteur moderne a sans cesse besoin de renseignements qui se traduisent par des chiffres dont les colonnes longues et ardues ne peuvent s'enregistrer dans son cerveau. Aussi lui faut-il un aide-mémoire qui lui puisse apporter instantanément ce qu'il réclame.

Ce Manuel doit lui être présenté sous une forme particulière et pratique, celle de l'Agenda *de poche*. C'est peut-être sur son champ même que le cultivateur aura subitement besoin de voir la quantité de grains qu'il doit faire semer, d'engrais qu'il doit faire épandre, de journées d'ouvriers qu'il doit inscrire. C'est ce qu'a bien compris M. G. WERY, l'auteur de la brillante Encyclopédie agricole.

On trouvera, notamment, dans l'*Aide-Mémoire* de M. WERY, des tableaux pour la composition des produits agricoles et des engrais, pour les semailles et rendements des plantes cultivées, la création des prairies, la détermination de l'âge des animaux, de très importantes tables dressées par M. MALLÈVRE pour le rationnement des animaux domestiques, l'hygiène et le traitement des maladies du bétail, la laiterie et la basse-cour, la législation rurale, les constructions agricoles, enfin une étude très pratique des tarifs de transport applicables aux produits agricoles. A la suite de l'*Aide-mémoire*, viennent des *tableaux de comptabilité* pour les assolements, les engrais, les ensemencements, les récoltes, l'état du bétail, le contrôle des produits, les achats, les ventes et les salaires.

COMMENT EXPLOITER
un
DOMAINE AGRICOLE

Par R. VUIGNER
Ingénieur agronome.

4e édition, 1924, 1 volume in-18 de 615 pages.

Broché................ **24 fr.** | Cartonné .... **30 fr.**

M. VUIGNER suppose que l'agriculteur vient d'acheter ou d'affermer un domaine. Il nous le montre discutant le plan d'exploitation de ce domaine, puis l'organisant et l'appliquant jusque dans tous ses détails.

Comment, en prenant une ferme, le cultivateur se rendra-t-il compte de la qualité de ses terres, des amendements, des engrais qu'il convient d'y apporter, de sa situation économique et des débouchés qu'elle peut offrir? Quels assolements, quelles spéculations végétales et animales faut-il adopter? Quels sont les animaux de trait, les machines, les instruments? Quelles sont enfin les conditions dans lesquelles on peut annexer, à la ferme, les industries du lait, de la distillerie, de la féculerie, leur prix d'établissement, leur rendement possible, etc., etc.? Problèmes dont M. VUIGNER donne successivement la solution. Et, pour ne négliger aucun des rouages du fonctionnement de l'exploitation rurale, M. VUIGNER étudie son administration, le rôle, l'emploi de la main-d'œuvre, son recrutement, sa comptabilité

Ajouter 10 p. 100 pour recevoir franco.

Petite Bibliothèque Agricole

à 5 et 7 fr. 50 le volume.

Ajouter 10 p. 100 pour recevoir franco.

MANGET. — Tableaux synoptiques des champignons comestibles et vénéneux. 1 vol. in-18 avec 20 figures coloriées.................... 9 fr.

MAZIERES (A. de). — La Culture de l'Olivier. 1913, 1 vol. in-18 de 96 pages, avec 42 figures.................... 5 fr.

— La Culture de l'Oranger. 1 vol. in-18 de 100 pages, avec figures... 5 fr.

— L'Industrie des fruits à sécher, figues, abricots, dattes, pruneaux, etc. 1920, 1 vol. in-18 de 96 pages, avec 26 figures.................... 5 fr.

MIEGE. — La pratique des Engrais et la Fertilisation du sol. 1921, 1 vol. in-16 de 124 pages avec figures.................... 5 fr.

MONAVON. — La Coloration artificielle des Vins. 1890, 1 vol. in-16, de 160 pages.................... 5 fr.

MONTAGARD. — Tableaux synoptiques de Viticulture. 1 vol. in-18. 5 fr.

— Tableaux synoptiques de vinification. 1 vol. in-18............. 5 fr.

MORIN. — La Plume des Oiseaux et l'Industrie plumassière. 1914, 1 vol. in-18 de 96 pages, avec 32 figures.................... 5 fr.

PASSY. — Arboriculture fruitière. 6 vol. in-18 :

I. — *Plantation et Greffage*. 1915, 1 vol. in-18 de 108 p., avec 46 fig..... 5 fr.

II. — *Taille des arbres fruitiers*. 1915, 1 vol. in-18 de 100 p., avec 59 fig. 5 fr.

III. — *Le Poirier*. Culture, taille, variétés. 1918, 1 vol. in-18 de 131 pages, avec 72 figures.................... 5 fr.

IV. — *Le Pommier, le Cognassier, le Néflier, le Cormier, le Figuier, le Noyer, le Châtaignier, le Noisetier*. 1918, 1 vol. in-18 de 86 pages, avec 27 fig. 5 fr.

V. — *Le Pêcher, l'Abricotier, le Prunier, le Cerisier, le Framboisier, le Groseillier*. 1 vol. in-18 de 108 pages, avec 60 figures.................... 5 fr.

VI. — *La Vigne et la culture des Raisins de table*. 1 vol. in-18 de 108 pages, avec 60 figures.................... 5 fr.

PLAISANT. — Les accidents du travail agricole. 1924, 1 vol. in-18 de 100 pages.................... 5 fr.

PRADEL. — Manuel de Trufficulture. 1914, 1 vol. in-18 de 156 pages, avec figures.................... 5 fr.

REY. — La Culture rémunératrice du Blé. 2ᵉ édition, 1923, 1 vol. in-18 de 212 pages, avec 44 figures.................... 5 fr.

RODILLON. — Guide pratique de la basse-cour moderne. 1914, 1 vol. in-18 de 132 pages, avec 38 figures.................... 5 fr.

ROUGIER ET PERRET. — L'Agriculture à l'Ecole primaire. Cours moyen et supérieur. 5ᵉ édition, 1925, 1 vol. in-18 de 252 pages, avec 236 figures.................... 5 fr.

— L'Agriculture à l'Ecole supérieure. 1928, 2 vol. in-18 :

I. — *Agriculture générale. Nutrition de la Plante, Fertilisation du sol. Aménagement des eaux. Machines agricoles*. 1 vol. in-18 de 216 pages, avec 160 figures.................... 7 f. 50

II. — *Cultures spéciales et zootechnie*. 1 vol. in-18 de 126 pages, avec 185 figures.................... 7 fr. 50

— Guide pratique de l'Enseignement ménager agricole. 1912, 1 vol. in-18 de 228 pages, avec 172 figures.................... 5 fr.

SAPORTA. — La Chimie des Vins. les Vins manipulés et falsifiés, 1889, 1 vol. in-16 de 160 pages, avec figures.................... 5 fr.

— La Vigne et le Vin dans le Midi de la France. 1894, 1 vol. in-16 de 208 pages, avec 24 figures.................... 5 fr.

SELTENSPERGER. — Précis d'Agriculture. 5 vol. in-18 de chacun 100 pages, illustrées de figures.

I. — *Agriculture générale. Amélioration du sol. Engrais*.................... 5 fr.

II. — *Cultures spéciales. Céréales. Plantes fourragères. Plantes industrielles. Sylviculture*.................... 5 fr.

III. — *Viticulture, Vinification, Arboriculture*.................... 5 fr.

IV. — *Zootechnie. Elevage. Basse-Cour. Apiculture*.................... 5 fr.

V. — *Economie rurale. Législation. Comptabilité*.................... 5 fr.

TRUELLE. — Manuel du fabricant et cidres mousseux et gazéifiés. 1925, 1 vol. in-16 de 205 pages, avec 63 figures.................... 7 fr. 50

ZABOROWSKI. — Les Boissons hygiéniques. 1889, 1 vol. in-16 de 160 pages, avec 24 figures.................... 5 fr.

ENCYCLOPÉDIE VITICOLE

Publiée sous la direction de

M. MASSIGNON

Ingénieur-agronome, Président du Syndicat des Viticulteurs de l'Anjou.

Introduction par M. Prosper GERVAIS
Membre de l'Académie d'Agriculture,
Président de la Société des viticulteurs de France.

Nouvelle collection (1928) de volumes in-16, illustrés de figures. (Format et Caractères de l'Encyclopédie Agricole). Chaque volume cart. **6 à 18 fr.**

CULTURES GÉNÉRALES

Machines de culture, par M. BLANC, ingénieur en chef du Génie rural. Professeur à l'École d'Agriculture de Montpellier.

Engrais, par M. CORMIER, ingénieur-agronome.

Greffage, par M. LEPAGE, professeur de viticulture, à Angers.

Maladies de la Vigne, par M. MARÇAIS, chef des travaux de viticulture à l'Institut agronomique.

Maladies des vins, par M. BRUNET, ingénieur-agronome.

Législation viticole (vins et eaux-de-vie), par M. THOMAS, secrétaire du Service de la répression des fraudes au ministère de l'Agriculture.

Commerce intérieur et Exportation, par M. BRUNET......... **6 fr.**

Coopératives de production et de distillation, par M. FACY, sous-chef de bureau au ministère du Commerce.

Caves et Celliers, par M. BLANC.

Vinification générale, par MM. MOREAU et VINET, directeurs de la Station œnologique d'Angers.

CULTURES SPÉCIALES

Bordelais, par MM. LAFFORGUE et THIERRY, directeur et directeur-adjoint des Services agricoles de la Gironde, ... **6 fr.**

Bourgogne, par M. DUFOUX, directeur des Services agricoles de Saône-et-Loire.

Champagne, par M. LEBRUN, directeur des Services agricoles de la Marne

Alsace-Lorraine, par M. HOMMELL, directeur honoraire des Services agricoles d'Alsace et de Lorraine.

Anjou, par M. MARCHAIS, ingénieur-agronome.

Touraine et Orléanais, par M. VEZIN, directeur-adjoint des Services agricoles.

Charente, par M. PRIOTON, directeur-adjoint des Services agricoles de l'Indre-et-Loire.

Loire-Inférieure et Vendée, par M. CORMIER, ingénieur-agronome.

Poitou.

Côtes du Rhône.

Midi, 1 vol. — **Roussillon**, 1 vol.

Algérie, par M. ROSEAU, viticulteur à Novi (Algérie).

Ajouter 10 p. 100 pour recevoir franco.